数学
大百科：

生活中无处不在的
数学及应用

[日] 藏本贵文 著 | 杨瑞龙 译

人民邮电出版社
北 京

图书在版编目（CIP）数据

数学大百科：生活中无处不在的数学及应用／（日）藏本贵文著；杨瑞龙译. -- 北京：人民邮电出版社，2023.8
ISBN 978-7-115-59970-4

Ⅰ．①数… Ⅱ．①藏… ②杨… Ⅲ．①数学—普及读物 Ⅳ．①O1-49

中国版本图书馆CIP数据核字(2022)第165249号

版 权 声 明

◆ 著　　　　[日]藏本贵文
　　译　　　　杨瑞龙
　　责任编辑　周　璇
　　责任印制　陈　犇
◆ 人民邮电出版社出版发行　　北京市丰台区成寿寺路 11 号
　　邮编　100164　电子邮件　315@ptpress.com.cn
　　网址　https://www.ptpress.com.cn
　　三河市中晟雅豪印务有限公司印刷
◆ 开本：880×1230　1/32
　　印张：11.25　　　　　　　　2023 年 8 月第 1 版
　　字数：278 千字　　　　　　 2023 年 8 月河北第 1 次印刷
　　著作权合同登记号　图字：01-2021-0333 号

定价：99.80 元
读者服务热线：**(010)81055493**　印装质量热线：**(010)81055316**
反盗版热线：**(010)81055315**
广告经营许可证：京东市监广登字 20170147 号

内容提要

本书细致、全面地介绍了身边的数学知识，共 16 章，包含一次函数、二次函数与方程、不等式，指数、对数，三角函数，导数，积分，高等微积分，数值分析，数列，图形与方程，向量，矩阵，复数，概率，统计学等在大多数行业中常用的数学知识。本书每一节分为 3 个板块：首先，标明参考星级，指导读者按需掌握程度进行阅读；其后，列出知识点概述和公式、法则，用文字进行简单讲解并配以趣味小图画，非常易于理解；最后，具体介绍这个数学知识在实际生活或工作中的应用。

本书不仅可以帮助读者加深学习或巩固数学知识，更能帮助读者了解数学在各方面的应用场景。本书适合中学生和大学生，以及数学爱好者阅读。

前言

不会数学，在未来就无法生存

人工智能、大数据、量子计算机，这些都是技术世界中备受瞩目的术语。从现在开始，它们将成为技术世界的主角，很多人可能已经开始学习它们了。

然而，也有很多人说："我已经看过书了，但什么也没看懂。"我认为其原因在于个人数学素养不足。这些技术结合了高等数学知识，没有充分掌握数学知识就无法理解其本质。

随着国际化程度不断加深，我们经常会遇到外国人，因此人们认识到了学习外语的必要性。同样可以肯定的是，我们身边出现的应用计算机技术的产品也越来越多，比如自动驾驶、机器人等。从现在开始，计算机将从一个单纯的工具，逐渐演变为我们的"家人""同事"和"下属"。

计算机"生活"在数学世界中。可以说，计算机就是以数学语言为"母语"的。总之，我们需要运用数学语言来理解计算机的思维方式及与计算机进行沟通。

虽然计算机拥有诸如语音识别等功能和触控面板等外部接口可以进行人机交互，但想要真正最大限度地发挥计算机的能力，我们需要理解它的"母语"——数学。

那么，怎样才能理解数学呢？遗憾的是，现有的数学教科书的内容侧重于数学本身。

此前，我把数学比作一门语言。这样的话，现有的数学教科书就像在教授书法、诗歌和俳句（日本的一种古典短诗）。换句话说，就是在教授数学中"艺术"的部分。而其他数学书大多是以"有趣的数学""美丽的数学"为主题，这正是将数学作为一门艺术来处理。

然而，我们想要的是把数学作为沟通工具，就需要作为工具的数学，而不是作为艺术的数学。艺术和工具有很大的区别。书法和诗歌等艺术固然能丰富人的内心世界，但是不能解决眼下的问题。我们寻求的数学应该能够帮助我们与计算机进行有效的"沟通"并能提高工作效率。

这就是我写这本书的原因。我不是数学专家，而是一名工程师，从事半导体（计算机的核心器件）设计的相关工作。

无论如何，我的工作中要用到数学。工作内容稍微有点专业，我负责的是通过建模给出表示半导体特性的数学公式。这是一份充满了对数、矩阵、向量、微积分、复数、统计等数学的工作。因此对于这样的数学，我可以把如何看懂它、使用它、判断它分享给读者。

你觉得很厉害吗？不过我自己也并非才华横溢。我读大学时，也因根本无法理解大学专业课程中的数学而感到沮丧。那时的教科书我还保留着，但是仍然无法理解书中的数学。

数学的运用也有要点。我们使用日语的时候，即使写不出困难的汉字或者有点语法错误（例如"无ら形式"[1]）也没关系，只要抓住要点，就能进行交流。数学也一样，只要循序渐进地学习，你一定能"运用"数学。

读到这里，你对我所说的是否稍微有点兴趣了呢？那么让我再多补充一些内容吧。在进入本书正文之前，我想解释一下现在的数学为何难懂，以及本书如何解决这个问题。

1　无ら形式（ら抜き言葉）：一种不规范但流行的日语语法，把2类动词可能形的ら省略掉。例如"食べられる"变为"食べれる"。——译者注

本书的特征与使用方法

让数学变得能使用意味着什么

本书的宗旨是**"让数学变得能使用"**。具体来说就是在现实世界中，运用数学来解决诸如怎样吸引顾客、怎样减少残次品等问题。

那么我们应该怎样做才能"让数学变得能使用"呢？很多人会说"解决在学校学过的习题"。但"解决在学校学过的习题"和"让数学变得能使用"并不一致。

例如，x^5 求导得到 $5x^4$，$2x^4$ 求导得到 $8x^3$，总之，x^n 求导得到 nx^{n-1}，那么 $3x^3$ 求导等于多少？只要会乘法计算，即使小学生也能马上记住规则并进行计算。

然而，即使你会做上面的题目，也不能说明你理解了"微分"并能运用它。就算你能解决高考中出现的数学难题，也不意味着你就真正理解了数学。

另外，在解决实际问题时我们可以使用计算机。在学校考试中重要的计算速度和正确性，在这里并不重要。

在实际使用数学的时候，知道**在怎样的场景下使用数学理论**比掌握数学理论本身更重要。

本书设计了应用栏目，用来说明是在怎样的场景下使用该条目的。我认为这有助于锻炼你如何实际使用数学。

不过分深入细节

当前数学的问题在于它过于注重细节。当然，对于数学这门学问而言，细节就是生命。然而问题在于如果过于拘泥细节，反而会忽视了全貌。

本书在每一章的最开头都设置了导言部分，用于说明本章所学条目的重要性及该条目与其他条目的关联。正文中的解释也说明更注重抓住全貌而不是细微的规则。

另外，本书中的行文表述简单易懂，有些地方有所省略，文中的解释为了让读者更容易理解，也可能存在不完全严谨的地方，还请读者见谅。

高中数学已经相当高级

本书以高中数学为中心，其实高中数学是非常高级的。可以这么说，**如果你对高中所学的函数、概率、向量等有一个完整的理解，那你已经基本掌握了"运用数学"所需要的基础知识。**

当然，还有一些重要的科目，如统计学、数值分析、线性代数等是高中时期较少涉及的（本书在一定程度上涵盖了这些科目）。但是，如果你对高中数学有扎实的理解，那么应该能够毫无困难地理解这些科目。如果你在苦苦挣扎，不如反思一下你对高中数学的理解是否充分。

对于很多人来说，数学在考试的时候尤为重要。虽然这本书不是针对考生的，但通过对比应试数学和实用数学可以使读者加深理解相应的观点，所以我斗胆加入了从考生的角度来看数学的内容。

特别地，关注在应试数学中重要但在实用数学中不重要的条目，或者反过来，这可能是一件有趣的事情。

本书的使用方法

首先参考星级和概述，粗略地掌握条目的概要，而不是细节。

你也可以像查字典那样只查看你想了解的条目。不过，如果可能的话，最好从头到尾读一遍，这样就可以对数学有一个全面的了解。

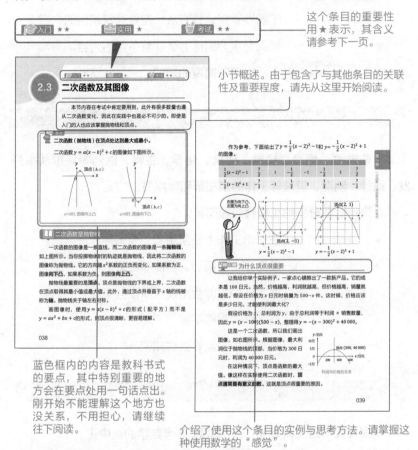

这个条目的重要性用★表示，其含义请参考下一页。

小节概述。由于包含了与其他条目的关联性及重要程度，请先从这里开始阅读。

蓝色框内的内容是教科书式的要点，其中特别重要的地方会在要点处用一句话点出。刚开始不能理解这个地方也没关系，不用担心，请继续往下阅读。

介绍了使用这个条目的实例与思考方法。请掌握这种使用数学的"感觉"。

本书按入门、实用和考试3个目标分别表示重要性。目标和★的数量的含义如下所示。

以"入门"为目标

●**在生产厂商工作的管理人员；数学水平止于高中的文科生；对于技术营销职务，想要用最低限度数学能力与技术人员对话的人。**

★★★★★ → 重要的条目，要掌握计算方法。

★★★★ → 比较重要的条目，如果可能的话，要能够计算。

★★★ → 不需要掌握计算方法，但要理解条目的内容。

★★ → 如果有余力的话，请理解条目的内容。

★ → 入门水平不需要的知识。

以"实用"为目标

● **在电力、信息、机械、建筑、化学、生物、医药等领域从事开发、设计、制造、管理等工作的工程师和程序员。**

● **进行数据分析的工程师和顾问等。**

★★★★★ → 在日常工作中经常用到，要掌握计算方法。

★★★★ → 在工作中会用到，要能够计算。

★★★ → 在工作中可能会出现，所以要掌握。

★★ → 在工作中用得不多。

★ → 在工作中不需要这些知识。

以"考试"为目标

● **报考大学理工科专业，二次试验**[1]**要考数学的高中生。**

★★★★★ → 基础中的基础，要不假思索地熟练运用。

★★★★ → 在考试中频繁出现，如果不懂，那问题就严重了。

★★★ → 会出现在考试中，要好好学。

★★ → 在高中数学范围内，但几乎不出现在考试中。

★ → 在高中数学范围外。

1　日本报考大学分两次考试，第一次是大学入学共通测试，第二次是各大学自主招生考试（二次试验）。——译者注

目录

第2章　一次函数、二次函数与方程、不等式　031

第3章 指数、对数 ⸻⸻ 055

第 6 章　积分 ————————————————————123

第7章 高等微积分 ————————————— 145

第8章 数值分析 ————————————————— 163

第12章　矩阵　241

第13章 复数 257

第14章 概率 273

第15章　统计学基础　　　　　　　　　　　　　297

第16章 高等统计学   319

结束语   337

第 1 章

初中数学回顾

1.0 导言

作为起点，我们先来回顾一下初中学过的数学。由于初中数学是基础中的基础，因此它很少能直接应用在工作中，然而后面讲到的数学以初中数学为基础，所以我们要好好理解它。

有助于理解数学的 3 个要点：**扩展**、**抽象**和**逻辑**。从现在开始，我们将从这 3 个角度来看待初中数学。

1. **扩展**。在小学只学习了正整数、小数及分数。到初中的时候就增加了对负数和无理数等稍微难一些的概念的学习。

例如，如果存款余额为"1000"，则表示你有 1000 日元（1 日元 ≈ 0.05 元人民币）。但正数只能表示拥有的钱。如果我们考虑把数扩展到负数，就可以用"−1000"这个数来表示拥有 1000 日元的债务。

数学中有许多这样的扩展。一开始会觉得麻烦，**然而一旦习惯了这种扩展，会对人的思维有所帮助**。因此，让我们相信这一点，学习起来吧。

2. **抽象**。当你到了初中开始学习数学时，你会注意到很多带有 x、y 等字母的代数式。

遗憾的是，这些代数式在一定程度上会让很多学生讨厌数学，但因为代数式可以使事物抽象化，我们就必须使用它。

例如，一家商店的所有商品都有 20% 的折扣，于是，一件 200 日元的商品，减去 20% 的折扣，再加上消费税[1]就可以得到实际支付金额。假设消费税税率是 10%，我们这样来计算：$200 \times 0.8 = 160$（日元），$160 \times 1.1 = 176$（日元）。

我们可以用代数式对计算进行抽象化，对于 x 日元的商品，实际

---

1 日本商品标价一般是税前价格，结算时才加上消费税。——译者注

支付的全额为 $x \times 0.8 \times 1.1 = 0.88x$。最初的计算只针对 200 日元的商品，而代数式可以涵盖所有价格的商品。

数学为什么对人类有用呢？其中的一个答案就是"**数学能够预测未来**"，而"抽象化"则是预测未来的力量之源。

3. **逻辑**。还记得初中解答过的图形证明题吗？老实说，做这种题目一点实际用处都没有。

然而，**当我们要将自己的想法传达给他人的时候，从事实出发合乎逻辑地推导出其他事实与结论的能力就变得十分重要**。证明题就是一种可以锻炼你的基础能力的训练。

综上所述，初中水平的数学中也包含了大量扩展、抽象与逻辑。让我们带着这个意识来学习吧。请注意，在初中学习过的一次函数与一元二次方程，在本书中，我们将在第 2 章介绍它们。

对于以入门为目的来学习的人

在这个层次上，请理解所有的内容，如果可能的话，要学会计算。尝试动手进行正负数混合计算及解方程。

对于在工作中使用数学的人

除与图形相关的条目外，其他条目都很重要。如果有什么疑惑的地方，一定要把它弄明白。

对于考生

全部条目都是重要的，希望你足够熟练，可以不假思索地运用书中的内容。

1.1 正负数

正负数是必须掌握的条目，请优先掌握。注意"负负得正"。

 要点

负 × 正 = 负，负 × 负 = 正。

负数的加减法

（正 / 负数）＋（负数）：减去负数的绝对值。

（正 / 负数）－（负数）：加上负数的绝对值。

例：$7 + (-2) = 7 - 2 = 5，\ -7 + (-2) = -9$

　　$7 - (-2) = 7 + 2 = 9，\ -7 - (-2) = -5$

负数的乘法（除法也是相同规则）

（正数）×（正数）＝（正数）

（正数）×（负数）＝（负数）

（负数）×（正数）＝（负数）

（负数）×（负数）＝（正数）

（－）×（＋）得到（－），（－）×（－）得到（＋）

例：$2 × 3 = 6，\ 2 × (-3) = -6，\ (-2) × 3 = -6，\ (-2) × (-3) = 6$

绝对值：无符号数（数轴上的距离）

例：4 的绝对值是 4，-4 的绝对值也是 4。

📖 **负数的计算可以用数轴来思考**

在不熟悉负号时，对于如何加上一个负数、减去一个负数，你可能会感到困惑。在这种情况下让我们尝试用数轴来思考负数的计算。

数轴是把数一个接一个地排列在直线上，如下图所示。在数轴上，加上一个正数意味着向右移动，减去一个正数意味着向左移动。例如 3+2 表示从数字 3 出发向右移动 2 格，答案是 5。3−2 表示从数字 3 出发向左移动 2 格，答案是 1。

类似地，加上一个负数意味着向左移动，减去一个负数意味着向右移动。例如 1 + (−3) 表示从数字 1 出发向左移动 3 格，答案是 −2。1 − (−3) 表示从数字 1 出发向右移动 3 格，答案是 4。

在使用数轴时要注意数轴**右边的数更大**。总之，2 和 5 相比，自然是 5 更大，而 −2 和 −5 相比，则是 −2 更大。

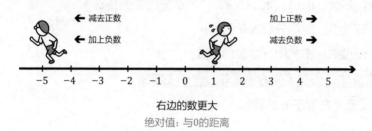

右边的数更大

绝对值：与0的距离

对于乘法只需要记住（负）×（正）=（负），（负）×（负）=（正）。在这里顺带说一下，对于 3 个负数相乘，前两个负数相乘得正数，正数再乘以一个负数，答案是负数。总之，偶数个负数相乘得正数，奇数个负数相乘得负数。

除法与乘法有着完全相同的规则。

应用　银行贷款与温度

例如，你通过银行普通账户贷款，存款余额将变为负数。这样一来就很方便，因为通过余额也能管理债务。

此外，若温度单位为℃（摄氏度），水在 0℃时结冰。但是由于存在比这个温度更低的温度，我们将其表示为与 0℃的距离的负数。因此 −20℃就是比 0℃低 20℃的温度。这与前面所说的数轴并不矛盾。

1.2 无理数与平方根

　　本节所讲解的内容是必须掌握的条目。即便是已完全入门的人，也要了解平方根的含义及无理数的存在。

> **无理数不能用分数表示，可以用"$\sqrt{}$"符号来表示。**
>
> **数的分类**
>
> - 整数：…，-3，-2，-1，0，1，2，3，…
> - 自然数：0，1，2，3，4，…（负数以外的整数）。
> - 有理数：能用分数表示的数。
> - 无理数：不能用分数表示的数。
>
> **平方根的计算（这里的 a 和 b 为正数）**
>
> $\sqrt{a}$ 是平方等于 a 的数。
>
> - $\sqrt{a^2} = a$　　　　例：$\sqrt{25} = \sqrt{5^2} = 5$
> - $\sqrt{a} \times \sqrt{b} = \sqrt{ab}$　　　例：$\sqrt{2} \times \sqrt{5} = \sqrt{10}$
> - $\sqrt{a} \div \sqrt{b} = \sqrt{\dfrac{a}{b}}$　　　例：$\sqrt{3} \div \sqrt{2} = \sqrt{\dfrac{3}{2}}$
>
> ⚠ $\sqrt{a} + \sqrt{b} = \sqrt{(a+b)}$
>
> 是错的。

📖 1.2.1 要是没有无理数就好了

　　到了初中，**平方根**就出现了。由于看起来很难，可能有的人只是看着平方根就觉得头大。不过，我们不得不用这个"奇怪"的符号是有原因的。

　　距今 2500 年前，有一位有名的数学家毕达哥拉斯，他的学生在研究正方形对角线的长度时，证明了对角线的长度不能用分数表示。

毕达哥拉斯坚信所有数都可以用整数之比来表示，即所有数都可以用分数来表示。但是，与他的主张不符的事实出现了。

毕达哥拉斯对这个事实深感沮丧，并试图隐藏它。然而，发现这个事实的学生把秘密泄露了出去。无论如何，毕达哥拉斯似乎对平方根的存在感到厌恶。说起毕达哥拉斯的悲伤，是"出现一个困难的符号"就感到懊恼的初中生无法相比的。

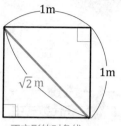

正方形的对角线

但是，存在不能用分数表示的数，这是一个明确的事实。由于无法表示为分数，我们称这样的数为**无理数**。对于一部分无法用分数表示的数，我们可以使用新的符号"$\sqrt{}$"来表示。

将平方等于 a 的数称为 a 的**平方根**。平方根大多是无理数。例如 10 以下的自然数中，1、4、9 的平方根分别为 ± 1，± 2，± 3，除此以外其他所有数的平方根都是无理数。

请注意，一个正数的**平方根有** 2 **个**。换句话说，2 的平方等于 4，-2 的平方也等于 4。同样地，$\sqrt{2}$ 的平方等于 2，$-\sqrt{2}$ 的平方也等于 2。在学校的考试中，很多人由于忘记了这个负的平方根而被扣分。

📖 1.2.2 为什么一定要分母有理化

在学校考试中会出现"分母有理化"的题目。例如像 $\dfrac{1}{\sqrt{2}}$ 这样分母中含有带 $\sqrt{}$ 的情形，把分母转化为整数（在这个例子中将分子、分母同时乘以 $\sqrt{2}$ 得到 $\dfrac{\sqrt{2}}{2}$ ）。

为什么要这样做？其实我也不明白。据说这样可以让数变得简单，然而 $\dfrac{1}{\sqrt{2}}$ 与 $\dfrac{\sqrt{2}}{2}$ 哪个数更简单呢？对我而言似乎前者更简单……

但是，在学校考试中，如果分母有 $\sqrt{}$，可能会被扣分，所以认真地进行分母有理化吧。那些在考试之外使用数学的人可以忽略分母有理化。

1.3 代数式

代数式是数学的基础，因此非常重要。如果不理解代数式的规则，那么连程序也没法编写。

> **要点**
>
> **在代数式中，"×"省略，"÷"为分数。**
>
> ① 省略 ×。
>
> 例：$2 \times x \times y \to 2xy$
>
>
>
> ② 不使用 ÷，代之以倒数相乘。
>
> 例：$3x \div y \to \dfrac{3x}{y}$
>
> ③ 将乘积按照字母顺序排列（数排在最前面）。
>
> 例：$b \times c \times a \times 2 \to 2abc$
>
> ④ 将相同的字母相乘要写成乘幂。
>
> 例：$a \times a \times a \times b \times b \times 4 \to 4a^3b^2$
>
> ⑤ 1和字母的乘积要把"1"省略，−1和字母的乘积也要把"1"省略。
>
> 例：$1 \times x \times y \to xy,(-1) \times x \times y \to -xy$

1.3.1 使用代数式的原因

使用代数式是为了抽象化。我来解释一下这意味着什么。例如购买 3 颗单价为 50 日元的糖果和 2 块单价为 80 日元的巧克力，在结账时可以算出总价为 $50 \times 3 + 80 \times 2 = 310$（日元）。但是这个式子只有在买 3 颗糖果和 2 块巧克力时成立。

如果使用代数式，在购买 x 颗单价为 50 日元的糖果和 y 块单价为 80 日元的巧克力时，总价为 $50x + 80y$ 日元。不论你买了多少糖果和巧克力，这个答案都适用。这就是抽象化。

使用代数式，即使你不知道具体数是多少，也可以把式子先写出来。

📖 1.3.2 抽象化的好处

我来举例说明抽象化有什么好处。

奇数与奇数相加，其和是偶数还是奇数呢？答案很简单，是偶数。那么，如何说明这一点？

一种方法是从头开始逐个地检查。1+1=2 是偶数，1+3=4 是偶数……但是你检查了 100 个，第 101 个结果可能不一样。检查了 1000 个，第 1001 个结果也可能不一样。不管检查了多少个，都无穷无尽。

现在让我们用代数式 n 和 m 将两个奇数写作 $2n-1$、$2m-1$，这里 n 和 m 为自然数（1，2，3，…）。这时，$2n-1$、$2m-1$ 为 1，3，5，…依次递增，确实表示了所有奇数。

接下来，我们把这两个奇数相加，如下所示。

$$(2n-1)+(2m-1)=2(n+m)-2=2(n+m-1)$$

这里，n 和 m 是自然数，因此 $n+m-1$ 也是自然数。将自然数乘以 2 始终是偶数，因此我们可以得出结论，任意两个奇数相加都会得到偶数。这就是数学的代数式的魅力。

💻应用 计算机程序要用代数式编写

在开发计算机软件时需要编程。在编程时，对寄存器和内存的存储区域中的数据的运算是用代数式来描述的。因此，掌握代数式对于程序员来说是必不可少的。

1.4 交换律、分配律和结合律

本节所讲解的内容是计算必须的定律。然而由于它们太显而易见，以至于很多人没有认识到它们是"定律"。

要点

👆 **虽然名字"高大上"，但结论显而易见。**

交换律

$a + b = b + a \qquad a \times b = b \times a$

例：$2 + 3 = 3 + 2 = 5 \qquad 2 \times 3 = 3 \times 2 = 6$

分配律

$a(b + c) = ab + ac$

例：$2 \times (3 + 4) = 2 \times 3 + 2 \times 4 = 6 + 8 = 14$

"高大上"的名字！

结合律（不论括号放在哪里，计算结果都一样）

$a + b + c = a + (b + c) \qquad abc = a(bc)$

例：$2 + 3 + 4 = 2 + (3 + 4) = 2 + 7 = 9$

$\qquad 2 \times 3 \times 4 = 2 \times (3 \times 4) = 2 \times 12 = 24$

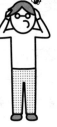

📖 1.4.1 显而易见的交换律

上述定律是显而易见的。2×3 与 3×2 是一样的。但请注意，交换律只适用于加法和乘法，不适用于减法和除法。也就是说，$2-3$ 和 $3-2$ 不一样，$2 \div 3$ 和 $3 \div 2$ 也不一样。

分配律与结合律也同样是显而易见的定律。它们也只适用于加法和乘法。

对于大多数人来说,这些定律是显而易见的。当然,在数学学科中,深入地研究这些显而易见的定律,可能会揭示哲学问题。但如果你不是在大学中学习数学专业的,你可以把它当作空气。

📖 1.4.2 为什么不在代数式中使用"÷"

在上一节中,我提到在代数式中不使用"÷"。事实上,从教科书中可以看出,已不再在初中和高中数学中使用"÷"。这是为什么呢?

我个人认为,其中一个原因是交换律和结合律不适用于除法,所以使用"÷"会造成不便。

这些定律虽然同样不适用于减法,但在减法的情形中,例如,将 2−3 看作 2+(−3),利用负数将减法变为加法,交换律和结合律就成立了。

那么除法又如何使用交换律和结合律呢?你可能也知道,可以通过乘以倒数来将除法转换为乘法。

在数学中用到的符号越少越好

换句话说,$3 \div 2 = 3 \times \dfrac{1}{2}$。有了倒数,分数也就出现了。总之,可以用分数来表示除法,因此全部用分数来表示就好了。

数学原本是一门强调简洁性的学科,在数学中用到的符号越少越好。所以就不再使用"÷"。

另一个原因是除法的符号不统一。

例如,在德国,算式"6÷2="被写作"6:2="。这样一来,使用不统一的符号会引起混乱,所以不再使用"÷"。

不管怎样,在小学毕业后,尽快让"÷"也毕业吧。

1.5 乘法公式与因式分解

乘法公式与因式分解是考试计算必须的法则。不过除考生以外，其他人只要了解术语就足够了。

要点

十字相乘法要用手来记忆，而不是用脑。

乘法公式（①是所有公式的基础，②~④是从①导出的）

① $(a + b)(c + d) = ac + ad + bc + bd$

② $(ax + b)(cx + d) = acx^2 + (ad + bc)x + bd$

例：$(x + 2)(2x + 3) = 2x^2 + (3 + 4)x + (2 \times 3) = 2x^2 + 7x + 6$

③ $(x + a)^2 = x^2 + 2ax + a^2$

例：$(x + 3)^2 = x^2 + (2 \times 3)x + 3^2 = x^2 + 6x + 9$

④ $(x + a)(x - a) = x^2 - a^2$

例：$(x + 3)(x - 3) = x^2 - 3^2 = x^2 - 9$

因式分解

因式分解是乘法公式的逆运算。

特别地，对于②的情形，用十字相乘法，可得

$acx^2 + (ad + bc)x + bd$
$= (ax + b)(cx + d)$

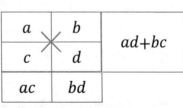

十字相乘法

📖 1.5.1 不要想了，让你的手做出反应

乘法公式是将乘积形式表示的代数式展开为和形式。反之，**因式分解**就是将和形式表示的代数式转化为乘积形式。

这种计算在考试中经常用到。由于频繁出现，你不应该在考试时进行思考。你必须足够熟练，用眼睛和手做出反应。否则，考试时间将会不够用。

有学生会问："因式分解的题目应该怎样思考？"这就像体育运动一样，你只能一心一意地练习。练习到你的手下意识做出反应，而不是去思考理论。

1.5.2 为什么要因式分解

在把式子展开计算时需要用到乘法公式。

应将因式分解用在什么地方呢？把代数式化为乘积形式有什么值得高兴的呢？答案的线索是"0"。

例如，我们有式子 $abcd$，即 $a \times b \times c \times d$。这时只要 a, b, c, d 任意一个为 0，那么 $abcd$ 就为 0。

例如对于代数式 $x^2 - 3x + 2$，我们什么也看不出来。如果把它因式分解为 $(x - 2)(x - 1)$，我们就知道当 $x = 1$ 或 $x = 2$ 时，式子等于 0。

"知道这些有什么用！"，这样的问题很难回答，但上面说到的想法可能很有用。最容易理解的例子是后面要讲到的**求解二次方程**。

应用 通过因式分解解释员工的努力与公司的效益之间的关系

在用数学式表达某些现象时，以乘积形式来表示会变得有趣。

例如，假设业务员的努力为 a，管理者的努力为 b，时代的潮流为 c，则公司的效益可以表示为 abc，即 $a \times b \times c$。

这样一来，如果任何一个数为 0，则结果为零。换句话说，不管业务员多么努力，如果管理者什么都不做，结果就是零。即使每个人都努力工作，如果公司不顺应时代潮流，结果依然是零。这就是因式分解为我们提供的一种视角。

1.6 一元一次方程

一元一次方程是方程之中最基本的，以入门为目的的人也可以进行求解问题的练习。

要点

👆 **移项要改变符号。**

解方程所须的等式的性质

① 若 $A = B$，则 $A \pm C = B \pm C$ 成立。

在等式两边加上（减去）相同的数，等式仍然成立。

例：若 $2x - 1 = x + 2$，则 $(2x - 1) + 1 = (x + 2) + 1$

② 若 $A = B$，则 $A \times C = B \times C$ 成立。

在等式两边乘以（除以）相同的数，等式仍然成立。

例：若 $2x - 1 = x + 2$，则 $(2x - 1) \times 2 = (x + 2) \times 2$

③ 若 $A = B$，则 $B = A$ 成立。

将等式的左边和右边交换，等式仍然成立。

例：若 $2x - 1 = x + 2$，则 $x + 2 = 2x - 1$

移项的方法

如果 $A + B = C + D$，将 B 移至右边，并改变符号，$A = C + D - B$，等式仍然成立。

从右边向左边（或从左边向右边）移项要改变符号。

例：如果 $2x - 1 = x + 2$，则 $2x = x + 2 + 1$，从而 $2x - x = 2 + 1$

方程中使用的术语

● 等式：使用等号 "=" 表示数量关系的表达式，例如，$2x + 1 = 5$。

● 项：例如方程 $2x + 1 = 5$ 中的 $2x$、1、5。

● 系数：例如方程 $2x + 1 = 5$ 中带有字母的项 $2x$ 的系数 2。

● 解：满足方程的未知数的值。例如，$2x + 1 = 5$ 的解为 $x = 2$。

● 左边、右边、两边：例如，方程 $2x + 1 = 5$ 的左边为 $2x + 1$，右边为 5，将左边和右边合起来是方程两边。

📖 方程是为了求未知数而建立的等式

到目前为止，用代数式计算题目都是简化某个只含有左边式子的代数式，例如"$2x + 5x + 2 + 1$"。

方程的题目是对于含有两边的等式，例如"$2x - 1 = x + 2$"，求满足这个等式的 x 的值。

解方程用到的技巧是在要点中介绍的等式性质及从等式性质导出的**移项**。实际上，通过"移项"和"**两边乘以相同的数**"的操作，可以求解所有一元一次方程。此外，一元一次方程中"一次"的含义是指方程"$2x - 1 = x + 2$"的未知数 x 的次数是 1 次。像"$x^2 + x = x + 5$"这样含有 2 次项的方程是二次方程。

🖥 应用 求商品的价格

让我们在解决实际问题时使用方程吧。

（问题）在半价购买一件商品时，比商品的标价便宜了 90 日元。请问这个商品的标价是多少日元？

假设商品标价为 x 日元，半价的金额为 $\dfrac{x}{2}$ 日元，比标价便宜 90 日元的金额为 $x - 90$ 日元。因为这两个金额相等，所以

$$\frac{x}{2} = x - 90$$

$$\frac{x}{2} - x = -90 \ (\text{右边的 } x \text{ 向左边移项})$$

$$-\frac{x}{2} = -90$$

$$x = 180 \ (\text{两边乘以} -2)$$

> 用两种技巧就能求解一元一次方程

这样就得到 $x = 180$，所以我们能够求出商品的标价是 180 日元。正如前面所说的那样，通过"移项"和"两边乘以相同的数"这两种技巧就能求解一元一次方程。

1.7　方程组

以入门为目的的人最好也能够学会利用方程组解决简单的问题。至少，请记住方程组是具有多个未知数的方程。

要点

方程组中方程的个数与未知数的个数一样多。

● 方程组是两个或多个未知数与方程组合在一起的式子。

例：$\begin{cases} 2x + y = 5 \\ x + 2y = 3 \end{cases}$

● 方程组的求解方法有加减消元法和代入法。

加减消元法：将两个方程相加或相减，消去未知数来求解。

代入法：将一个方程代入另一个方程中，消去未知数来求解。

📖 方程组是具有多个未知数的方程

在上一节中介绍的基本的一元一次方程只有一个（只有 x）变量（未知数）。与此相对，包含多个未知数的多个方程被称为**方程组**，求解方法有**加减消元法**和**代入法**两种。

在要点的例子中，变量有 2 个，方程也有 2 个。有 2 个方程的原因是，如果有 2 个变量，没有 2 个条件（方程）就无法求解。

一些方程组有 3 个或更多变量，在这种情况下，如果没有与变量数目一样多的方程，就无法求解。在实用数学中，我们要求解有几十个变量的方程组，手工求解的话要花费大量的时间和精力，所以我们把计算交给了计算机。但是，无论增加多少变量，方程变得多么复杂，求解方法的基本原理都不会改变。让我们通过有 2 个变量的例子来学会其基本原理。

应用 求苹果和橘子的个数

让我们实际使用方程组。当然，无论使用加减消元法还是代入法来求解方程，答案都是一样的。

（问题）一共买了 10 个苹果和橘子。苹果每个 60 日元，橘子每个 40 日元，合计金额 460 日元。各买了几个苹果和橘子？

假定苹果买了 x 个，橘子买了 y 个，一共买了 10 个，所以 $x + y = 10$。

60 日元的苹果买了 x 个，40 日元的橘子买了 y 个，一共 460 日元，所以 $60x + 40y = 460$。

因此列出方程组如下所示。

$$\begin{cases} x + y = 10 & \cdots\cdots ① \\ 60x + 40y = 460 & \cdots\cdots ② \end{cases}$$

（用加减消元法的解法）

①式两边变为 60 倍，减去②式，得

$$60x + 60y = 600 \quad \cdots\cdots ①'$$
$$-)\ 60x + 40y = 460 \quad \cdots\cdots ②$$
$$\overline{20y = 140}$$

因此，$y = 7$

代入①式得 $x + 7 = 10$，因此，$x = 3$

根据以上计算，求得买了 3 个苹果，买了 7 个橘子。

（用代入法的解法）

根据①式有 $y = 10 - x$

代入②式得 $60x + 40(10 - x) = 460$

整理后得 $20x = 60$，因此，$x = 3$

代入①式得 $3 + y = 10$，因此，$y = 7$

1.8 比例

作为后面要讲到的一次函数的预备阶段，比例很重要。另外，经常会用到"比例"这个术语，因此要充分理解其定义。

> **要点**
>
> **比例是指当 x 变为 2 倍时，y 也变为 2 倍。**
>
> 当 x 和 y 用公式"$y = ax$（a 被称为比例常数）"来表示时，称 x 和 y 成正比例。
>
> **比例的图像**
>
> ● 根据 a（比例常数）的正负变化如下图所示。
> ● 必定通过原点 $(0, 0)$。
> ● 当 x 变成 2 倍、3 倍……，y 也变成 2 倍、3 倍……

1.8.1 身边的比例的例子

比例是一次函数的一种，它指的是具有在要点中介绍的特征的 x 和 y 的比例关系。例如，假设一个人以 4km/h 的速度从东向西步行，在 xh 内步行距离为 $y$km，则可将 x 和 y 的关系表示为 $y = 4x$，因此它们是比例关系。在这种情况下，比例常数为 4。

让我们画出 $y = 4x$ 的图像及在比例常数为 −4 时的 $y = -4x$ 的

图像。作为参考，也同时画出了在比例常数为 4 和 −4 的一半时的 $y = 2x$ 及 $y = -2x$ 的图像。

x	-3	-2	-1	0	1	2	3
$y = 4x$	-12	-8	-4	0	4	8	12
$y = -4x$	12	8	4	0	-4	-8	-12

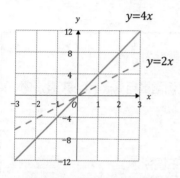
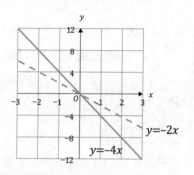

从图像可以看出，要点中介绍的性质成立。

📖 1.8.2 坐标是什么

由于本节中首次出现了图像，我来简单解释一下坐标系的术语，这些术语将会在后文中经常出现。**坐标系**是用 1.1 节中讲过的数轴在纵向和横向交叉来表示的。

如右图所示，水平数轴为 x **轴**，垂直数轴为 y **轴**。

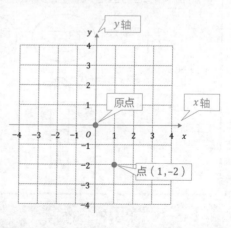

在这个坐标系中，用 $(1, -2)$ 表示 $x = 1$，$y = -2$ 所表示的点。坐标的顺序被固定为 (x, y)，不要写反了。

特别地，我们将坐标系中 x 轴和 y 轴的交点，即 $(x, y) = (0, 0)$ 的点称为**原点**。比例关系的图像必定通过原点。

1.9 反比例

　　在考试中，反比例的重要性略低于比例。然而，从实用的角度来看，它是一个重要的概念，因为有许多数量是成反比例的。

> ☝ 要点
>
> **反比例是指当 x 变为 2 倍时，y 就变为 $\dfrac{1}{2}$ 倍。**
>
> 当 x 和 y 用公式 "$y = \dfrac{a}{x}$（a 被称为比例常数且 $a \neq 0$）" 来表示时，称 y 与 x 成反比例。
>
> 比例的图像
>
> - 根据 a（比例常数）的正负变化如下图所示。
> - 由于分母不能为 0，因此在 $x = 0$ 处没有定义。
> - 当 x 变成 2 倍、3 倍……，y 就变成 $\dfrac{1}{2}$ 倍、$\dfrac{1}{3}$ 倍……
> - 当 x 趋近于 0 的时候，y 的绝对值急剧增大。
> - 随着 x 的绝对值增大，y 越来越趋近于 0。
>
>

📖 身边的反比例的例子

反比例用 $y = \dfrac{a}{x}$（$a \neq 0$）表示，它指的是具有在要点中讲到的特征

的 x 和 y 的反比例关系。例如，我们从当前位置向西步行到距离 8km 处，当速度为 x km/h 时，所需要的时间为 y 小时，我们有反比例关系 $y = \dfrac{8}{x}$。在这种情况下，比例常数为 8。

让我们画出 $y = \dfrac{8}{x}$ 的图像及在比例常数为 -8 时的 $y = -\dfrac{8}{x}$ 的图像。

x	-8	-4	-2	-1	0	1	2	4	8
$y = \dfrac{8}{x}$	-1	-2	-4	-8	$-$	8	4	2	1
$y = -\dfrac{8}{x}$	1	2	4	8	$-$	-8	-4	-2	-1

可以看出，要点中讲到的性质成立。

此外，数学中的反比例函数有一个**绝对的规则，就是分母不能为 0（不能用 0 除）**，所以在 $x = 0$ 时 y 没有定义。

📺 应用 · 速度、时间、距离法则 = 比例 · 反比例

要理解比例和反比例，最容易理解的例子是速度、时间和距离之间的关系。你可能在小学的时候就学过"速度、时间、距离法则"。

从这个关系可以得出"当速度一定时，距离与时间成正比例"，"当距离一定时，速度与时间成反比例"。

距离(km) = 速度(km/h) × 时间(h)

速度(km/h) = 距离(km) ÷ 时间(h)

时间(h) = 距离(km) ÷ 速度(km/h)

1.10 图形的性质（三角形、四边形、圆）

　　到了高中，图形的问题变少了，在实际中也很少使用图形的性质，此节内容作为入门知识来了解就可以。

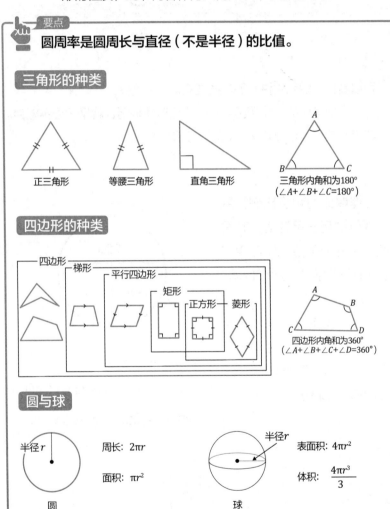

要点

圆周率是圆周长与直径（不是半径）的比值。

三角形的种类

正三角形　　等腰三角形　　直角三角形　　三角形内角和为180°
（∠A+∠B+∠C=180°）

四边形的种类

四边形　梯形　平行四边形　矩形　正方形　菱形

四边形内角和为360°
（∠A+∠B+∠C+∠D=360°）

圆与球

半径r

周长：$2\pi r$

面积：πr^2

圆

半径r

表面积：$4\pi r^2$

体积：$\dfrac{4\pi r^3}{3}$

球

📖 图形中最低限度要掌握的内容

图形的性质在实用数学中用得不多，而且在高中，图形的问题在考试中出现的可能性也较小。

因此，本书在内容上省略了初中学过的平面图形、立体图形、作图等多个条目。尽管如此，本节所介绍的内容作为最低限度的入门知识仍需要掌握。

关于三角形，请记住：**正三角形是三边相等的三角形，等腰三角形是有两边相等的三角形，直角三角形是有一个角为直角（90°）的三角形**。直角三角形将在后面的勾股定理和三角函数中出现。另外，**三角形的内角和为** 180°。

关于四边形：**梯形是一组对边平行的四边形，平行四边形是两组对边平行的四边形，菱形是边长都相等的四边形，矩形是四个角为90°的四边形**。正方形是四边长相等且四个角为90°的四边形。此外，**四边形的内角之和为** 360°。一般地，五边形、六边形等 n 边形的内角之和为 $180(n-2)°$。

对于圆和球，重要的是圆周率。虽然在小学学过，但似乎很多人不记得其定义。**圆周率是圆的周长与直径的比值**。换句话说，直径为 1cm 的圆的周长是 3.14…cm。圆周率是一个无理数，用希腊字母 π（pi）表示。

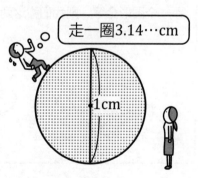

走一圈3.14…cm

1cm

利用 π 可以像要点介绍的那样表示圆、球的面积和体积等。除了考生，不需要记住球的公式，在需要使用该公式的时候再去查就可以了。

1.11　图形的全等和相似

　　虽然很少直接使用图形的知识，但"相似"这个术语我们会经常见到。

> 🖐 **要点**
>
> **相似是指图形形状相同，但大小不一定相等。**

全等

对于两个图形，当其中一个图形经过平移、旋转、翻折后与另一个图形重合时，我们称这两个图形全等。

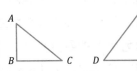

三角形ABC与三角形DEF全等，用符号"≅"表示全等

$$\triangle ABC \cong \triangle DEF$$

相似

对于两个图形，如果在其中一个图形按一定比例扩大或缩小后与另一个图形全等，则我们称这两个图形相似。

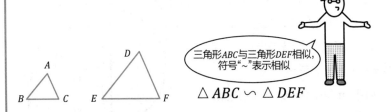

三角形ABC与三角形DEF相似，符号"~"表示相似

$$\triangle ABC \backsim \triangle DEF$$

📖 相似的含义

　　在这里，我们介绍了"全等"和"相似"这两个术语。**全等**这个术语很容易理解。换句话说，就是完全相同的图形。

但是，**相似**的概念可能有点难以理解。想象一下在计算机或智能手机上放大、缩小照片。通过这种放大、缩小操作后重合的图形被称为相似。我们可以直观地表达为"大小不一定相同，但形状相同的图形"。例如，所有的圆都是相似的，所有的球也都是相似的。

在学习相似时，还要记住**相似比**这个术语。相似比指的是相似图形的线的比值。前面提到所有圆都是相似的，它们半径的比值就是相似比。相似三角形，对应边长的比值就是相似比。

并记住，**当相似比为 $1:n$ 时，面积比为 $1:n^2$，体积比为 $1:n^3$**。换句话说，如果将一个图形的边长加倍，则该图形的面积变为 4 倍，体积变为 8 倍。

应用　为什么不能制造一架巨大的飞机

你知道世界上最大的船有多大吗？据说这条船全长超过 450m，宽超过 60m。

与此相对，世界上最大的飞机全长约为 85m，与船相比小很多。不去制造像巨轮那样的飞机是有理由的，一方面我们必须为这样巨大的飞机修建更宽更长的飞机跑道，更大更平整的巨大飞机场等，另一方面飞机不适合巨型化还有其物理方面的原因。

前面提到体积与相似比的立方成正比。对于船来说，重量与体积成正比，浮力也与体积成正比。因此，简单地把船变大也能够获得其所需要的浮力。

世界上最大的船：全长超过450m

世界上最大的飞机：全长约85m

另外，对于飞机来说，情况发生了变化。飞机的重量与其体积成正比，但浮力（升力）与机翼面积成正比，所以浮力只能按相似比的平方增加。换句话说，保持形状相同，只是简单地增大尺寸无法获得其所需要的浮力（升力）。出于这个原因，飞机与船相比，本质上不适合巨型化。

1.12　证明

　　做证明题对于考生来说当然是逻辑思维的训练，对于以入门为目的的人来说，挑战一下证明题也是个不错的主意。但是，它的实用性很低。

要点

👆 **数学中证明为真的东西不会被推翻。**

数学中的证明是什么

从假设出发，根据已知正确的性质推导出合乎逻辑的结论。

证明中出现的术语

●定义：确切说明一个概念的含义。

例：等腰三角形的定义是有两条边相等的三角形。也可以说，等腰三角形的两条边相等。

●定理：根据定义证明为真的陈述。

例：等腰三角形的两个底角相等（根据等腰三角形的定义证明）。

📖 **为什么要学习证明**

　　证明是**数学的生命**。在大学和其他研究机构研究数学的专家就是将证明定理作为其工作内容的。但是对于像我这样在实际业务中使用数学的人来说没有多大意义，因为使用已经被证明的定理是那些"使用"数学的人的工作。

　　那为什么在初中和高中数学中要讲证明呢？这是因为数学证明题非常适合训练逻辑思维。为了说话连贯无矛盾，进行数学证明的练习是最合适的。

　　计算机也按照数学逻辑运行。在编程时，通过数学证明学到的逻辑推导对编程是非常有帮助的。

假设△ ABC 为等腰三角形（ $AB=AC$ ），我们来证明∠ $B=$ ∠ C（底角相等）。

证明：作∠ A 的角平分线，与边 BC 相交于点 P。

在△ ABP 和△ ACP 中，因为△ ABC
是等腰三角形，所以

$AB=AC$ ……………①

AP 是两个三角形的公共边，所以

$AP=AP$ …………②

AP 为∠ BAC 的角平分线，所以

∠ $BAP=$ ∠ CAP …………③

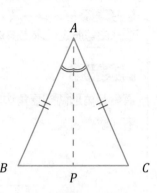

根据①~③，三角形两边及夹角分
别相等，所以

△ $ABP \cong$ △ ACP

全等三角形中对应角的大小相等，所以

∠ $B=$ ∠ C

证明完毕。

在数学世界中被证明为真的东
西就会成为**定理**，可以作为绝对真
理用来证明下一个假说。数学定理
的出色之处在于**它绝对没有例外**。

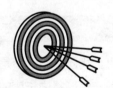

对于数学以外的逻辑推导，如
"温度升高"→"冰淇淋大卖"→"制
造商赚钱"等，每个逻辑推导都不是 100% 成立的，假设和结论并不
总是成立。但是，由于数学逻辑推导是 100% 成立的，A→B→C→，…，
→Z 这样不论连接多少个逻辑推导，只要假设正确，则可以说结论是
100% 正确的。

1.13 勾股定理

勾股定理不只适用于图形，它也是求向量长度和构成三角函数基础的一个非常重要的定理。

由勾股定理求出斜边的长度。

勾股定理

直角三角形两条直角边的长度分别为 a、b，斜边长度为 c。这时下式成立。

$$a^2 + b^2 = c^2$$

即 $c = \sqrt{a^2 + b^2}$

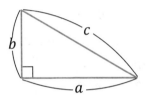

📖 1.13.1 勾股定理很重要

到目前为止，我还说图形不是很有用，但只有勾股定理是例外。它不仅是求直角三角形斜边长度的定理，还是某种"求长度"的基本定理，也是**三角函数的基础**。此外，它也是求向量长度、统计方差、标准差等领域的重要概念。我希望你能牢牢地掌握这个定理，因为无论是对于入门、实用还是考试的目标，它都很重要。

勾股定理一点也不难。在直角三角形中，在除斜边以外的两条边的长度分别为 a 和 b，斜边的长度为 c 时，有 $a^2 + b^2 = c^2$，仅此而已。在教科书和参考书中都有勾股定理的证明，读一遍之后即使忘了也没关系。

1.13.2 把勾股定理扩展到立体图形

我解释了勾股定理的重要性，但是由于这个定理本身很简单，很快就讲完了，所以我想稍微扩展一下话题，谈谈立体图形中的长度的求法。

假设有一个长方体如右图所示。各边的长度如下，AE 为 a，EF 为 b，FG 为 c。此时对角线 EC 的长度是多少？

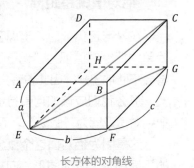

长方体的对角线

这种情形，可使用两次勾股定理来求解。首先看三角形 EFG，$\angle EFG$ 是直角，EF 的长度为 b，FG 的长度为 c，所以利用勾股定理，EG 的长度可被表示为 $\sqrt{b^2+c^2}$。

接下来，我们看三角形 CGE，$\angle CGE$ 是直角。那么，由于 CG 的长度是 a，EG 的长度是前面得到的 $\sqrt{b^2+c^2}$，所以利用勾股定理，可将对角线 EC 的长度表示为 $\sqrt{a^2+b^2+c^2}$。

要点是，无论是平面图形还是立体图形，**都是用边的平方和的算术平方根来表示长度的**。这种形式还会在向量绝对值、标准差等各种情形下出现并被我们使用。

应用　电视屏幕的尺寸

对于电视屏幕的尺寸我们会说"多少英寸"。其实这个长度就是屏幕的对角线长度。也就是说，根据勾股定理，它是纵向与横向长度的平方和的算术平方根。所以，即使 4 ：3 屏幕和 16 ：9 屏幕（横向更长）的英寸数相同，4 ：3 屏幕的面积也更大。

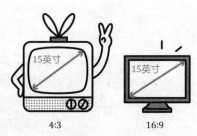

绝对值就是距离

在学习正负数时，出现了"绝对值"这个词。在初中，通常简单地把绝对值视为"无符号数"。但是，"绝对值"这个概念将会不断地出现，因此希望大家能从根本上理解它。

那么我们应该如何看待绝对值呢？答案是"距离"。请大家把绝对值理解为"距离"，而不是无符号数。

这是因为绝对值这个概念不仅用于正负数，还用于后面出现的平面图形、立体图形、向量、矩阵、复数等。这些绝对值的共同要素是"距离"。

如下图所示，对于一维的情形，在 a 为正数时，$-a$ 所代表的点 A 与 O（原点）距离为 a，因此 $-a$ 绝对值为 a，它可以用 $\sqrt{a^2}$ 来表示。

对于二维的情形，点 $A(a, b)$ 和原点之间的距离是 $\sqrt{a^2 + b^2}$。而对于三维的情形，将点 $A(a, b, c)$ 和原点的距离表示为 $\sqrt{a^2 + b^2 + c^2}$。这个距离就是点 A 的位置向量的绝对值。这些都是勾股定理的公式。"距离"与勾股定理密切相关。

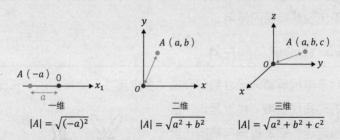

虽然仅将绝对值理解为"无符号数"也能解决问题，但"无符号数"无法和绝对值的其他应用场景建立起联系。请务必记住"绝对值就是距离"。

第 2 章

一次函数、二次函数与方程、不等式

2.0 导言

在开始学习数学时，**函数**这个术语就会经常出现。最初很多人对这个术语感到很别扭，但没过多久就习以为常了。然而如果再次被问到"什么是函数？"，就会又感到不知所措。

正如我稍后会讲到的那样，函数就像一个黑箱，当你放入一个数就会出来一个数。通过函数人们甚至可以预测未来。

例如，你知道哈雷彗星吗？这是一颗大约每 75 年接近地球一次的彗星，据说最近一次接近地球的时间是 1986 年，下一次接近地球将发生在 2061 年。为什么会知道它下一次接近地球的时间呢？那是因为有表示时间和彗星位置的函数。

借助函数，人们可以"预测未来"，也可以将不能被直接"看见"的东西表示出来。

为什么一次函数和二次函数很重要

本章主要介绍一次函数和二次函数。一次函数和二次函数非常重要，有如下两个原因。

第一个原因是**有很多事物遵从一次函数或二次函数变化**。由于一次函数的图像是一条直线，任何线性变化的东西都可以用一次函数来表示。此外，二次函数的图像被称为抛物线，当你投掷一个东西时，其运行的轨迹就是抛物线。

第二个原因是**一次函数和二次函数很简单**。本章将从现在开始介绍各种函数。其中最简单的便是一次函数和二次函数。因此，在有些情形下，即使存在一些误差，也会为了简化计算而强行应用一次函数或二次函数。

综上所述，本章对于学习数学非常重要，所以你即使推迟学习其他章节，也要好好学习本章内容。此外，本章还介绍了三次及以上的高次函数。

如果通过图像来思考，方程和不等式就比较容易理解

本章把方程和不等式合在一起讲。这是因为，结合函数图像一起来理解，容易记得住。

方程可以被理解为图像与 x 轴（$y=0$）的交点。不等式处理起来很复杂，但通过图像就可以梳理得很清晰。

🎓 对于以入门为目的来学习的人

目标是能在脑海中浮现出一次函数和二次函数的图像。要学会一次函数依照直线变化、二次函数依照抛物线变化。至于术语，要掌握截距、斜率和顶点等。

💼 对于在工作中使用数学的人

这是非常重要的条目。可以毫不夸张地说，如果你不能掌握本章内容，你将无法使用数学来工作。暂时没有掌握本章内容的人，可以一边在计算机等设备上画出图像一边学习，以便加深理解。

✏️ 对于考生

一次函数和二次函数是频繁出现且基本的内容，所以要完全掌握它们。如果仅靠公式很难掌握，我建议你画图像。你也会偶尔看到高次函数的题目，所以也要熟练掌握。

2.1　函数及其定义

本节内容讲解函数及其定义。对这类问题如果你接受起来很容易，那么粗略浏览就可以了。

> **要点**
>
> **函数是一个黑箱，放入一个数就出来一个数。**
>
> 有两个变量 x 和 y，如果对于变量 x 的某个值，决定了 y 的一个值，这时称 y 为 x 的函数，表示为 $y = f(x)$。
>
> 在这种情形下，当 x 代入值 a，就将函数值表示为 $f(a)$。

2.1.1　函数是什么

简而言之，**函数就像一个黑箱，当你放入一个数，就会出来一个数**。让我们考虑一个具体的例子。每瓶果汁售价 130 日元，用函数表示购买 x 瓶果汁时的总金额。

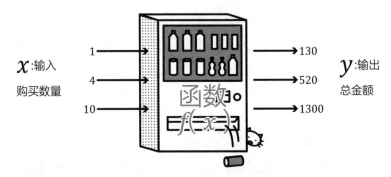

买 1 瓶果汁时要花费 130 日元，买 4 瓶果汁时要花费 520 日元，买 10 瓶果汁时要花费 1300 日元，输入瓶数就得到总金额，这样的黑箱被称为函数。

这是一个非常简单的例子，你可能会想："这不必用到函数。"然而，数学是一门抽象的学科，因此我们可以将这种关系概括表示为

"$y = f(x)$"。此外，f代表着 function（函数）的首字母，但随着函数数量的增加，你可以使用任意的字母来表示函数。在实际中我们经常看到$y = g(x)$、$y = h(x)$这样的函数。

📖 2.1.2 反函数、多变量函数、复合函数

接下来介绍稍微高级一点的函数。

首先是**反函数**。前面讲过购买数量为x，输出总金额y的黑箱是$f(x)$。它的反函数是总金额为x，购买数量为y的函数。将这个反函数记为"$y = f^{-1}(x)$"。

其次是**多变量函数**。前面对于总金额，唯一的输入是购买数量。现在用y表示果汁是否有加牛奶。如果果汁有加牛奶就贵 20 日元。于是有加牛奶（$y = 1$）的果汁一瓶售价 150 日元。没有加牛奶的果汁（$y = 0$）一瓶售价 130 日元。将计算总金额的函数记为$f(x, y)$。

最后是**复合函数**。现在我们把购买者的人数作为输入，每人买两瓶果汁。然后，把根据购买者的人数输出果汁数量的函数$g(x)$和根据果汁数量计算总金额的函数$f(x)$进行复合。这个函数被称为复合函数，被记为"$y = f[g(x)]$"。

反函数和复合函数是比较难理解的概念，但如果把它们像下图那样具体化，就很容易理解了。

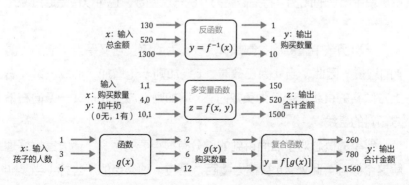

2.2 一次函数的图像

　　本节所讲内容在微积分中也很重要，因此必须掌握。希望你能完全理解斜率的含义。

 要点

　　一次函数的直线由斜率和截距决定。

一次函数 $y = ax + b$ 的图像为直线，如下图所示。

这里将 a 称为斜率，将 b 称为截距。

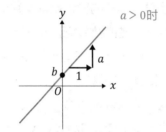

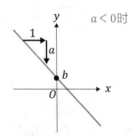

一次函数是直线

　　一次函数是一条直线，它是后面讲到的各种函数中最简单的一种。第 1 章中出现的比例，特指截距为 0 的一次函数，也可以说是通过原点的直线。

　　一次函数中重要的参数是 a，被称为斜率，含义是当 x 增加 1 时 y 的增量。因此，当 a 为正数时，x 增加则 y 也增加，形成一条向右上方倾斜的直线，当 a 为负数时，x 增加则 y 减少，形成一条向右下方倾斜的直线。

　　斜率的概念对于后面讲到的微分有很重要的意义，请大家好好理解这个概念。此外，b 被称为**截距**，是与 y 轴交点的 y 坐标（当 $x=0$ 时的 y 值）。

应用 为什么斜率和截距很重要

在这里，我将通过实际使用一次函数的例子再次确认斜率和截距的含义。

假设要去商店里打印贺年卡。在 A 商店打印 5 张贺年卡要花费 2000 日元，打印 15 张贺年卡要花费 4000 日元。B 商店初始打印费用为 2000 日元，每多打印一张要增收 150 日元。

这时，分别在 A 商店和 B 商店打印 x 张贺年卡的总费用为 y 日元，我们画出 x 与 y 关系的图像。

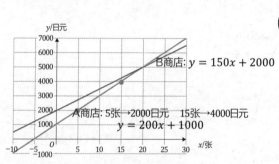

从图像上看，A 商店的初始打印费用低，每张单价高，而 B 商店的初始打印费用高，每张单价低，当打印 20 张贺年卡以上时，A 商店和 B 商店的总费用就逆转了。

这里，A 商店"打印 5 张 2000 日元，打印 15 张 4000 日元"和 B 商店"初始打印费用 2000 日元，打印每张 150 日元"的表述，哪个更容易理解？

虽然信息量是一样的，但我认为 B 商店的表述更容易理解。B 商店按斜率（每张的价格）和截距（初始费用）来表示总费用。

在实际使用一次函数时，截距和斜率往往具有特殊意义。这就是一次函数强调斜率和截距的原因。

2.3 二次函数及其图像

本节内容在考试中肯定要用到，此外有很多数量也遵从二次函数变化，因此在实践中也是必不可少的。即使是入门的人也应该掌握抛物线和顶点。

要点

👆 **二次函数（抛物线）在顶点处达到最大或最小。**

二次函数 $y = a(x - b)^2 + c$ 的图像如下图所示。

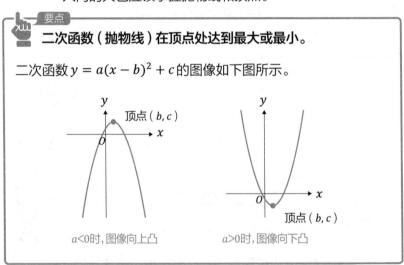

$a<0$ 时，图像向上凸　　　　　$a>0$ 时，图像向下凸

📖 二次函数是抛物线

一次函数的图像是一条直线，而二次函数的图像是一条**抛物线**，如上图所示。当你投掷物体时的轨迹就是抛物线，因此将二次函数的图像称为抛物线。它的方向随 x^2 系数的正负而变化，如果系数为正，图像**向下凸**，如果系数为负，则图像**向上凸**。

抛物线最重要的是**顶点**。顶点是抛物线的下界或上界，二次函数在顶点取得其最小值或最大值。此外，通过顶点并垂直于 x 轴的线被称为**轴**。抛物线关于轴左右对称。

画图像时，使用 $y = a(x - b)^2 + c$ 的形式（配平方）而不是 $y = ax^2 + bx + c$ 的形式，则顶点很清晰，更容易理解。

作为参考，下面给出了 $y = \frac{1}{2}(x-2)^2 - 1$ 和 $y = -\frac{1}{2}(x-2)^2 + 1$ 的图像。

x	-1	0	1	2	3	4	5
$\frac{1}{2}(x-2)^2 - 1$	$\frac{7}{2}$	1	$-\frac{1}{2}$	-1	$-\frac{1}{2}$	1	$\frac{7}{2}$
$-\frac{1}{2}(x-2)^2 + 1$	$-\frac{7}{2}$	-1	$\frac{1}{2}$	1	$\frac{1}{2}$	-1	$-\frac{7}{2}$

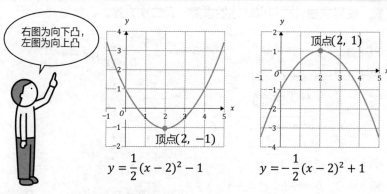

右图为向下凸，左图为向上凸

$$y = \frac{1}{2}(x-2)^2 - 1$$

$$y = -\frac{1}{2}(x-2)^2 + 1$$

应用 为什么顶点很重要

让我给你举个实际例子。一家点心铺推出了一款新产品。它的成本是 100 日元。当然，价格越高，利润就越高，但价格越高，销量就越低。假设在价格为 x 日元时销量为 $500 - x$ 件。这时候，价格应该是多少日元，才能使利润最大化？

假设价格为 x，总利润为 y，由于总利润等于利润 × 销售数量，因此 $y = (x - 100)(500 - x)$，整理得 $y = -(x - 300)^2 + 40\,000$。

这是一个二次函数，所以我们画出图像，如右图所示。根据图像，最大利润位于抛物线的顶部，当价格为 300 日元时，利润为 40\,000 日元。

在这种情况下，顶点是函数的最大值。像这样在实际使用二次函数时，**顶点通常是有意义的数**。这就是顶点很重要的原因。

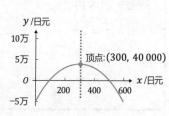

利润与价格的关系

039

2.4 一元二次方程的解法

一元二次方程的求根公式，考生一定要熟记，以入门为目的的人只需要知道有求根公式就可以了。

> **要点**
>
> **使用求根公式可以确定地求解一元二次方程。**

求根公式

对于 $ax^2 + bx + c = 0$，

将 a、b、c 代入下面的公式

$$x = \frac{-b \pm \sqrt{b^2 - 4ac}}{2a}$$

例：$2x^2 - 5x - 3 = 0$

将 $a = 2$，$b = -5$，$c = -3$

代入求根公式

$$x = \frac{-(-5) \pm \sqrt{(-5)^2 - [4 \times 2 \times (-3)]}}{2 \times 2}$$

$$= \frac{5 \pm \sqrt{49}}{4} = \frac{5 \pm 7}{4}$$

$$x = 3 \ 或 \ x = -\frac{1}{2}$$

配平方

整理为以下形式

$$(x - b)^2 = c$$

$$x - b = \pm\sqrt{c}$$

$$x = b \pm \sqrt{c}$$

$$\left(x^2 - \frac{5}{2}x + \frac{25}{16}\right) = \frac{3}{2} + \frac{25}{16}$$

$$\left(x - \frac{5}{4}\right)^2 = \frac{49}{16}$$

$$x = \frac{5}{4} \pm \sqrt{\frac{49}{16}}$$

$$x = 3 \ 或 \ x = -\frac{1}{2}$$

因式分解

整理为以下形式

首先化为

$(ax - b)(cx - d) = 0$ 的形式。

当 $ax - b = 0$ 或 $cx - d = 0$ 时，

$(ax - b)(cx - d) = 0$ 成立，因

此有 $x = \dfrac{b}{a}$ 或 $x = \dfrac{d}{c}$。

例：$2x^2 - 5x - 3 = 0$

$$(2x + 1)(x - 3) = 0$$

$$x = 3 \ 或 \ x = -\frac{1}{2}$$

📖 一元二次方程的 3 种解法

一元二次方程的解法有 3 种。第 1 种是**求根公式法**，第 2 种是**配平方法**，第 3 种是**因式分解法**。

其中最可靠的是第 1 种求根公式法。对于给定的一元二次方程，将 a、b、c 代入公式，如果计算不出错的话，它总是能求解。**一般来说，一元二次方程有两个解**，所以求根公式中有"$\pm$"号。

第 2 种配平方法，因为计算很复杂，所以它仅有教育上的意义，在实际中不会选用这个方法。但是，学会这种方法有时很有用，因为在绘制二次函数的图像时进行配平方的计算会比较好。

第 3 种因式分解法，如果能够很好地进行因式分解，则可以快速求解方程，计算错误也很少，这种求解方法是最好的。然而，如果方程的解很复杂，无法简单地进行因式分解，那就放弃因式分解并使用求根公式吧。

🖥应用 点心铺的利润

考虑以下问题，我们仍然使用上一节点心铺的例子。

一家点心铺推出了一款新产品。它的成本是 100 日元。当然，价格越高，利润就越高，但价格越高，销量就越少。假设价格为 x 日元，销量为 $500 - x$ 件。通过这个产品赚取 30 000 日元的利润，价格应该是多少日元？

假设价格为 x 日元，每件产品的利润为 $x - 100$ 日元，因此可将总利润表示为 $(x - 100)(500 - x)$。这里的总利润为 30 000 日元，所以

$$(x - 100)(500 - x) = 30000$$

整理得 $x^2 - 600x + 80000 = 0$

因式分解得 $(x - 400)(x - 200) = 0$，因此 $x = 400$ 或 $x = 200$

也就是说，如果其价格是 400 日元或 200 日元，可以获得 30 000 日元的利润。

2.5 一元二次方程的虚数解

通过引入虚数，即使根号内为负数也可以求解方程。但是，这个解在应用中没有意义。

> **要点**
>
> **$i^2 = -1$只是一个规则，无须深思。**

为了求解所有二次方程，我们需要引入虚数。

- 平方等于 -1 的数被称为虚数单位，用"i"表示。也就是说 $i^2 = -1$。
- 使用虚数单位 i，由 $a + bi$（a, b为实数）表示的数被称为复数。
- 在复数计算中可以像普通代数式一样对待虚数单位。

例：$(2 + 3i) + (3 + i) = 5 + 4i$　$i(i + 5) = i^2 + 5i = -1 + 5i$

📖 当根号内为负数时

可以使用求根公式求解一元二次方程。但是，有些地方需要注意。如果求根公式的根号中的数，即 $b^2 - 4ac$ 变成负数怎么办？

在这种情况下"方程没有解"。因为没有那样的数（正数乘以正数是正数，负数乘以负数也是正数）。

然而，数学家们无论如何也想求解这个方程，他们假设了一个平方等于 -1 的数。将这个数记作 i，则 $i^2 = -1$，那么例如 $x^2 = -4$ 这个方程也能求出 $x = 2i$ 的解。但这个数自始至终是个假设，并没有实体，因此将其称为"虚数"，即虚构的数。

不过，虚数本身并非毫无意义。正如在第 13 章复平面中介绍的那样，虚数的概念是通往下一阶段的数学的关键。但是，求解实系数一元二次方程得到的虚数解是没有意义的。

应用 虚数的价格

考虑以下问题，我们仍然使用上一节点心铺的例子。

一家点心铺推出了一款新产品。它的成本是 100 日元。当然，价格越高，利润就越高，但价格越高，销量就越少。假设价格为 x 日元，销量为 $500 - x$ 件。通过这个产品赚取 80 000 日元的利润，价格应该是多少日元？

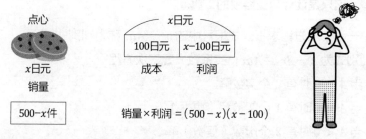

假设价格为 x 日元，每件产品的利润为 $x - 100$ 日元，因此总利润表示为 $(x - 100)(500 - x)$。这里的总利润为 80 000 日元，所以

$$(x - 100)(500 - x) = 80\,000$$

整理得 $x^2 - 600x + 130\,000 = 0$

把 $a = 1, b = -600, c = 130\,000$ 代入求根公式得

$$x = 300 - 200i \text{ 或 } x = 300 + 200i$$

也就是说，计算得出如果价格为 $300 - 200i$ 日元或 $300 + 200i$ 日元，就可以赚取 80 000 日元的利润。但是，这样定价是不可能的。因此，我们只能得到不可能赚到 80 000 日元利润的结论。

在实际使用一元二次方程时，需要确认方程的解是不是有意义的数。这个题目的虚数解是没有意义的，此外如果解是负数，由于价格不可能为负，所以也没有意义。

2.6 一元二次方程的判别式、根与系数的关系

　　该条目仅用于考试。作为入门和实用目的来学习的人可以跳过该条目。

👆 **要点**

这只是让计算更容易的工具。

将一元二次方程求根公式根号中的 $b^2 - 4ac$ 称为判别式。

判别式为 $\Delta = b^2 - 4ac$，实系数一元二次方程

- 当 $\Delta > 0$ 时有 2 个实数解。
- 当 $\Delta = 0$ 时有 1 个实数解（重根）。
- 当 $\Delta < 0$ 时有 2 个虚数（复数）解。

根与系数的关系

如果一元二次方程 $ax^2 + bx + c = 0$（$a \neq 0$）的 2 个根为 α, β，则下面的关系成立。

$$\alpha + \beta = -\frac{b}{a} \qquad \alpha\beta = \frac{c}{a}$$

📖 **判别式是为了让计算稍微方便一点**

　　上一节讲了虚数解。这里提到的判别式是判断一元二次方程的解是实数解还是虚数解的公式。

　　在 $ax^2 + bx + c = 0$ 的求根公式 $x = \dfrac{-b \pm \sqrt{b^2 - 4ac}}{2a}$ 的根号中，把 $b^2 - 4ac$ 提取出来。如果 $b^2 - 4ac$ 是正数，则一元二次方程有两个实数解；如果是 0，那么根号的项消失，此时只有一个实数解；如果是负数，则有两个虚数解。此外，当判别式为 0 时，原方程可以化为 $(x - \alpha)^2 = 0$ 的形式。这个解也被称为**重根**。

当然，即使没有判别式，也可以通过代入求根公式求解，这样就知道解是什么。但是，判别式 $\Delta = b^2 - 4ac$ 的计算比求根公式要容易一些，因此可以说判别式是稍微方便一点的公式。它是考生必备的知识，因为在考试过程中要争分夺秒。

为了进一步加深理解，下面我解释一下判别式的值与 $y = ax^2 + bx + c$ 图像的关系。一元二次方程 $ax^2 + bx + c = 0$ 的解意味着图像与 x 轴（$y = 0$）的交点。当 $\Delta > 0$ 时图像和 x 轴有两个交点，当 $\Delta = 0$ 时图像与 x 轴相切于 1 个点，当 $\Delta < 0$ 时图像与 x 轴没有交点。

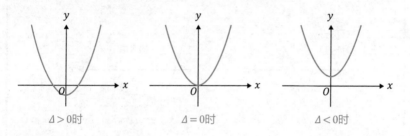

$\Delta > 0$ 时　　　　$\Delta = 0$ 时　　　　$\Delta < 0$ 时

应用　**快速解决问题**

根与系数的关系，用于解决如下的问题。

（问题）一元二次方程 $2x^2 + 5x + 4 = 0$ 的根为 α，β，求 $\alpha^2 + \beta^2$ 的值。

这种情形，可以使用根与系数的关系轻松解决。

将问题所求的式子表示为 $\alpha^2 + \beta^2 = (\alpha + \beta)^2 - 2\alpha\beta$，由根与系数的关系，$\alpha + \beta = -\dfrac{b}{a} = -\dfrac{5}{2}$，$\alpha\beta = \dfrac{c}{a} = 2$，则 $\alpha^2 + \beta^2 = \left(-\dfrac{5}{2}\right)^2 - 2 \times 2 = \dfrac{9}{4}$。

也可以先求出一元二次方程的解，然后代入 $\alpha^2 + \beta^2$ 中，但用根与系数的关系来计算比这个要快。对于注重速度和准确性的考生来说，这是一项必备技巧，对其他人来说这不是必须的。

2.7 高次函数

在实用数学中会用到高次函数进行近似（拟合）的情形，因此充分掌握函数的性质很重要。

> **要点**
>
> **函数次数越高，增长（减少）的速度越快。**
>
> 三次函数、四次函数的图像一般如下图所示（$a > 0$时）。
>
>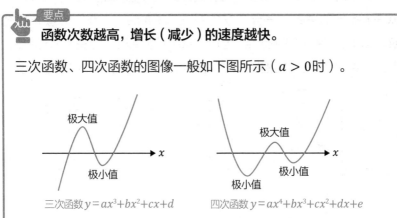
>
> 三次函数 $y = ax^3 + bx^2 + cx + d$　　四次函数 $y = ax^4 + bx^3 + cx^2 + dx + e$

📖 函数图像随着次数增加而蜿蜒曲折

接下来介绍三次及以上的函数。随着次数增加，如上图所示，函数图像就开始变得蜿蜒曲折。也就是说，**取得极大值与极小值的地方**逐渐增加。三次函数的情形是有 2 个极值点，四次函数的情形是有 3 个极值点。直觉灵敏的同学也许猜到了，n 次函数的情形是最多有 $n - 1$ 个极值点。

高次函数另一个重要的地方是它的增长速度。作为简单的例子，右图画出了 $y = x^2$、$y = x^4$ 和 $y = x^6$ 的图像。当 x 等于 3 时，x^2、x^4、x^6 分别等于 9、81、729。从图中可以看到，函数的

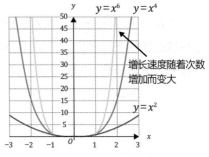

增长速度随着次数增加而急剧地变大。

你有没有想过为什么将函数仅按照其最高次数的项分类为二次函数、四次函数、六次函数等？这是因为，最高次数的项的增长（或减少）速度很快，在 x 取值很大（或很小）的区域，最高次数的项决定了函数值。

▣ 应用 使用高次函数拟合数值数据

在实践中，常常会用函数来拟合一些数据。Excel 等电子表格软件大都具有这种功能。

下图显示了分别用一次函数到六次函数来拟合数据的示例。图中的 R^2 被称为判定系数，在 0 到 1 之间取值。这个值越大，拟合误差就越小。

从图中可以看出，随着函数次数的增加，图像变得弯曲，R^2 数值增大，拟合精度变高。

但是，随着次数增加，变量增加，处理起来就变得越来越困难，因此人们希望在误差允许范围内用尽可能低次数的函数来进行拟合。

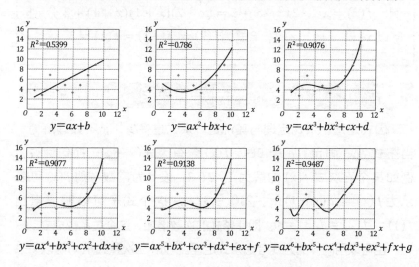

$y=ax+b$　　　$y=ax^2+bx+c$　　　$y=ax^3+bx^2+cx+d$

$y=ax^4+bx^3+cx^2+dx+e$　$y=ax^5+bx^4+cx^3+dx^2+ex+f$　$y=ax^6+bx^5+cx^4+dx^3+ex^2+fx+g$

2.8 因式定理和余式定理

本节内容学起来既抽象又困难。其关键点是，如果知道整式的解，就可以进行因式分解。它在实用数学中很少被用到。

> **要点**
>
> 如果 $f(a) = 0$，则 $f(x)$ 含有因式 $(x - a)$。

因式定理

整式 $f(x)$ 若被 $ax - b$ 整除，则 $f\left(\dfrac{b}{a}\right) = 0$。

反过来，如果 $f\left(\dfrac{b}{a}\right) = 0$，则 $f(x)$ 被 $ax - b$ 整除。

例：$f(x) = x^3 - 2x^2 - x + 2 = (x - 2)(x + 1)(x - 1)$ 被 $x-2$，$x+1$，$x-1$ 整除，因此 $f(2) = f(-1) = f(1) = 0$。

余式定理

整式 $f(x)$ 除以 $ax - b$ 的余式为 $f\left(\dfrac{b}{a}\right)$。

例：$f(x) = x^3 - 2x^2 - x + 5 = (x - 2)(x + 1)(x - 1) + 3$ 分别除以 $x-2$，$x+1$，$x-1$，余式为 $f(2) = f(-1) = f(1) = 3$。

2.8.1 通过具体的例子来思考，因式定理并不难

因式定理、余式定理与其说是"余式是多少"，不如理解为：当整式 $f(x)$ 满足 $f(a) = 0$ 时，$f(x)$ 含有因式 $(x - a)$。换句话说，例如某个三次式 $f(x)$ 的解为 1、2、3，设 a 为常数，则 $f(x)$ 可表示为 $f(x) = a(x - 1)(x - 2)(x - 3)$。从这个式子可以明显看出 $f(1) = f(2) = f(3) = 0$。即使整式的次数增加，这个关系也成立。

也可以用同样的方式考虑余式定理。例如，三次整式 $g(x)$ 除以 $x-1$ 的余式为 2，则 $g(x)$ 可表示为 $g(x) = a(x - 1)(x - b)(x - c) + 2$。显

然，在这种情形下，$g(1) = 2$成立。

📖 2.8.2 整式的长除法

这里介绍整式的长除法。只是把小学学过的笔算除法搬到代数式上面来。仔细看看就能理解。

右边的例子展示了 $x^3 + 2x^2 + 3x + 1$ 除以 $x+1$ 的计算方法。

首先比较 $x^3 + 2x^2$ 和 $x+1$，商为 x^2。接着从原式减去 $x^3 + x^2$，得到 x 的 2 次式。以这种方式依次降低次数，最后得到余式为 -1。

$$
\begin{array}{r}
x^2 + x + 2 \\
x + 1 \overline{)\; x^3 + 2x^2 + 3x + 1} \\
\underline{x^3 + x^2} \\
x^2 + 3x \\
\underline{x^2 + x} \\
2x + 1 \\
\underline{2x + 2} \\
-1
\end{array}
$$

整式的长除法

🖥️ 应用 高次方程的解法

与二次方程一样，三次方程和四次方程也有求根公式。但是由于公式太过复杂和冗长，无法在这里介绍。如果你有兴趣，请自行查阅。

对于五次及以上的方程，已经证明不存在求根公式。然而，这并不意味着解不存在。只是方程的解不能用四则运算和幂表达式来表示。

实际在求解高次方程时，一般用近似计算。在实际应用中近似解就足够了，不需要精确解。

作为高中数学题，在求解高次方程时，我们用因式定理来降低次数。例如方程 $x^3 - 2x^2 - x + 2 = 0$，显然方程有解 $x=1$。因此，$x^3 - 2x^2 - x + 2$ 含有因式 $x-1$，做长除法把次数降低。如果次数降到二次或以下，就可以用一元二次方程的求根公式来求解。第一个解只能靠灵光一闪来找到。不过通常这个解应该是像 ±1 或 ±2 这样的简单数（否则你就无法求解了）。

2.9 不等式的解法

　　不等式的解法是考试中肯定会用到的知识，在实际应用中也经常用到。其要点是不等式两边乘以负数要改变不等号的方向。

> **要点**
>
> **不等式两边乘以负数要改变不等号的方向。**
>
> 不等式的性质，当 $A > B$ 时，以下不等式成立（将下式中的不等号 > 替换为 <、≤、≥ 等也同样适用）。
>
> ● $A + m > B + m$
>
> 例：$5 > 2$ 所以 $5 + 2 > 2 + 2\,(7 > 4)$
>
> ● $A - m > B - m$
>
> 例：$5 > 2$ 所以 $5 - 2 > 2 - 2\,(3 > 0)$
>
> ● $Am > Bm\,(m > 0)$，$Am < Bm\,(m < 0$ 时 $)$
>
> 例：$5 > 2$ 所以 $10 > 4\,(5 \times 2 > 2 \times 2)$ 或者 $-10 < -4\,[\,5 \times (-2) < 2 \times (-2)\,]$

2.9.1 不等式两边乘以负数时要注意

　　不等式的处理方式与方程的处理方式基本上相同。把不等号"<"当作"="处理，类似于解方程，最终化为 $x < a$ 这种形式就可以了。也就是说，只须进行移项和"不等式两边乘以相同的正数或负数"的运算。

　　但是，有个地方一定要注意。那就是，**不等式两边同时乘以一个负数，不等号的方向要反转。**

　　例如，求解不等式"$-2x + 4 > 8$"。

　　两边减去 4（移项）得 $-2x > 4$

两边乘以 $-\dfrac{1}{2}$ 得 $x < -2$

这里移项后，不等式两边同时乘以 $-\dfrac{1}{2}$。请注意，不等号的方向与前面的式子相反。

正数随着绝对值（无符号数）的增加而增加，而负数随着绝对值的增加而减少。也就是说，-10 小于 -2。不等式两边乘以一个负数就意味着正负号反转，不等号的方向要改变。

📖 2.9.2　二次不等式的解法

接下来讲解二次不等式的解法。

例如，我们求解不等式"$x^2 - 3x + 2 < 0$"。

在求解二次不等式时，首先进行因式分解。如果你不能通过心算进行因式分解，那就先用求根公式求出解，然后进行因式分解。

在这个例子中，可以进行因式分解，即 $x^2 - 3x + 2 = (x-1)(x-2)$，所以可以将问题中的不等式变形如下。

$$(x-1)(x-2) < 0$$

在这里我们画出 $y = (x-1)(x-2)$ 这个函数的图像。图像很清晰，如右图所示。该函数在 $x=1$ 和 $x=2$ 处与 x 轴相交，两个交点之间的函数值小于 0。所以满足这个不等式的 x 的范围是 $1 < x < 2$。

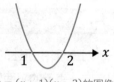

$y = (x-1)(x-2)$ 的图像

如果 $(x-1)(x-2) > 0$（不等号的方向改变了）怎么求解？在这种情形下，从图中可以看出，当小于 1 或大于 2 时就是不等式的解。即 $x < 1$ 或 $x > 2$。

此外，当 $ax^2 + bx + c = 0$（$a \neq 0$）有虚解时，它的图像与 x 轴没有交点。例如，$x^2 + 1 = 0$ 的解是虚数 i。因此，$x^2 + 1 > 0$ 恒成立，而 $x^2 + 1 < 0$ 的情形没有解。

如果遇到不等式无法弄清楚大小关系时，请尝试**画出图像**。

2.10 不等式与区域

不等式与区域是考试中肯定要用到的知识，在线性规划等实际应用中也经常用到。难以理解的时候，画出图像以帮助理解。

> **要点**
>
> **如果感到难以理解，请先尝试画出图像。**
>
> 对于直线 $y = mx + n$，
>
> 由不等式 $y > mx + n$ 表示的区域是直线的上侧部分。
>
> 由不等式 $y < mx + n$ 表示的区域是直线的下侧部分。
>
> 例：直线 $y = x + 1$ 将平面一分为二，如右图所示。例如，点 $A(-4, 2)$ 在区域 $y > x + 1$ 内，点 $B(1, -3)$ 在区域 $y < x + 1$ 内。

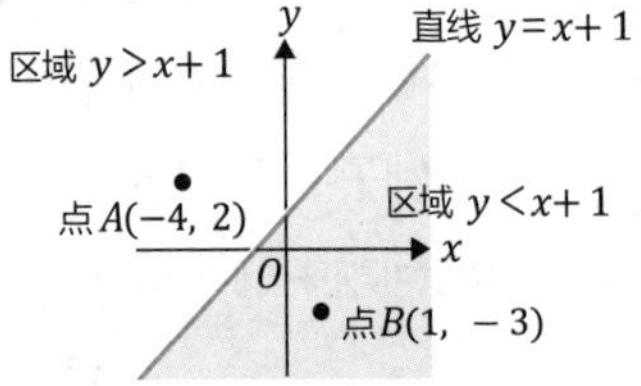

不等式与区域的问题要仔细地画图表示

上一节中所述的不等式是只有一个变量 x 的一维的问题。本节处理由 x 与 y 表示的平面区域。

作为不等式和区域的应用，有一种被称为**线性规划**的方法。这种方法用于解决最优化问题，例如，在工厂的设备等约束条件下使产量最大化这类问题。

因为有多个约束条件，所以问题变得比较复杂，但是如果把约束条件逐个地仔细画出图像来表示，应该也能够理解复杂的问题。花点时间慢慢地解决它吧。

应用 **通过线性规划最大化销售额**

考虑这样一个例子。一家蛋糕店制作产品 A 需要 200g 面粉和 200ml 鲜奶油，制作产品 B 需要 300g 面粉和 100ml 鲜奶油。此外，面粉库存 1900g，鲜奶油库存 1300ml。如果产品 A 每个售价 700 日元，产品 B 每个售价 500 日元，应该制作多少个产品 A 和产品 B 以实现销售额最大化？

假设产品 A 制作了 x 个，产品 B 制作了 y 个，由于 x、y 为非负整数，

$$x \geqslant 0 \cdots\cdots\cdots ① \qquad y \geqslant 0 \cdots\cdots\cdots ②$$

根据面粉的约束条件，$200x + 300y \leqslant 1900 \cdots\cdots\cdots ③$

根据鲜奶油的约束条件，$200x + 100y \leqslant 1300 \cdots\cdots\cdots ④$

求 x、y 的值，满足条件 ① ~ ④，使得 $700x + 500y$ 最大。令 $700x + 500y = k$，则 $y = -\dfrac{7}{5}x + \dfrac{k}{500}$ 在满足 ① ~ ④ 的区域中，求使得斜率为 $-\dfrac{7}{5}$ 的直线截距最大的条件。

直线 $700x + 500y = k$ 的斜率为 $-\dfrac{7}{5}$，介于 ③ 的直线斜率 $-\dfrac{2}{3}$ 和 ④ 的直线斜率 -2 之间。因此，各条直线与区域 D 的关系如下图所示。

因此，在通过区域 D 的同时，通过直线 ③ 和 ④ 的交点 $(5, 3)$，直线 $y = -\dfrac{7}{5}x + \dfrac{k}{500}$ 的截距最大。

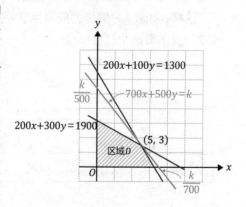

因此，在制作 5 个产品 A 和 3 个产品 B 时达到最大销售额，销售额为 5000 日元。

这是一个相当简单的问题，它只有两个变量。然而，在实际问题中需要更多的变量。这时，问题变得非常复杂，人类无法手工去解决，所以把计算交给了计算机。但是了解在计算机内部进行的这种计算，也是很重要的。

整数的素因子分解守护着网络和平

第 1 章介绍了代数式的因式分解。但是，可能有人在听到因式分解时会想到别的东西。那就是整数的素因子分解。

素因子分解是整数分解为素数（大于或等于 2 的自然数，除 1 和自身以外，不能被其他自然数整除）的乘积，例如 $36 = 2^2 \times 3^2$。

可能很多人会认为"这种玩意只是数字游戏，什么用都没有"。但实际上，素因子分解在互联网中扮演着非常重要的角色。

那就是密码学。例如，在网上发送信用卡卡号时，如果信息在中途被人窃取，后果会很严重。所以你需要对信息进行加密，而加密就要用到素因子分解。

让我讲解一下这个方法的要点。首先，准备两个非常大的素数 P 和 Q（私钥），计算乘积 $P \times Q$（公钥）。结算公司把公钥公开，但私钥保密。想要发送信息的客户使用公钥（$P \times Q$）来加密信息。

想要解密需要知道 P 和 Q。但由于 $P \times Q$ 非常大，当今的计算机也无法在实际可行的时间内进行计算。因此，只有从一开始就知道 P 和 Q 的结算公司才能解密。

这样，素因子分解作为兼具互联网的便利性和安全性的"关键"技术，支撑着这个社会。

公钥 $P \times Q$

114381625788886766923577997614661201021829672124236256256184293570693524573389783059712356395870505898907514759929002687954354 1

‖

素数P （密钥）	素数Q （密钥）
32769132993266709549961988190834461413177642967992942539798288533	34905295108476509491478496199038981334177646384933878439908205 77

×（位于两框之间）

第 ③ 章

指数、对数

导言

指数可以方便地处理很大的数和很小的数

简而言之，指数是一种**可以轻松处理很大的数和很小的数的表示方法。**

初中学过的"2^3"（2 的 3 次幂）的写法被称为指数。但是，可能很多人会认为："写成'$2 \times 2 \times 2$'就好了，没必要用这种奇怪的写法。"

这样想也有道理。但是，在处理非常大的数时，你就会发现指数的便利性。

例如，在化学中有一个数被称作阿伏伽德罗常数。

这个数大约是 602 200 000 000 000 000 000 000（6 后面有 23 位），我们必须计算它。由于零太多了，似乎会数错。

这种情况下让我们试着把这个数表示为 6.022×10^{23}，于是，将零的数目表示为指数，就简单了很多。

作为工程师，我在工作时经常会遇到这样的大数，或者遇到 0 和小数点后有很多位的很小的数。指数就是以易于理解的方式处理这些数的一种表示方法。

对数是指数的逆运算

对数是指数的逆运算。换句话说，指数是"10 的 4 次幂等于 10 000($10^4 = 10\,000$)"，但对数的思考方法是"10 000 是 10 的 4 次方 ($\lg 10\,000 = 4$)"。

至于为什么要这样去思考，那是因为使用对数可以**"把乘法变成加法，把除法变成减法"。**

例如，计算 1234×5678 对很多人来说无法通过心算算出来。但如果换成 $1234 + 5678$，由于这个计算相当简单，很多人都能够通过心算算出来。

在过去连计算器也没有的年代，位数很多的数的计算是一项繁重的工作。这就是为什么要用对数将乘法转换为加法。因此甚至有人说"对数使天文学家的寿命延长了一倍"。

世界上有许多使用对数的单位。例如表示地震大小的震级和表示声音强度的 dB（分贝）等，如果不理解对数的思考方法，就无法正确理解其含义。

另外，也有很多图表使用了对数标度，如果不知道对数图的读法，可能会引起误解。

只要循序渐进地学习，就不会感到难理解，因此好好掌握它吧。

对于以入门为目的来学习的人

理解指数和对数是处理大数的一种方法，以及分贝和震级单位的含义，然后要掌握如何识读对数图。

对于在工作中使用数学的人

指数和对数在日常工作中会经常出现，所以要学会熟练地使用它们。对数的底数不仅是 10，还经常用到 e（自然常数）。要注意函数的灵活运用。然后，还需要根据目的学会绘制对数图。

对于考生

内容并不难，要记的公式也不多。不过，$\log_a x$ 的计算有点特别，要好好练习。

3.1 指数

本节所讲内容是必须掌握的条目。指数可用于表示非常大或非常小的数。

> **要点**
>
> **指数把乘法变成加法，除法变成减法。**
>
> - $a^n = a \times a \times \cdots \times a$（$a$ 与自己相乘 n 次）
>
> 例：$2^5 = 2 \times 2 \times 2 \times 2 \times 2 = 32$
>
> - $a^n \times a^m = a^{(n+m)}$
>
> 例：$2^3 \times 2^2 = 2^{(3+2)} = 2^5 = 32$
>
> - $a^n \div a^m = a^{(n-m)}$
>
> 例：$2^4 \div 2^2 = 2^{(4-2)} = 2^2 = 4$
>
> - $(a^n)^m = a^{(n \times m)}$
>
> 例：$(2^2)^3 = 2^2 \times 2^2 \times 2^2 = 2^6 = 64$

📖 指数是一种表示大数的方法

指数是形如 2^2 的数，一个数的右上角还有一个小数，这个右上角的数表示相乘的次数。

换句话说，就是 $2^2 = 2 \times 2$，$2^3 = 2 \times 2 \times 2$。

在这种情形下，你可能会认为跟通常一样用乘法来表示就可以了，没必要去考虑指数这种东西。不过在进行下面的计算时你会怎样考虑呢？

$$20\,000 \times 3\,000\,000\,000 \times 10\,000$$

计算本身很容易，但是似乎容易数错零的数量。为了不出错，在计算这样的问题时需要非常小心。

这就是指数的用武之地。使用指数，前面的计算可以写成下页这样。计算起来就干净利落了。

$2.0 \times 10^4 \times 3.0 \times 10^9 \times 1.0 \times 10^4$
$= 6.0 \times 10^{(4+9+4)}$
$= 6.0 \times 10^{17}$

如果使用指数，则可以用简单的式子来表示

请注意，在指数的部分，乘法变成了加法。这个性质很重要，它使计算更容易。指数是一种方便地处理大数的方法。

应用 求探测器"隼鸟号"的速度

探测器"隼鸟号"在地球和小行星 25143 之间旅行了大约 7 年，往返飞行了大约 60 亿 km。它的平均速度为多少 km/s ？

一年大约是 31 536 000s，所以 7 年大约是 220 000 000s。

因此，平均速度为 6 000 000 000（km）÷ 220 000 000（s）。

这样一来，因为零太多了，容易引起混乱，所以我们使用指数。

这比起前面的式子干净利落了很多。

$6.0 \times 10^9 \div (2.2 \times 10^8) = 6.0 \div 2.2 \times 10^{(9-8)} \approx 2.7 \times 10^1$ （km/s）

它以 27km/s 的速度飞行，在我们看来这是非常快的速度。

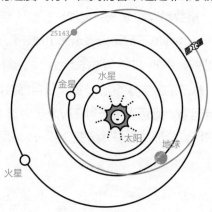

3.2 指数的扩展

指数从自然数可以扩展到负数，从有理数扩展到无理数，最后到复数。这是数学中学习扩展的一个很好的例子。

要点

指数可以在零、负数，甚至是无理数上定义。

- $a^0 = 1$（所有数的 0 次幂都是 1）

例：$3^0 = 2^0 = 5^0 = 1$

- $a^{-n} = \dfrac{1}{a^n}$

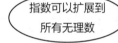
指数可以扩展到
所有无理数

例：$2^{-3} = \dfrac{1}{2^3} = \dfrac{1}{8}$

- $a^{\frac{n}{m}} = \left(\sqrt[m]{a}\right)^n = \sqrt[m]{a^n}$（$\sqrt[m]{a}$ 是 m 次幂等于 a 的数）

例：$8^{\frac{2}{3}} = \sqrt[3]{8^2} = \left(\sqrt[3]{8}\right)^2 = 2^2 = 4$

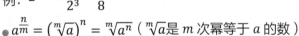

- 任意的正数 b 都可以用 a 和 x 表示为 $b = a^x$

例：$23.4 = 10^{1.3692\cdots}$（指数是无理数，所以小数部分无限延续下去）

📖 3.2.1 为什么要扩展指数

如上一节所述，指数具有将乘法变成加法、除法变成减法的便利性质。但只有1000和100 000等数可以表示为 10 的幂。这就很不方便，所以我们希望将其他数，例如 2345 等也表示为 10 的幂。

出于这个原因，从前的数学家想把 a^x 的 x 从自然数扩展到所有数。如果将指数扩展到无理数，则可以将所有正数表示为 a^x 的形式。这样，指数的优势，即将乘法变成加法和将除法变成减法，可用于所有正数。

3.2.2 试着扩展指数

从现在开始我们来扩展指数。这时候请暂时忘掉 "a^n 是 a 与自己相乘 n 次" 这个定义吧。毕竟面对 a 与自己相乘 -1 次等于什么这个问题，无论你怎么思考都想不出答案来。a^{-1} 只要在数学上合乎逻辑就可以了。数学就是这样发展起来的。

首先我们考虑 n 为 0 的情况。

例如，我们有 $5^2 \div 5^2 = 5^{(2-2)} = 5^0$，由于 $25 \div 25 = 1$，所以看起来 $5^0 = 1$ 就顺理成章了。实际上这对所有的正数 a 都成立，因此 $a^0 = 1$。

接下来我们考虑 n 为负数的情况。

在这种情形，由于指数把乘法变成加法，例如我们应该可以得到 $5^2 \times 5^{-2} = 5^0 = 1$。这时就可以顺理成章地得出 5^{-2} 是 5^2 的倒数，即 $\frac{1}{5^2} = \frac{1}{25}$。这也对所有的正数 a 和 n 都成立，因此 $a^{-n} = \frac{1}{a^n}$。

最后是指数为分数的情况。

在这种情况下，例如我们考虑 $5^{\frac{2}{3}}$ 这个数。根据上一节的公式，我们有 $5^{\frac{2}{3}} = \left(5^{\frac{1}{3}}\right)^2$，即 $5^{\frac{1}{3}}$ 的平方。进一步，$5^{\frac{1}{3}}$ 与自己相乘 3 次得到 $5^{\frac{1}{3}} \times 5^{\frac{1}{3}} \times 5^{\frac{1}{3}} = 5$，即这个数的 3 次幂等于 5。它被称为 5 的 3 次方根，写作 $\sqrt[3]{5}$，因此 $5^{\frac{1}{3}} = \sqrt[3]{5}$。

由上述可知，$5^{\frac{2}{3}} = \left(\sqrt[3]{5}\right)^2 = \sqrt[3]{5^2}$。这对所有自然数 n、m 和正数 a 也都成立，因此有 $a^{\frac{n}{m}} = \sqrt[m]{a^n}$。

至此，我们已将指数扩展到分数（所有有理数）。此外，虽然此处省略了说明，但指数也可以扩展到所有无理数。

3.3 指数函数的图像及性质

本节内容没那么难。请注意，指数函数的图像增长的方向取决于 a^x 中的 a 是小于 1 还是大于 1。

> **要点**
>
> **指数函数的增长速度非常快。**
>
> **指数函数 $y = a^x$ 的图像**
>
> - 若 $a > 1$ 则单调递增，若 $0 < a < 1$ 则单调递减。
>
> - $y = a^x$ 与 $y = \left(\dfrac{1}{a}\right)^x$ 的图像关于 y 轴对称。
>
> - $a > 1$ 时，随着 x 增大，y 急剧增大；随着 x 变得越来越小，y 趋近于 0。$0 < a < 1$ 时则相反。
>
>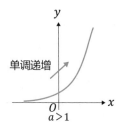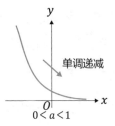

3.3.1 指数函数的特征

指数函数频繁出现在房屋贷款计算、物理现象中的设备电流 – 电压特性，以及计算机相关的计算次数等场景中。

指数函数最重要的特征就是**增长速度快**。本书中出现的各种函数，没有一个会增长得这么快。例如 $y = 2^x$，由于它会翻倍增长，2, 4, 8, 16, 32, 64, 128, 256, …像这样一眨眼的工夫就变得很大了。如果看到指数函数，请将其值视为一个急剧变化的量。

📖 3.3.2 指数函数的图像

作为具体例子，下面画出了 $y = 2^x$ 和 $y = \left(\dfrac{1}{2}\right)^x$ 的图像。

你可以看到函数值是如何快速增加的。

x	-3	-2	-1	0	1	2	3
2^x	$\dfrac{1}{8}$	$\dfrac{1}{4}$	$\dfrac{1}{2}$	1	2	4	8
$\left(\dfrac{1}{2}\right)^x$	8	4	2	1	$\dfrac{1}{2}$	$\dfrac{1}{4}$	$\dfrac{1}{8}$

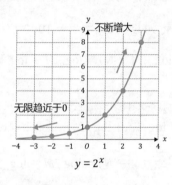

$y = 2^x$

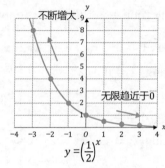

$y = \left(\dfrac{1}{2}\right)^x$

💻 应用 复利计算

10 万日元按复利年利率 2%、6%、10% 计算利息，设 n 为计息年数，则第 n 年本金与利息之和分别为 $10 \times (1.02)^n$、$10 \times (1.06)^n$、$10 \times (1.10)^n$ 万日元。

于是，如果这笔钱存 25 年，将产生下图所示的巨大差异。出现这种差异的原因是指数函数增长速度非常快。

3.4 对数函数的定义

对数是指数的逆运算。如果能理解指数，就可以顺利地理解对数。对数也是比较重要的概念，请牢记它。

> **要点**
>
> **对数是指数的逆运算。**
>
> 满足$a^x = p$的x值被表示为"$x = \log_a p$"，这里a被称为底数。
>
> 例：$\lg 1000 = 3$　（即$\log_{10} 1000$记为$\lg 1000$，$10^3 = 1000$）
>
> - $\log_a 1 = 0$
>
>   例：$\log_2 1 = 0$　$(2^0 = 1)$
>
> - $\log_a a = 1$
>
>   例：$\log_2 2 = 1$　$(2^1 = 2)$
>
> - $\log_a M^r = r\log_a M$
>
>   例：$\log_2 2^4 = 4\log_2 2 = 4$
>
> - $\log_a(M \times N) = \log_a M + \log_a N$
>
>   例：
>
> $\log_2(4 \times 16) = \log_2 4 + \log_2 16$
>
> $= \log_2 2^2 + \log_2 2^4 = 2 + 4 = 6$
>
> - $\log_a(M \div N) = \log_a M - \log_a N$
>
>   例：
>
> $\log_2(4 \div 16) = \log_2 4 - \log_2 16$
>
> $= \log_2 2^2 - \log_2 2^4 = 2 - 4 = -2$

📖 对数是指数的逆运算

对数是指数的逆运算。指数是"2的3次幂等于8"，即"$2^3 = 8$"。另一方面，对数是"8等于2的3次幂"，用log来表示就是"$\log_2 8 = 3$"。log是英语logarithm（对数）的缩写。

为什么要想得这么复杂？那是因为对数通常是无理数。例如$\log_2 10$这个数，即满足$2^x = 10$的x确实存在，但它是一个无理数，不能用分数表示。因此可以使用log把这个数表示为$\log_2 10$。

引入对数主要有两个优势。

第一个优势是让计算变得更容易。

例如，如果让你进行下面的计算，你看一眼就会感到厌烦。

$$255434 \times 2578690 \div 34766$$

不过，如果使用指数和对数，可以写成如下式子。

$$10^{5.407} \times 10^{6.411} \div 10^{4.541}$$

例如，如果只看 255 434，那么就有 $\lg 255\,434 \approx 5.407$（不是"="而是"≈"，意味着这个数是无理数，而 5.407 有误差）。这个计算就简化为 $10^{5.407+6.411-4.541}=10^{7.277}$，比最开始的乘除法计算容易得多。这种思路在 3.7 节中有详细讲解。

第二个优势是易于处理变化很大的数。

在科技领域中有很多变化非常大的数量。因此，我们身边就有使用对数的单位。例如，表示地震能量的单位震级和表示声音强度的单位 dB（分贝）。要理解这些单位，我们需要使用对数的思维方式。详细内容将在 3.9 节中讲解。

此外，社会中也存在变化非常大的数量。例如股票价格，暴涨或暴跌的股票在 1~10 000 日元的范围内变化的情况并不少见。这些数如果用普通图来表示就会令人难以看清楚。不过，如果使用对数图来表示就变得容易看清楚了。对数图在 3.8 节中有详细讲解。

对数的两个优势都能让问题变得"简单"。对数是人类的伙伴，因此不要担心"困难来了"，我们可以通过对数来解决问题，所以我们一定要掌握对数的概念。

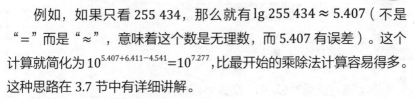

3.5 对数函数的图像及其性质

　　本节所讲内容不会频繁出现。它是指数函数的反函数，如果理解了这一点，就知道它的特征与指数函数相反。

要点

对数函数的增长速度非常缓慢。

对数函数 $y = \log_a x$ 的图像（$x > 0$）

- 若 $a > 1$ 则单调递增，若 $0 < a < 1$ 则单调递减。
- $y = \log_a x$ 与 $y = \log_{\frac{1}{a}} x$ 的图像关于 x 轴对称。
- 与 x 轴的交点为 $(1, 0)$，图像必定经过该点。
- $a > 1$ 时，y 随着 x 增大而单调递增，增长速度非常缓慢；y 随着 x 变小而急剧减小。$0 < a < 1$ 时则相反。

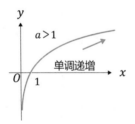

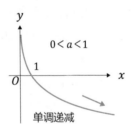

- 作为指数函数 $y = a^x$ 的反函数，其图像与 $y = a^x$ 的图像关于直线 $y = x$ 对称。

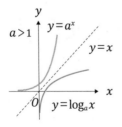

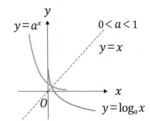

📖 对数函数的特征

与指数函数相比，绘制对数函数图像的机会并不多。对数函数是指数函数的反函数。所以，把指数函数的特性反过来，就能得到对数函数的特性。可以将这两个函数合在一起来记忆。

作为具体例子，我们画出了 $y = \log_2 x$ 和 $y = \log_{\frac{1}{2}} x$ 的图像。

$y = \log_2 x$ 在 $x = 8$ 时 $y = 3$，然而即使 x 增长到 $x = 1024$，其函数值也只不过是 $y = 10$。它是增长速度非常缓慢的函数。

x	$\frac{1}{8}$	$\frac{1}{4}$	$\frac{1}{2}$	1	2	4	8
$\log_2 x$	-3	-2	-1	0	1	2	3
$\log_{\frac{1}{2}} x$	3	2	1	0	-1	-2	-3

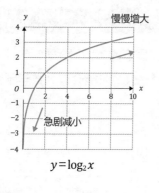

$y = \log_2 x$

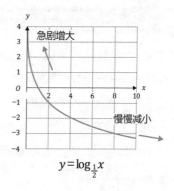

$y = \log_{\frac{1}{2}} x$

💻 应用 用对数定义熵

在物理学的统计力学分支中，有一个被称为熵的物理量。熵 S 用对数表示为 $S = k \ln W$。这里 k 是玻尔兹曼常数，W 是微观状态数。

W 是一个非常大的量，例如 20L 左右的空气的微观状态数非常大，大约是 2 的 10^{24} 次幂。这太大了，无法处理。因此，利用对数增长速度慢的优势，把 log 加入定义中。

3.6 换底公式

换底公式虽然在高中教科书中出现，但在实际中很少改变对数的底数。只需要记住底数可以变换即可。

 要点

对数的底数可以通过以下公式进行变换。

把以 a 为底的对数 $\log_a b$ 变换为以 c 为底的对数（其中 b 为正数，a 和 c 为除 1 以外的正数）。

$$\log_a b = \frac{\log_c b}{\log_c a}$$

例：$\lg 8 = \dfrac{\log_2 8}{\log_2 10} = \dfrac{3}{\log_2 10}$

📖 3.6.1 使用换底公式的问题示例

实际上，在使用对数时，底数通常是固定的，很少需要变换。但是，为了考查考生对于对数的理解，对数换底公式可能会作为数学题出现在考试中。下面是一个有代表性的问题。

（问题）解方程 $\lg X - 3\log_X 10 = 2$。

使用对数换底公式，把底数统一为 10，

$$\lg X - \frac{3\lg 10}{\lg X} = 2$$
$$(\lg X) - \frac{3}{(\lg X)} = 2$$

两边乘以 $\lg X$ 整理得 $(\lg X)^2 - 2(\lg X) - 3 = 0$

$(\lg X - 3)(\lg X + 1) = 0$

$\lg X = -1$ 或 $\lg X = 3$ 因此 $X = 1000$ 或 $X = \dfrac{1}{10}$。

实际不会出现求解上述方程的情况，但要记住，**存在变换底数的公式**。

📖 3.6.2 为什么底数不能是 1 或负数

到目前为止，对数的底数必定带有条件$a > 0$且$a \neq 1$。这是为什么呢？

例如，指数函数a^x中的x最开始定义在自然数范围内，随后扩展到整数、有理数（所有分数）和实数（有理数和无理数）。数学就是这样一门"能扩展就扩展"的学科。

如果对数的底数a变为 1、0 或负数，则必然会出现矛盾，因此无法扩展。

首先考虑底数为 1 的情形。因为$y = \log_1 x$，所以有$x = 1^y$。但是，在这个式子中无论y等于多少，x都是 1。这样一来就无法满足函数的条件，即每个确定的x对应唯一的y这个条件。因此只好忍痛割爱，排除底数为 1 的情形。底数为 0 的情形也与此相同。

接下来考虑底数为负数的情形。这时，对数函数之前的指数也难以扩展。例如，对底数为-2的情形，指数函数为$y = (-2)^x$。当x为整数时没有问题。例如在$x = 1,\ 2,\ 3,\ 4,\ \cdots$时有$y = (-2),\ 4,\ (-8),\ 16,\ \cdots$。

然而，当x为$\dfrac{1}{2}$时会怎样呢？如果底数为正数可以得到$\sqrt{2}$。然而对于负数就没办法了。符号只有正号和负号。所以，对于底数为负数的情形也放弃了指数函数和对数函数的定义。

另外，在高中数学范围内，有一个限制条件：真数（$y = \log_a x$的x）为正数。因为正数的任何次幂也不会是负数，所以这个条件是显然的。不过，**数学家将y的范围扩展到复数，从而去掉了真数为正数的限制**。毕竟，数学是一门"能扩展就扩展"的学科。

指数、对数

3.7 常用对数与自然对数

实际上常用的对数底数是 10 和 e。先学会常用对数，接着掌握自然对数。

 要点

以 10 为底的常用对数表示"0 的个数"。

实际使用的对数大多是常用对数（以 10 为底）和自然对数（以 e 为底）。

- 常用对数：以 10 为底的对数，写成"$\lg x$"（$\log_{10} x$）。其直观含义是"0 的个数"。对数表是常用对数的计算结果。
- 自然对数：以自然常数 $e \approx 2.718\,281\cdots$ 为底的对数。多数情况下省略底数写成"$\ln 2$"（$\log_e 2$）。

    自然常数有一个重要的性质，即 $y = e^x$ 的导数是它自身 $y = e^x$，换句话说，求导之后也具有相同的形状。

📖 3.7.1 常用对数和自然对数的特征

常用对数是以 10 为底的对数。换句话说，就是把某个数 x 表示为 $x = 10^y$ 的形式时的 y 值。

常用对数的直观含义是"0 的个数"。也就是说，100 是 10^2，因此常用对数为 2，10 000 是 10^4，因此常用对数为 4。

2000 不是 10 的幂，它的常用对数大约是 3.30，可以认为它大约有 3.3 个 0（4 位数）。

把以 10 为底的对数与真数对应起来的表被称为对数表（见第 72 页）。在没有计算器的时代，对数的发明使计算变得非常容易。因此，有人说对数使天文学家的寿命延长了一倍。

自然对数是以自然常数 $e \approx 2.718\,281\cdots$ 为底的对数。自然常数的特征是 $y = e^x$ 的导数是它自身 $y = e^x$。

　　换句话说，求导之后也具有相同形状，它具有这一重要性质，因此它是一个在自然界中随处可见的重要的数。此外，在多数情况下将以 e 为底的对数写成"ln 2"（表示 $\log_e 2$）。

　　在对数出现时，多为常用对数或自然对数，但在计算机科学领域，有时会用到底数 2。

应用　使用对数表进行计算

　　使用对数表，通过将乘法变成加法，将除法变成减法，使计算变得更容易。对数表中第一列纵向列出了从 1.0 到 9.9 的数（下一页示例的表省略了 5.4 及以上的数），让我们用这个表来进行以下计算。

$$11\,600 \times 1210 \times 18\,900 \div 19.8$$

　　首先，让我们将 11 600 转换为对数。将 11 600 视为 1.16×10^4。1.16 对应表中以 1.1 开头的行和以 6 开头的列的交点。也就是 0.064 5。10^4 的对数就是 4，因此将 11 600 转换为对数就是 4 加上 0.064 5，得到 4.064 5。

　　也使用同样的方法将其他的数转换为对数，则最开始的计算变为如下所示。

　　$4.064\,5 + 3.082\,8 + 4.276\,5 - 1.296\,7$

　　上式计算可得 10.127 1。在对数表中查找接近 0.127 1 的数，发现它正好在 1.3 开头的行和 4 开头的列。也就是说 $\lg 1.34 = 0.127\,1$。所以答案是 1.34 乘以 10^{10}，得到 1.34×10^{10}。

使用对数表让计算更容易

　　对数将复杂的乘除法转换为加减法，从而可以轻松地进行计算并且不会出错。

　　对数通常是无理数。因此，对数表是有误差的，因此一定要注意所需要的精度。

对数表

数	0	1	2	3	4	5	6	7	8	9
1.0	0.0000	0.0043	0.0086	0.0128	0.0170	0.0212	0.0253	0.0294	0.0334	0.0374
1.1	0.0414	0.0453	0.0492	0.0531	0.0569	0.0607	0.0645	0.0682	0.0719	0.0755
1.2	0.0792	0.0828	0.0864	0.0899	0.0934	0.0969	0.1004	0.1038	0.1072	0.1106
1.3	0.1139	0.1173	0.1206	0.1239	0.1271	0.1303	0.1335	0.1367	0.1399	0.1430
1.4	0.1461	0.1492	0.1523	0.1553	0.1584	0.1614	0.1644	0.1673	0.1703	0.1732
1.5	0.1761	0.1790	0.1818	0.1847	0.1875	0.1903	0.1931	0.1959	0.1987	0.2014
1.6	0.2041	0.2068	0.2095	0.2122	0.2148	0.2175	0.2201	0.2227	0.2253	0.2279
1.7	0.2304	0.2330	0.2355	0.2380	0.2405	0.2430	0.2455	0.2480	0.2504	0.2529
1.8	0.2553	0.2577	0.2601	0.2625	0.2648	0.2672	0.2695	0.2718	0.2742	0.2765
1.9	0.2788	0.2810	0.2833	0.2856	0.2878	0.2900	0.2923	0.2945	0.2967	0.2989
2.0	0.3010	0.3032	0.3054	0.3075	0.3096	0.3118	0.3139	0.3160	0.3181	0.3201
2.1	0.3222	0.3243	0.3263	0.3284	0.3304	0.3324	0.3345	0.3365	0.3385	0.3404
2.2	0.3424	0.3444	0.3464	0.3483	0.3502	0.3522	0.3541	0.3560	0.3579	0.3598
2.3	0.3617	0.3636	0.3655	0.3674	0.3692	0.3711	0.3729	0.3747	0.3766	0.3784
2.4	0.3802	0.3820	0.3838	0.3856	0.3874	0.3892	0.3909	0.3927	0.3945	0.3962
2.5	0.3979	0.3997	0.4014	0.4031	0.4048	0.4065	0.4082	0.4099	0.4116	0.4133
2.6	0.4150	0.4166	0.4183	0.4200	0.4216	0.4232	0.4249	0.4265	0.4281	0.4298
2.7	0.4314	0.4330	0.4346	0.4362	0.4378	0.4393	0.4409	0.4425	0.4440	0.4456
2.8	0.4472	0.4487	0.4502	0.4518	0.4533	0.4548	0.4564	0.4579	0.4594	0.4609
2.9	0.4624	0.4639	0.4654	0.4669	0.4683	0.4698	0.4713	0.4728	0.4742	0.4757
3.0	0.4771	0.4786	0.4800	0.4814	0.4829	0.4843	0.4857	0.4871	0.4886	0.4900
3.1	0.4914	0.4928	0.4942	0.4955	0.4969	0.4983	0.4997	0.5011	0.5024	0.5038
3.2	0.5051	0.5065	0.5079	0.5092	0.5105	0.5119	0.5132	0.5145	0.5159	0.5172
3.3	0.5185	0.5198	0.5211	0.5224	0.5237	0.5250	0.5263	0.5276	0.5289	0.5302
3.4	0.5315	0.5328	0.5340	0.5353	0.5366	0.5378	0.5391	0.5403	0.5416	0.5428
3.5	0.5441	0.5453	0.5465	0.5478	0.5490	0.5502	0.5514	0.5527	0.5539	0.5551
3.6	0.5563	0.5575	0.5587	0.5599	0.5611	0.5623	0.5635	0.5647	0.5658	0.5670
3.7	0.5682	0.5694	0.5705	0.5717	0.5729	0.5740	0.5752	0.5763	0.5775	0.5786
3.8	0.5798	0.5809	0.5821	0.5832	0.5843	0.5855	0.5866	0.5877	0.5888	0.5899
3.9	0.5911	0.5922	0.5933	0.5944	0.5955	0.5966	0.5977	0.5988	0.5999	0.6010
4.0	0.6021	0.6031	0.6042	0.6053	0.6064	0.6075	0.6085	0.6096	0.6107	0.6117
4.1	0.6128	0.6138	0.6149	0.6160	0.6170	0.6180	0.6191	0.6201	0.6212	0.6222
4.2	0.6232	0.6243	0.6253	0.6263	0.6274	0.6284	0.6294	0.6304	0.6314	0.6325
4.3	0.6335	0.6345	0.6355	0.6365	0.6375	0.6385	0.6395	0.6405	0.6415	0.6425
4.4	0.6435	0.6444	0.6454	0.6464	0.6474	0.6484	0.6493	0.6503	0.6513	0.6522
4.5	0.6532	0.6542	0.6551	0.6561	0.6571	0.6580	0.6590	0.6599	0.6609	0.6618
4.6	0.6628	0.6637	0.6646	0.6656	0.6665	0.6675	0.6684	0.6693	0.6702	0.6712
4.7	0.6721	0.6730	0.6739	0.6749	0.6758	0.6767	0.6776	0.6785	0.6794	0.6803
4.8	0.6812	0.6821	0.6830	0.6839	0.6848	0.6857	0.6866	0.6875	0.6884	0.6893
4.9	0.6902	0.6911	0.6920	0.6928	0.6937	0.6946	0.6955	0.6964	0.6972	0.6981
5.0	0.6990	0.6998	0.7007	0.7016	0.7024	0.7033	0.7042	0.7050	0.7059	0.7067
5.1	0.7076	0.7084	0.7093	0.7101	0.7110	0.7118	0.7126	0.7135	0.7143	0.7152
5.2	0.7160	0.7168	0.7177	0.7185	0.7193	0.7202	0.7210	0.7218	0.7226	0.7235
5.3	0.7243	0.7251	0.7259	0.7267	0.7275	0.7284	0.7292	0.7300	0.7308	0.7316
5.4	0.7324	0.7332	0.7340	0.7348	0.7356	0.7364	0.7372	0.7380	0.7388	0.7396

3.7.2 如何在计算机上计算指数和对数

我们来介绍如何使用电子表格软件和编程语言计算指数和对数。

以下使用 Excel 作为示例。不过，大多数软件都可以使用类似的功能和格式。详细信息请查看你正在使用的软件手册。

首先，在计算指数时，通常用"^"符号。例如，对于 2 的 5 次幂，你可以输入 2 ^ 5 得到结果 32。另外，指数部分不仅可以输入自然数，还可以输入负数和小数。例如，10 ^ − 1.6990 将返回数值 0.02。

在使用"^"时有一点要注意。"^"是计算顺序最优先的运算符。换句话说，当计算 2 * 2 ^ 2 时（顺便说一下，"*"表示乘法），我们不是先计算 2 * 2 得到 4 ^ 2，而是先计算 2 ^ 2 得到 2*4。

我们知道，在计算顺序中，乘除法的顺序比加减法优先。当用"^"计算时，规则是它的计算顺序比乘法优先。

在 Excel 中使用的与指数和对数相关的函数如下表所示。在与科学技术相关的计算中，函数 EXP( ) 是非常常用的。

函数名	说明
POWER(X, Y)	返回 X 的 Y 次幂的值
EXP(X)	返回自然常数 e 的 X 次幂
LOG(X, Y)	返回 $\log_Y X$，如果省略 Y 则默认 $Y=10$
LN(X)	返回 $\ln X$ ($\log_e X$)
LOG10(X)	返回 $\lg X$

3.8 对数图的用法

对数图虽然不会出现在数学考试中，但是在现实世界中却经常会被用到，所以一定要掌握。尤其是对于工程师而言，这是必备的知识。

> **要点**
>
> **对数轴是在倍数相等的时候间隔的长度相同。**
>
> 对数图是具有对数轴的图像，用于表示变化范围较大的数值。

对数图的特征

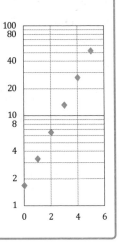

● 普通轴（右图中的横轴）是在差相等（例如 0，2，4，6）的时候间隔的长度相等，但对数轴（右图的纵轴）是在倍数相等（2 → 4，4 → 8）的时候间隔的长度相等。

● 因此，当标注刻度 1，2，3，4，…时，如右图所示那样变了形。

● 右图的 x 轴为普通轴，y 轴为对数轴。反过来，也存在两条轴都是对数轴的情形。将单条轴为对数轴的图像称为单对数图，将两条轴都是对数轴的图像称为双对数图。

📖 怪异的轴的含义

对数图（对数轴）类似于指数函数，用于表示变化范围很大的数量变化，变化范围甚至达到跨越多个数量级的程度。由于它非常方便，因此在世界上也经常看到，但似乎很多人都对这种怪异的标度方式感到困惑。

这乍一看很奇怪，但它是有意义的。事实上，普通轴是在差相等（即 2 和 4、4 和 6 等）的时候间隔的长度相等，而对数轴是在倍数相等的时候间隔的长度相等。

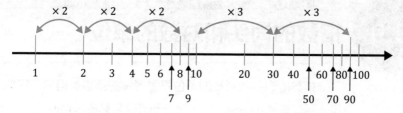

上图中，如果试着用尺子去量就会发现，例如，从 1 到 2、从 2 到 4、从 4 到 8 的间隔长度是相等的。另外，从 1 到 3 和从 3 到 9 的间隔长度也相等。当然，1 和 10、10 和 100 的间隔长度也是相等的。

对数轴是倍数相等的时候间隔的长度相等

应用 用对数图表示二极管电流 – 电压特性

下图是把二极管这种半导体器件的电流 – 电压特性分别在普通轴和对数轴上画出的图像。在普通轴上，0.2~0.6V 始终贴近 0，完全看不出变化。另一方面，用相同的数据，在对数轴上可以正确地得到数量关系。

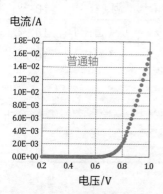

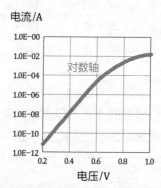

综上所述，对数图很方便。但是，因为相同数据的外观变化如此之大，以至于有些人将其用作诱导误解瞒骗他人的手段。因此，无论看什么样的图都应该注意图像的轴究竟标识了什么。

3.9 指数的词头和对数的单位

指数的词头和对数的单位不是考试的重点，但它们很常见，所以要熟悉概念。对工程师而言这是必备的知识。

> **要点**
>
> **常见的毫、微、千、兆是词头，不是单位。**

表示指数的词头

符号	名称	大小
da	十	10^1
h	百	10^2
k	千	10^3
M	兆	10^6
G	吉（咖）	10^9
T	太（拉）	10^{12}
P	拍（它）	10^{15}
E	艾（可萨）	10^{18}
Z	泽（它）	10^{21}
Y	尧（它）	10^{24}

符号	名称	大小
d	分	10^{-1}
c	厘	10^{-2}
m	毫	10^{-3}
μ	微	10^{-6}
n	纳（诺）	10^{-9}
p	皮（可）	10^{-12}
f	飞（母托）	10^{-15}
a	阿（托）	10^{-18}
z	仄（普托）	10^{-21}
y	幺（科托）	10^{-24}

使用对数的单位

- 分贝（dB）：表示声音的强度。
- 震级：表示地震的大小。

表示指数的词头

例如，我们知道 1km 是 1000m，其中 k（千）是表示 1000 的词头。

表示大数的词头经常在计算机的数据量中出现。在计算机世界中，K不是严格意义上的 1000 倍，而是 1024（2^{10}）倍。

至于表示小数的词头，在表示很小的长度时经常使用 μm（微米）这个单位，1 μm（微米）是 1mm（毫米）的 $\dfrac{1}{1000}$。普通人的话只要记住这些就可以了，但在物理和电子领域，日常使用会用到 f（飞）的量级。

应用 分贝和震级

世界上有许多使用对数的单位。例如，表示声音强度的 dB（分贝），这个量在能量变为 10 倍时它就增加 10。所以 20dB 是 10dB 的 10 倍，30dB 是 10dB 的 100 倍。

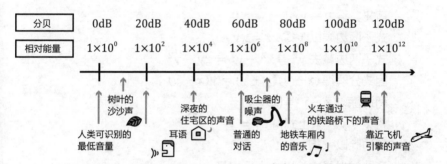

另一个熟悉的例子是地震的单位震级，它也是对数的量。震级每增加 2，能量就变成 1000 倍。也就是说，7 级地震的能量是 5 级地震的 1000 倍。

在 2011 年日本大地震期间，地震的震级后来从 8.8 级被校正到 9.0 级。这听起来是一个细微的差异，但这个 0.2 级的差异相当于大约两倍的能量。对数单位的增量远远超过感觉上的差异。

数学世界的逻辑

正文中提到,对数和指数有很多限制(规则)。例如,底数不能是 1、0、负数。总之,在数学世界中存在一些规则。其中最强的规则是"不能除以 0"。

请尝试用计算器计算 $1 \div 0$。你将看到一条错误消息。在数学世界中,除以 0 是绝对的禁忌。

我们考虑过平方等于 -1 的虚数,因此好像也可以考虑例如 $1 \div 0 = p$ 这样的数。话虽如此,为什么只有除以 0 这件事让人如此的厌恶呢?

那是因为它破坏了数学的逻辑。如果允许除以 0,则可以在逻辑上证明"$2 = 1$",如下所示。

首先,设 $x = y$

式子两边乘以 x 得 $x^2 = xy$

式子两边减去 y^2 得 $x^2 - y^2 = xy - y^2$

因式分解得 $(x - y)(x + y) = y(x - y)$

两边除以 $x - y$ 得 $(x + y) = y$

将 $x = y$ 代入上式得 $2y = y$

两边除以 y 得 $2 = 1$

在数学世界中除以 0 太可怕了。

第 4 章

三角函数

4.0 导言

"正弦、余弦有什么用！"三角函数经常被批评数学的人拿来作为攻击对象。

但实际上如果没有三角函数就无法制造出智能手机。现在有很多学生沉迷于手机，造成这个现状的最大因素也许就是数学中的三角函数。

但是，三角函数与"三角"的关系不大。实际上，三角函数是**表示波的函数**。所有的无线电波都可以用三角函数表示。因此，如果没有三角函数，智能手机将无法使用。

在数学教科书中，三角函数的内容也在数页之后就背离了三角。因为教科书上 $\sin\theta$ 的 θ 很快就变为直角三角形直角以外的角。换句话说，由于三角形 3 个内角之和为 $180°$，因此 θ 应该在 $0 \sim 90°$。但实际上教科书翻过几页之后，就出现了 $\sin 135°$ 或 $\cos(-45°)$。这已经与三角形没有关系了。

出现这种情况是因为人们想用三角函数表示波。毕竟三角函数是波的函数。

三角函数的要点

三角函数是一个有很多公式的学习单元。两角和差公式、二倍角公式、三倍角公式、积化和差公式、和差化积公式、辅助角公式，等等。而且由于各个公式的符号有微妙的差异，这些公式很容易被搞混。考生不可掉以轻心，但以入门或实用为目的来学习的人可以无视这些公式。

但是，正文中也会介绍到，由于这些公式中隐含了频谱搬移技术的影子，这是无线电波技术的核心，所以读者最好对此多加留意。

以实用为目的来学习的人要了解傅里叶级数的概念。它是将所有的波用 sin、cos 来表示的基础。

此外也请注意弧度制，虽然它不显眼。在 Excel 等软件中，三角函数的输入通常是以弧度为单位的弧度制，而不是度数制（一种熟悉的角度单位，如 0°~360°）。因此，如果不知道这一点，就无法计算。

对于以入门为目的来学习的人

三角函数的重要性在于它们是表示"波"的基础。请记住，三角函数不仅是三角形的函数，它们还是表示波的函数。

对于在工作中使用数学的人

虽然两角和差公式不是必须掌握的内容，但要记住 $\sin\theta$ 与 $\cos\theta$ 之间的变换等基本公式。请掌握三角函数图像的特征。能够互相转换度数制和弧度制。傅里叶级数的思想也很重要。

对于考生

许多琐碎的公式可能会让考生头疼。但是只要掌握公式和若干典型问题的模式，就不会觉得难了。

4.1 三角函数的基本公式

本条目是考生和以实用为目的来学习的人肯定要掌握的内容，以入门为目的的人也要掌握本条目。

> **要点**
>
> **三角函数是直角三角形边长的比值。**
>
> 三角函数的定义如下图所示。
>
>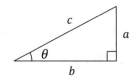
>
> $$\sin\theta = \frac{a}{c} \qquad \cos\theta = \frac{b}{c} \qquad \tan\theta = \frac{a}{b}$$
>
> **三角函数的主要公式**
>
> - $\tan\theta = \dfrac{\sin\theta}{\cos\theta}$ 　　 - $\sin^2\theta + \cos^2\theta = 1$
>
> - $\sin^2\theta + \cos^2\theta = \dfrac{a^2 + b^2}{c^2} = \dfrac{c^2}{c^2} = 1$（根据勾股定理）

📖 首先通过直角三角形掌握三角函数

设有一个直角三角形如上图所示，其直角在右侧，分别定义sin（正弦）、cos（余弦）、tan（正切），如要点中所示。由于是定义，因此这些公式是规定好的。

由于这个三角形是直角三角形，考虑到三角形 3 个内角和为180°，因此 0° < θ < 90°（这个设想很快就会被抛开）。在高中数学题中经常出现 30°、45°和 60°的值，因此要记住它们。我们有

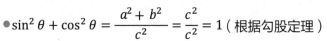

$$\sin 30° = \cos 60° = \frac{1}{2}, \quad \sin 60° = \cos 30° = \frac{\sqrt{3}}{2},$$

$$\sin 45° = \cos 45° = \frac{\sqrt{2}}{2}。$$

根据三角函数定义，可以很容易导出 $\tan \theta = \dfrac{\sin \theta}{\cos \theta}$ 这个关系。$\sin^2 \theta + \cos^2 \theta = 1$ 需要稍微动一下脑筋。根据勾股定理有 $a^2 + b^2 = c^2$ 成立，因此这个公式成立。

三角函数的基础知识中需要掌握的内容就是这些。

应用 用三角法求高度

作为三角函数的应用，有一种方法被称为**三角法**。

如果使用这种方法，在测量某个物体的高度时，不是直接去测量物体的高度，而是通过测量某个点到物体的距离和该点到物体顶部的角度来测量物体的高度。

例如，如下图所示考虑测量树的高度。在距离树 20m 处向上仰视树顶时角度为 30°，此时可通过图中所示的计算来求得树的高度。

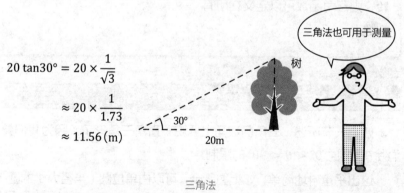

$$20 \tan 30° = 20 \times \frac{1}{\sqrt{3}}$$
$$\approx 20 \times \frac{1}{1.73}$$
$$\approx 11.56 \, (m)$$

三角法也可用于测量

三角法

世界上难以直接测量高度的事物有很多。在测量时也会用到这种方法。

顺便说一下，三角函数的值一般是无理数，不容易求得。因此，在计算中会用到三角函数表，该表汇总了角度对应的三角函数值。

4.2 三角函数的扩展与图像

　　三角函数的定义从三角形变为单位圆。从三角函数的图像可以看到"正弦、余弦是波"的形象。

> **要点**
>
> **三角函数变为"单位圆函数"和"波函数"。**

在单位圆上定义三角函数，如右下图所示。

单位圆上的点以 $(1, 0)$ 为起点旋转 θ 角时，将点的 x 坐标定义为 $\cos\theta$，将 y 坐标定义为 $\sin\theta$。

将 $\tan\theta$ 定义为 $\dfrac{\sin\theta}{\cos\theta}$。

将负的 θ 定义为反向旋转，将 $360°$ 以上定义为一圈以上的旋转，则三角函数可以定义在所有实数上。

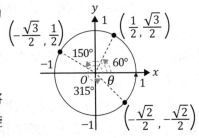

4.2.1 定义从直角三角形变为单位圆

　　如上一节所述，三角函数马上要脱离直角三角形了。因为我们要消除 θ 范围为 $0° < \theta < 90°$ 的限制。

　　这出乎意料地简单，如上图所示，可以由单位圆（半径为 1 的圆）上的动点及其旋转角的形式来表示。这样就可以将三角函数扩展到所有实数，与直角三角形上的定义不矛盾。

　　扩展三角函数的原因是人们想利用三角函数来表示波。

4.2.2 画出三角函数的图像

画出三角函数的图像就可以很好地理解为什么说三角函数是波。

根据单位圆上的定义画出 $\sin\theta$、$\cos\theta$ 和 $\tan\theta$ 的图像，如下图所示。由于 θ 是旋转角度，因此函数周期为 $360°$，$\cos\theta$ 的图像是将 $\sin\theta$ 的图像平移 $90°$ 得到的。这个形状的确是波浪的形状。这就是用三角函数来表示波的原因。

由于 $\tan\theta$ 是 $\dfrac{\sin\theta}{\cos\theta}$，对于 $\cos\theta = 0$ 的 θ（$-90°$，$90°$，$270°$，$\cdots$），分母为 0 从而无法定义。因此它的周期是 $180°$，是 sin、cos 周期的一半。图像在趋向于不连续点（$\cos\theta = 0$）时急剧地变化。

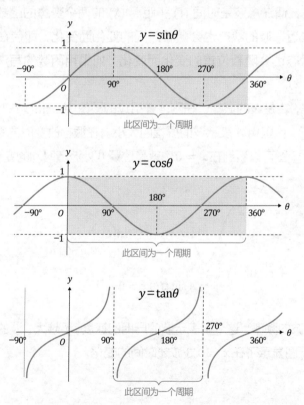

前面反复提到"三角函数是表示波的函数",因此我将具体解释如何使用三角函数表示波。

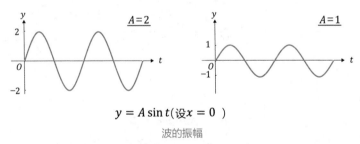

如上图所示,波可以用三角函数(sin)来表示。由于变量很多,可能会造成混乱,但是如果逐个地理解这些变量,就没有那么难了。

首先,请注意波是时间 (t) 和距离 (x) 的两个变量的函数。即使在同一位置,波的状态也会随着时间的变化而变化,即使在同一时间,其状态也会随着位置的变化而变化。如果用函数的写法,就是 $y = F(t, x)$。

首先,A 是波的振幅。在刚才介绍过的图像中,$\sin(x)$ 取 -1 到 1 之间的值。这里用 A 表示波的振幅的大小。在振幅改变时的图像如下所示。这个图可以看到在 $x = 0$ 也就是位置 0 处波随时间的变化。

f 是波的频率。这个量表示波的周期的速度。f 越大,波的"振荡"越快。下图显示了在 $x = 0$ 处波随时间的变化。

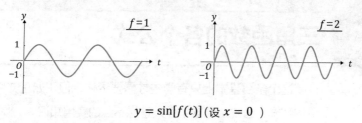

$y = \sin[f(t)]$（设 $x = 0$）

波的频率

接下来是波速。它不是"振荡"的速度，而是波的速度。如同汽车的速度一样，它意味着波在 1s 内能移动多远。下图显示了波速的概念。请注意，这个图与前面的不一样，此图像的横轴是x（位置）。

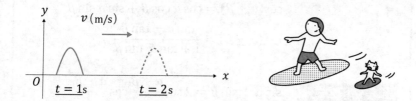

波速

我们身边熟悉的波是声和光。声速约为 340m/s，而光速约为 3.0×10^8 m/s。看烟花的时候，先看到光后听到爆炸声是因为声和光的速度相差很大。

用数学处理声、光、无线电波、地震等这些波时，都是用三角函数表示的。因此，我们可以说三角函数处于科学技术的核心位置。

4.3 三角函数的各个公式

　　这个条目基本上只有学生才需要记住，但正如正文中介绍的那样，公式中隐含了令人意想不到的实用知识。

☝ 要点

两角和差公式是大多数公式的起点。

对于三角函数，以下等式成立。

两角和差公式

$$\sin(\alpha \pm \beta) = \sin\alpha\cos\beta \pm \cos\alpha\sin\beta$$

$$\cos(\alpha \pm \beta) = \cos\alpha\cos\beta \mp \sin\alpha\sin\beta$$

$$\tan(\alpha \pm \beta) = \frac{\tan\alpha \pm \tan\beta}{1 \mp \tan\alpha\,\tan\beta}$$

和差化积公式

$$\sin\alpha + \sin\beta = 2\sin\frac{\alpha+\beta}{2}\cos\frac{\alpha-\beta}{2}$$

$$\sin\alpha - \sin\beta = 2\cos\frac{\alpha+\beta}{2}\sin\frac{\alpha-\beta}{2}$$

$$\cos\alpha + \cos\beta = 2\cos\frac{\alpha+\beta}{2}\cos\frac{\alpha-\beta}{2}$$

$$\cos\alpha - \cos\beta = -2\sin\frac{\alpha+\beta}{2}\sin\frac{\alpha-\beta}{2}$$

辅助角公式

$$a\sin\theta + b\cos\theta = \sqrt{a^2+b^2}\sin(\theta+\alpha)$$

角度 α 满足下式。

$$\cos\alpha = \frac{a}{\sqrt{a^2+b^2}} \qquad \sin\alpha = \frac{b}{\sqrt{a^2+b^2}}$$

📖 让考生头疼的一大堆公式

　　许多人会对三角函数的一大堆公式感到痛苦吧。除了要点中介绍的公式，还有二倍角公式、三倍角公式、半角公式、积化和差公式等，总之公式数量很多。符号的微妙差异等问题也非常麻烦。

有人说这些公式都是从两角和差公式推导出来的，因此可以不用记住它们，但你在考试现场肯定不会有足够的时间去推导，所以这是行不通的。请考生无论如何也要熟记这些公式。

应用 | 智能手机中使用的无线电波频谱搬移

先不管苦苦挣扎的考生，对于以入门和实用为目的的人，这些公式当然不需要去记。然而，在这些看似毫无意义的公式中，也隐含了与通信技术基础相关的知识。

前面提到可以用 sin 来表示波。现在我们试着考虑将频率为 f_1 的波和频率为 f_2 的波相乘。即将 $\sin(f_1 t)$ 和 $\sin(f_2 t)$ 所表示的波相乘。这可以应用三角函数的积化和差公式。

$$\sin(f_1 t)\, \sin(f_2 t) = -\frac{1}{2}\{\cos[(f_1 + f_2)t] - \cos[(f_1 - f_2)t]\}$$

从这个式子可以看到，将 $\sin(f_1 t)$ 和 $\sin(f_2 t)$ 相乘之后得到 $\cos[(f_1 + f_2)t]$ 和 $\cos[(f_1 - f_2)t]$。换句话说，产生了频率为 $f_1 + f_2$ 和 $f_1 - f_2$ 的波。

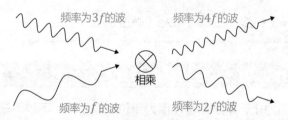

频率为 $3f$ 的波　　频率为 $4f$ 的波

相乘

频率为 f 的波　　频率为 $2f$ 的波

例如，将频率为 $3f$ 的波与频率为 f 的波相乘，就可以得到频率为 $4f$ 的波和频率为 $2f$ 的波。

通常，智能手机使用大约 2GHz（$2 \times 10^9\,\text{Hz}$）的高频无线电波。为了将需要传送的信息搭载在这种高频无线电波上，人们使用从三角函数公式导出的频谱搬移技术。

4.4 弧度制（弧度）

弧度制是考生和以实用为目的的人肯定要掌握的知识。以入门为目的的人也请记住，除 360° 表示法之外，还有其他表示角度的方法。

> **要点**
>
> **弧度制的 360° 是 2π 弧度。**
>
> **弧度制（弧度）**
>
>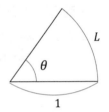
>
> 如右图所示，将半径为 1 的圆的扇形角度 θ 定义为 L（弧度）。当半径为 1 时，圆周长为 2π（π 为圆周率），所以度数制中的 360° 为 2π（弧度）。
>
> 因此，$1° = \dfrac{\pi}{180}$（弧度）　1（弧度）$= \left(\dfrac{180}{\pi}\right)°$
>
> 例：$30° \to \dfrac{\pi}{6}$（弧度）　$45° \to \dfrac{\pi}{4}$（弧度）
>
> $180° \to \pi$（弧度）　$360° \to 2\pi$（弧度）

📖 4.4.1 为什么使用弧度制

到目前为止，角度都是以度为单位来表示的。不过，在三角函数中使用弧度（弧度制）为单位。特意改变熟悉的单位是因为弧度使公式变得更简洁。

例如，通过第 5 章中讲到的三角函数的导数就可以看到效果。对 $\sin\theta$ 求导，在度数制的情形下得到 $\dfrac{\pi}{180}\cos\theta$，而使用弧度则简单地得到 $\sin\theta$，这非常简洁。这就是使用弧度的原因。

反过来，迄今为止我们一直在使用 360° 表示法，据说是因为古代美索不达米亚的天文学家将地球绕太阳转一圈的1年定义为360天。

不过，我个人认为360°是一个特别好的数。360有许多约数，它可以被2~6的整数整除。所以这是一个非常便于计算的数。

📖 4.4.2 计算机中三角函数的角度单位

以实用目的来学习数学的人通常会在计算机上处理三角函数。这时，有个地方需要注意。那就是角度的单位。例如，如果用Excel绘制θ范围在0°~180°的$\sin\theta$的图像，它看起来像下图中的蓝线。

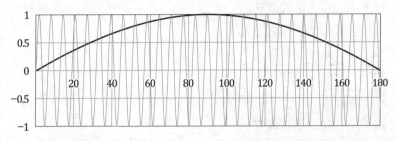

本来是想画一个0°~180°的半个周期的图像，如图中的黑线那样，但画出来的周期却大不相同。这是因为Excel的sin函数中的角度单位是弧度。

如果要以度为单位绘制图像，则必须将θ乘以$\dfrac{\pi}{180}$，或者使用Excel提供的函数"RADIANS"把度转换为弧度。

如果是上述这种简单的例子，我们就可以立刻看出错误。但是，当涉及复杂的计算时，这种角度单位的错误就非常难以查找。我曾经在编写计算程序的时候，搞错了其中公式的角度单位，白白浪费了3天多的时间。在处理角度时，请特别注意角度单位。

4.5　正弦定理和余弦定理

　　该条目只有考生才需要知道，因此以入门或实用为目的的人可以跳过它。

> **要点**
> **在想求三角形的边长和角的大小时使用。**

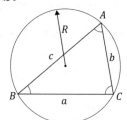

正弦定理

对于 $\triangle ABC$，下式成立。

（ R 为 $\triangle ABC$ 外接圆半径 ）

$$\frac{a}{\sin A} = \frac{b}{\sin B} = \frac{c}{\sin C} = 2R$$

余弦定理

对于 $\triangle ABC$，下式成立。

$$a^2 = b^2 + c^2 - 2bc\cos A$$

$$b^2 = a^2 + c^2 - 2ac\cos B$$

$$c^2 = a^2 + b^2 - 2ab\cos C$$

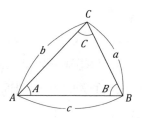

📖 考试中经常出现的正弦定理、余弦定理

　　正弦定理和余弦定理虽然在实际中很少被用到，但在考试中却频繁出现。

　　也可以将正弦定理理解为三角形的 3 边长之比等于对角的正弦之比，即 " $a : b : c = \sin A : \sin B : \sin C$ "。

　　余弦定理可以看作将勾股定理扩展到直角三角形以外的三角形。例如，在 " $a^2 =$ " 的式子中，设 $A = 90°$ 则 $\cos A = 0$，从而得到勾股定理 " $a^2 + b^2 = c^2$ "。

说到三角形的面积，首先想到的就是"底 × 高 ÷ 2"。然而，使用三角函数、正弦定理和余弦定理可以导出其他各种计算方法。在这里我来介绍这些公式。

下图中的方法 A 本质上与"底 × 高 ÷ 2"相同。如图所示作垂线，则 $a\sin\theta$ 为三角形的高度。由于底边是 b，因此它就是"底 × 高 ÷ 2"。

下图中的方法 B 被称为海伦公式。这个公式仅从三角形的三边长的信息就可以求出三角形面积。

下图中的方法 C 是使用内切圆的方法。这个方法是将三角形分为 3 个小三角形，各个小三角形的面积分别用"底 × 高 ÷ 2"来计算，然后将它们的面积加起来。

下图中的方法 D 是从正弦定理推导出来的方法。由于可以用三边乘积的形式表示，所以也被称为最漂亮的三角形面积公式。你能理解这种感觉吗？

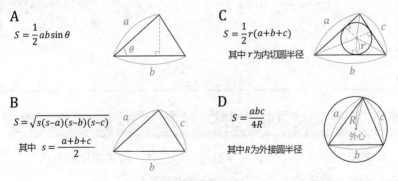

A

$$S = \frac{1}{2}ab\sin\theta$$

C

$$S = \frac{1}{2}r(a+b+c)$$

其中 r 为内切圆半径

B

$$S = \sqrt{s(s-a)(s-b)(s-c)}$$

其中 $s = \frac{a+b+c}{2}$

D

$$S = \frac{abc}{4R}$$

其中 R 为外接圆半径

三角形的面积公式

4.6 傅里叶级数

你可以不会计算，但请记住，任意的波都可以由 sin、cos 之和来表示。这超出了高中数学的范围。

要点

👆 **所有的波都可以用正弦、余弦之和来表示。**

如果 $f(x)$ 是周期为 T 的函数，则 $f(x)$ 可以表示如下。

$$f(x) = \frac{a_0}{2} + \sum_{n=1}^{\infty} \left(a_n \cos \frac{2\pi nx}{T} + b_n \sin \frac{2\pi nx}{T} \right)$$

其中，

$$a_n = \frac{2}{T} \int_0^T f(x) \cos \frac{2\pi nx}{T} \mathrm{d}x \quad b_n = \frac{2}{T} \int_0^T f(x) \sin \frac{2\pi nx}{T} \mathrm{d}x$$

例：如右图所示的锯齿波，可以按照下式展开。

$$f(x) = \frac{2}{\pi} \left(\sin x - \frac{1}{2} \sin 2x + \frac{1}{3} \sin 3x - \frac{1}{4} \sin 4x + \cdots \right)$$

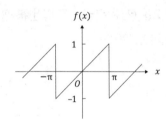

📖 所有的波都归结为正弦余弦之和

本节的要点是"所有的波都可以用正弦、余弦之和来表示"，但一时无法理解要点中看似很难的公式也没关系。

我们将正弦和余弦波形统称为正弦波，正弦波可称得上是最漂亮的波形，一般的波通常没有正弦波漂亮。可能有人会认为存在无法用三角函数来表示的波。然而，根据傅里叶级数，任何波，无论是锯齿波还是方波，都可以用多个不同频率的正弦波叠加来表示。

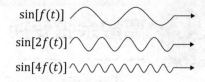

$$\sin[f(t)]$$
$$\sin[2f(t)]$$
$$\sin[4f(t)]$$

分解为不同
频率的波

📽 应用 声、光与频率的关系

前面提到，任何波都可以用多个"不同频率"的正弦波来表示。实际上，在谈到波时，频率是一个重要参数。

例如，我们来看声波。声音频率的差异表现为音高。在 Do、Re、Mi、Fa、Sol、La、Si、Do 这个音阶中，我们说最后的 Do 比第一个 Do 高一个八度。这里最后的 Do 的频率是第一个 Do 的频率的 2 倍。所以，一个八度意味着频率翻了一倍。

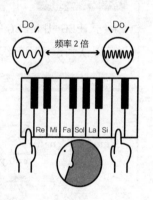

频率 2 倍

乐器是对声波的频率进行优化而制作的。例如，低音乐器比高音乐器大。原因是波的频率越低，其波长越长，为了发出波长较长的声音，乐器必须要够大。总之，波，即三角函数、傅里叶级数与乐器的设计有着很深的关联。

此外，光也是波。光的频率差异对应于颜色。彩虹从外到内是按照红、橙、黄、绿、青、蓝、紫的顺序排列的，频率由低到高。将不同频率的颜色混合起来，可以得到各种各样的颜色。因此，在显示器等设备上设计颜色时，三角函数、傅里叶级数与之也有着很强的关联性。

4.7 离散余弦变换

利用我们身边的应用示例来介绍本节内容。离散余弦变换作为三角函数可用于图像和视频压缩。本节内容作为专题来阅读就可以了。

 要点

也可以通过三角函数的叠加来表示二维图像。

离散余弦变换

- 用于 JPEG 和 MPEG 的图像压缩。
- 可以认为是傅里叶级数的二维展开。

JPEG用到的离散余弦变换公式

$$D_{vu} = \frac{1}{4} C_u C_v \sum_{x=0}^{7} \sum_{y=0}^{7} S_{yx} \cos \frac{(2x+1)u\pi}{16} \cos \frac{(2y+1)v\pi}{16}$$

离散余弦变换 (DCT)

$S_{yx} \rightarrow$ 二维像素值
$D_{vu} \rightarrow$ 二维 DCT 系数
　　其中 $C_u, C_v = \begin{cases} \dfrac{1}{\sqrt{2}} & \text{当} u, v = 0 \text{时} \\ \\ 1 & \text{其他情况下} \end{cases}$

📖 智能手机照片中用到的三角函数

作为三角函数的应用，本节介绍离散余弦变换。除非你是图像处理工程师，否则不需要了解详细的数学公式。只需要知道在图像压缩中使用了波的叠加的思想，其中涉及三角函数，有这个印象就足够了。请把本节内容作为阅读材料来阅读。

首先，我来解释数字图像是怎样产生的。

如下图所示，如果将智能手机或数码相机拍摄的照片逐渐放大，最终会达到方形的像素这种最小单位。经常说到的数码相机像素数就是指像素的数目。当然，像素数越多，就越能拍出漂亮的照片。

照片

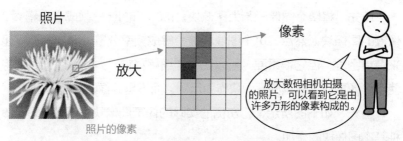

放大

像素

放大数码相机拍摄的照片，可以看到它是由许多方形的像素构成的。

照片的像素

每个像素都有一种颜色。例如，黑白照片中从白色到黑色用 256 个等级表示，256 是 8bit(2^8)，因此所需的数据量是像素数 × 8bit。在彩色照片中，光的三原色红、绿、蓝各自需要 8bit 信息，因此数据量是黑白照片的 3 倍。

直接把原始像素作为数据的图像格式被称为 BMP 格式。但这样做的话，信息量太大，会占用太多的磁盘空间，因此需要进行压缩。

例如，某个 BMP 格式的图像 (1280 像素 ×800 像素) 的大小约为 3MB (兆字节)。将其转换为 JPEG 格式，则图像的大小变为 0.2MB。虽然压缩率因图像而异，但一般可以压缩到 $\frac{1}{10}$ 左右。压缩是一项重要的技术，因为它可以节省数据流量和节约内存。

这里介绍 JPEG 中用到的被称为离散余弦变换的数据压缩方法的计算过程。

首先，将整个图像分割为图像块。JPEG 将图像分割成 8 像素 ×8 像素的图像块。然后，每个图像块被分解成频率分量。这部分理解起来有点困难，但它很重要，所以我会详细解释它。为简单起见，我将使用 3 像素 ×3 像素的图像块作为示例，而不是 8 像素 ×8 像素。

首先，如下图所示，将左侧的实际的像素图像块表示为右侧的 9 种基本图像块的叠加。

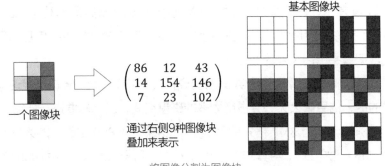

一个图像块

$$\begin{pmatrix} 86 & 12 & 43 \\ 14 & 154 & 146 \\ 7 & 23 & 102 \end{pmatrix}$$

通过右侧9种图像块
叠加来表示

基本图像块

将图像分割为图像块

前面我们讲过，通过傅里叶级数的项可以看出，任何波都可以表示为正弦与余弦之和。类似地，任何像素图像块都可以表示为基本图像块之和。上图中的数字阵列就是分解结果。

在求这些权重数字时会用到"离散余弦变换"。因为我们的目的不是理解数学公式，因此这里就不解释了。但是，由于它是余弦变换，因此可以用余弦之和的形式表示。

如果回到上一页的离散余弦变换公式，就会发现公式中确实含有余弦。

接下来是过滤高频部分。

这里所说的高频分量是指黑白变化剧烈的部分，如上图中的基本图像块的下侧图案所示。这种高频的黑白混杂的图案，人类远远看上去几乎就像单一的灰色。换句话说，这是人眼难以分辨的部分。

高频的图案

远远看上去像单色

高频的图案

因此，这种分量可以直截了当地忽略，或者降低权重（类似于将256级灰度降为16级灰度）。通过这种操作，可以减少（压缩）数据。

这种方法一般用于 JPEG 格式的图像。同样的方法也用于 MPEG 视频格式的图像。

顺便说一下，JPEG 的这种机制，由于忽略了高频分量，所以像文字那样的黑白对比鲜明的图案就不好对付。

如果把计算机上的文字保存为 JPEG 格式的图像，文字的轮廓就会变得模糊。对于风景照片，如果担心图片会变模糊，便可使用其他压缩方法。

另外请注意，JPEG 是不可逆（有损）压缩。由于它丢弃了高频分量，因此无法将压缩后的数据恢复到压缩前的数据。所以，如果反复多次保存，则信息不断地被丢弃，图像质量就会越变越差。

20 与 20.00 的差异

本章中介绍了用三角法求树的高度。这里用$\sqrt{3} \approx 1.73$来计算。但仔细想想，$\sqrt{3}$是一个无理数，应该是个无限小数 1.732 05…。用 1.73 真的可以吗？

现实世界中的数，即测量值始终存在误差。即使说"测得长度为 20m"，该数也包含误差。这里我们要用有效数字的概念来理解。

例如，20m 有 2 位有效数字，那么我们认为直到第二位数字 0 都是正确的。换句话说，由于这个数是通过四舍五入得到的 20m，所以我们认为它的真值在 19.5~20.5m。

如果假设通过精确测量获得精确到 cm 的测量结果。此时，20m 变成 20.00m。这是一个有 4 位有效数字的数。换句话说，它的真值落在 19.995~20.005m。

$\sqrt{3}$ 的近似值用哪个？这个问题也涉及测量的有效数字。计算通常要比有效数字多一位数，然后四舍五入。因此，如果测量值的有效数字是 2 位，则用到第 3 位 $\sqrt{3} \approx 1.73$ 就可以了，如果测量值是 4 位有效数字，则必须用到第 5 位 $\sqrt{3} \approx 1.7321$。

顺便说一下，计算时要对齐到有效位数较小的数。例如，求矩形的面积时，假设一条边长是 2 位有效数字的 1.1cm，另一条边长是 4 位有效数字的 2.112cm。此时面积是$1.1 \times 2.112 = 2.3232 \, (\text{cm}^2)$，但由于这个数是 2 位有效数字，所以面积只有大约 2.3cm²。

因此，如果在计算中出现了一个精度低的数，其他的数再怎么精确测量也无济于事。对于那些实际运用数学的人来说，有效数字是非常重要的概念。

第 5 章

导数

5.0 导言

> **何为导数**

何为导数？出乎意料地，人们并不知道。即使是数学很拿手、考试得高分的高中生，也往往不理解它的本质。实不相瞒，我也是直到大学二年级开始学习电磁学时，才理解了导数的含义。现在想起来，当我还是个高中生的时候，即使解了很多题目，也没有理解导数的本质含义。

简而言之，导数的本质是"除法"。只不过，它是小学除法的升级版本。

举个例子。开车 2h 行驶了 60km 的路程，速度为 $60 \div 2 = 30$（km/h），也就是 30km/h。这是小学学过的除法。

接下来，高中学过的导数"除法"的设定就变得复杂了。事实上，在 2h 内以相同的速度连续行驶 60km 路程，这在现实中是不存在的。也就是说，实际上速度和时间之间的关系应该是如下图所示，一直在变化。例如，图中箭头所指之处，在 1h 这个时间点的速度明显应该比 30km/h 要快。

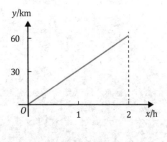

小学生的除法

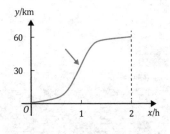

高中生的除法（导数）

在 1h 这个时间点，速度是多少 km/h？在开车时，速度表会不断地变化。怎样根据时间和距离的关系找到速度表的速度，即如何求某个时刻的速度？**导数**就是用来计算这个的。

导数确实比小学生的除法更复杂。但是，本质的含义没有变，与小学生根据距离和时间求速度的计算是一样的。所以如果被问到"何为导数？"，我的回答是"这是高级除法"。

能处理无穷了

这里出现了一个隐藏在导数背后的新概念。

它就是∞（无穷大）。学习了导数，你就能处理∞。此外，"极限"的理论也登场了，例如，函数趋近于"无穷"或某个值。

为了使导数成为数学上完善的理论，我们必须正确地处理极限和无穷。在数学的世界里，"如何不矛盾地处理∞"对于大学数学专业的人来说尤为重要。

就像在小学第一次出现分数时，或者在初中第一次学习负数时那样，你可以通过导数学习新的数。

有的人听到关于无穷的话题就感到兴奋，这样的人有数学才能，也许将来能成为数学研究员。

然而，大多数人（我就是其中之一）对这种非常严谨的事情并不感兴趣，大家的目的只是在考试和工作中使用数学。鉴于这种情况，而且这种严谨的讨论非常麻烦，也很难，这里就不深入讲了。我们无须深入研究极限和导数的定义也可以使用导数。但是，对"∞是什么"有一个粗略的认识，这是有必要的。要有意识地培养自己的这种思想观念。

与积分的关系

在微积分里，导数和积分总是成对出现的。这是因为积分是导数的逆运算。简单来说，前面讲过导数是"高级除法"，而积分是"高级乘法"。

与本书一样，在数学课中，你是先学导数，然后再学积分。然而，这与历史上导数和积分的出场顺序是相反的。

积分在公元前的时代就被研究并实用化了。然而，导数最早出现在公元 1000 年之后，并在 17 世纪才真正开始实用化。

"积分的历史比导数的历史更悠久。"这意味着什么？简而言之，就是"积分比导数更容易"。在我们身边有很多容易理解的积分的量，但是说到容易理解的导数的量，能想出来的也就只有"速度"了吧。

所以，无法理解导数的人，可以暂时放下导数，先尝试从积分开始学习。学习了积分后，通过把导数理解为积分的逆运算，再接着学习导数。

那么，为什么学校要从导数开始教学呢？有以下两个原因。

第一个原因是虽然积分的思想比导数更容易理解，但积分的计算更复杂。假如你只记得公式，那么函数求导就比较简单，但积分的计算没那么容易。

第二个原因是它在理论上是合理的。为了在数学上无矛盾地进行理论推导，按照极限→微分→积分的顺序是最佳的。这就是学校先教学导数的原因。虽然按理解的难易程度是相反的顺序……

数学家更看重讨论的严谨性而不是理解的难易程度。所以请记住，按照教科书的顺序学习并不总是一个好主意。

对于以入门为目的来学习的人

首先，请理解导数的含义。导数是一种高级的除法。要抓住这两点："导数为什么是除法？"和"所谓'高级'是怎样的高级？"如果能进一步理解数学如何处理无穷，那就完美了。

对于在工作中使用数学的人

将计算交给计算机前，你要对导数有一个大体的印象。一个函数求导之后会是什么样的函数？面对这个问题，你的脑海中不仅要浮现出数学公式，还要浮现出函数图像（变化）。

 对于考生

可以说这是数学考试的重头戏。特别是切线、函数变化（最大值、最小值）等会频繁出现。考生不仅要掌握公式，还要进行全面的训练，以便能够准确地、快速地进行导数的计算。

5.1 极限与无穷大

以入门为目的的人也请记住极限与无穷大的术语。它是理解导数的基础。在实用的层面，重要的是要掌握已知式子的极限值。

 要点

"无限接近"和"那个值本身"有些差异。

极限

在函数 $f(x)$ 中，当 x 取与 c 不同的值并无限接近 c 时，下式表示 $f(x)$ 的值无限接近 L。

$$\lim_{x \to c} f(x) = L$$

例：

$\lim\limits_{x \to 5} 2x = 10$：当 x 无限接近 5 时，$2x$ 趋近于 10。

$\lim\limits_{x \to \infty} \dfrac{1}{x} = 0$：当 x 趋近于无穷大（无限变大）时，$\dfrac{1}{x}$ 趋近于 0。

$\lim\limits_{x \to 0} \dfrac{1}{x^2} = \infty$：当 x 无限接近 0 时，$\dfrac{1}{x^2}$ 无限接近无穷大（无限变大）。

※ ∞ 表示无限大的值（无穷大）。另外，$-\infty$ 表示负的绝对值无限大的值。

📖 容易被误解的极限

看完上面的解释，有没有感觉别扭？虽然数学通常使用明确的词来避免误解，但这里却使用了"无限接近"等含糊不清的词。

的确，这种表达方式并不严谨。这个问题讨论起来也很困难，要等到学习大学数学后才能解决它。让我们通过例子来理解"无限接近"吧。

举个简单的例子，当 $f(x) = 2x$ 中的 x 接近 5 时，$f(x)$ 接近 $f(5) = 10$。这里重要的是，极限始终只是一个"无限接近的值"，**而不是代入的值本身**。

对于 $f(x) = \dfrac{1}{x^2}$，考虑在 $x \to 0$ 时 $f(x)$ 的极限。注意，0 不能作为除数，这是数学的绝对规则。所以 $f(0)$ 的值不存在。但是，我们可以考虑无限接近 0。当 x 无限接近 0 时，$f(x)$ 无限变大，换句话说就是 ∞（无穷大）。

当极限值存在时，称为收敛。另外，当极限值不确定时，例如无穷大，则称为发散。

📺 应用 复杂式子的阅读理解方法

极限和无穷是数学上的概念，所以没有什么直接的应用。不过，我在从事涉及数学公式的工作时，经常使用极限的思想来理解数学公式的含义。

例如，以下公式是在我负责的半导体建模工作中出现的公式之一。

$$\mu_{\text{eff}} = \frac{U0 \cdot f(L_{\text{eff}})}{1 + (UA + UCV_{\text{bseff}})\left(\dfrac{V_{\text{gsteff}} + 2V_{\text{th}}}{TOXE}\right) + UB\left(\dfrac{V_{\text{gsteff}} + 2V_{\text{th}}}{TOXE}\right)^2 + UD\left(\dfrac{V_{\text{th}} \cdot TOXE}{V_{\text{gsteff}} + 2V_{\text{th}}}\right)^2}$$

盯着这样的公式确实什么也看不出来。在这种情况下，首先观察在将每个变量设置为 0 或 ∞ 等极端值时的函数值。以此为线索，逐步掌握公式的含义。从这个意义上说，极限的思想对实际应用也很有帮助。

5.2 导数（求导的定义）

　　求导的定义理解起来相当困难，因此，如果无法理解，请跳过该条目并继续往下学习。即使不理解定义，你也可以使用它。

> **要点**
>
> **与其纠结于定义式，不如先尝试通过实例进行学习。**
>
> **导数**
>
> 函数 $f(x)$ 在某个点 $f(a)$ 处存在以下极限值，则该极限值被称为函数 $f(x)$ 在 $x = a$ 处的导数，表示为 $f'(a)$。
>
> $$f'(a) = \lim_{h \to 0} \frac{f(a + h) - f(a)}{h}$$
>
> 例：函数 $f(x) = x^2$ 在 $x = 1$ 处的导数如下。
>
> $$f'(1) = \lim_{h \to 0} \frac{f(1 + h) - f(1)}{h} = \lim_{h \to 0} \frac{(1 + h)^2 - 1}{h} = \lim_{h \to 0}(2 + h) = 2$$

📖 首先掌握求导的大体印象

　　由于求导就是寻求导数，所以上面对导数的定义可以认为与求导的定义几乎相同。但是，在第一次学习求导的人看到这个公式时，可能完全弄不明白它是怎么回事。因此，我将以速度、时间和距离的关系为例来解释导数的含义。

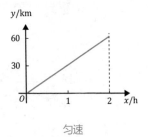

匀速

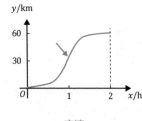

变速

例如，开车 2h 行驶 60km，如果按上页左图所示匀速行驶，由于$60 \div 2 = 30$，所以速度为 30km/h。但实际上速度是一直在变化的，时间和距离之间的关系如上页右图所示。虽然同样在 2h 内行驶了 60km，但速度却一直在变化。这时，例如怎么求在 1h 这个时间点（图中箭头所指之处）的瞬时速度呢？

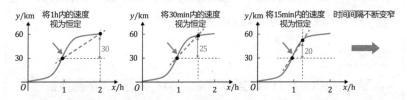

求导的思路如上图所示。总体上在 2h 内行驶了 60km。接着，把时间间隔逐渐缩短。1h 内 30km，30min 内 25km，15min 内 20km……

通过这种做法，例如，如果将时间间隔缩短到 1s 左右，事实上**该时间段内的速度可以被视为恒定**，我认为可以直观地理解这点。在急加速或急减速时，1s 也许还不够短。即使这样，如果进一步缩短时间间隔，当间隔足够短时就应该可以把速度视为恒定。

于是，如果在速度被视为恒定的时间间隔内计算（距离）÷（时间），就可以算出瞬时速度。

这就是导数定义式的意义所在。$f(x)$ 是时间和距离之间的关系，a 是要计算的速度的时刻（在上面的例子中就是 1h 这个时间点），h 是时间间隔。于是分子 $f(a + h) - f(a)$ 是在 h 时间内移动的距离。由于分母 h 是时间，所以用（距离）÷（时间）得到速度。而如果让 h 越来越小（极限），就可以求出瞬时速度。**导数的本质就是使用了极限的除法**。换句话说，导数就是"高级的除法"。

5.3 导函数

即使以入门为目的的人，也要记住导函数的术语和符号，要能计算 x^n 的导函数，计算很简单。

 要点

只需记住对 x^n 求导得到的是 nx^{n-1}。

导函数

导函数指函数 $y = f(x)$ 的导数函数。换言之，下面的函数被称为 $y = f(x)$ 的导函数，将其记作 $f'(x), y', \dfrac{dy}{dx}, \dfrac{d}{dx}f(x)$ 等。

将求函数的导函数称为求导。

$$f'(x) = \lim_{h \to 0} \frac{f(x+h) - f(x)}{h}$$

$y = x^n$ 的导函数和求导的线性性质

● $y = x^n$ 的导函数为 $y' = nx^{n-1}$。$y = c$ 的导函数为 0。

● 导函数具有线性性质，即具有以下性质。

$$\big(af(x) + bg(x)\big)' = af'(x) + bg'(x)$$

例：

$$(5x^4 + 3x^2 + 10)' = 5 \times 4x^{(4-1)} + 3 \times 2x^{(2-1)} = 20x^3 + 6x$$

$$\left(\frac{2}{x}\right)' = (2x^{-1})' = 2 \times (-1)x^{(-1-1)} = -2x^{-2} = -\frac{2}{x^2}$$

$$\left(\sqrt{x}\right)' = \left(x^{\frac{1}{2}}\right)' = \frac{1}{2}\left(x^{\left(\frac{1}{2}-1\right)}\right) = \frac{1}{2}\left(x^{-\frac{1}{2}}\right) = \frac{1}{2\sqrt{x}}$$

5.3.1 x^n 的导数很简单

上一节讲过的导数的定义理解起来很难，但是求给定函数的导数，即函数求导则比较简单。

如要点中所示，ax^n 求导得到 $a \times nx^{n-1}$。换句话说，$2x^3$ 求导得到 $6x^2$。仅此而已，所以即使是初中生，经过 15min 左右的学习也能理解求导计算（虽然可能很难理解其含义）。

📖 5.3.2 导函数的含义

讲了导函数之后，接下来我将讲解应最低限度地掌握的知识点。它就是"**导函数表示函数图像的斜率**"。

导函数的值表示导数，即线性函数的斜率。因此，在导函数为正的区域，原函数递增。导数值越大，斜率就越陡，即增长速度就越快。

另外，在导函数为负的区域，原函数递减。导数值越小，斜率就越陡，即下降速度就越快。

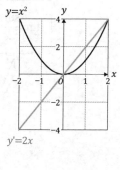

$y = x^2$ 与导函数

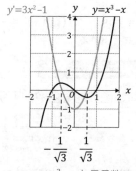

$y = x^3 - x$ 与导函数

让我举个例子来说明。首先，左图绘制了 $y = x^2$ 及其导函数 $y' = 2x$ 的图像。导函数以 $x = 0$ 为分界点交替正负。因此，$y = x^2$ 的图像在 $x = 0$ 处从递减变为递增。并且在 x 为正的区域中，x 的值越大，斜率就越陡。

举一个更复杂的例子。右图是 $y = x^3 - x$ 及其导函数 $y' = 3x^2 - 1$ 的图像。导函数 y' 仅在 $-\dfrac{1}{\sqrt{3}}$ 和 $\dfrac{1}{\sqrt{3}}$ 之间为负，在其他区域中为正。因此，原函数 $y = x^3 - x$ 只在 $-\dfrac{1}{\sqrt{3}} < x < \dfrac{1}{\sqrt{3}}$ 的区间内递减，在其他区域中递增。

5.4 三角函数、指数与对数函数的导数

这里出现了著名的自然常数。函数 e^x 求导还是得到 e^x。

即使是以入门为目的的人，也要掌握这一点。

 要点

☝️ e^x 求导还是 e^x。

三角函数的导数

使用右边的 $\sin x$ 与 x 的极限式，可以求出三角函数的导函数如下所示。

$$(\sin x)' = \cos x \qquad (\tan x)' = \frac{1}{\cos^2 x}$$
$$(\cos x)' = -\sin x$$

$$\boxed{\lim_{x \to 0} \frac{\sin x}{x} = 1}$$

指数和对数函数的导数

指数和对数函数的导函数如下所示。

$$(e^x)' = e^x \qquad\qquad (\ln x)' = \frac{1}{x}$$
$$(a^x)' = a^x \ln a \qquad (\log_a x) = \frac{1}{x \ln a}$$

其中，e 被称为自然常数，它是用下式定义的无理数。

$$\lim_{n \to \infty} \left(1 + \frac{1}{n}\right)^n = e = 2.718\ 281\ 828\ 45 \cdots$$

📖 5.4.1 三角函数的导数

要记住 $\sin x$、$\cos x$、$\tan x$ 这些函数的导函数和 $x \to 0$ 时 $\frac{\sin x}{x}$ 的极限等于 1，**即 $\sin x$ 与 x 逐渐接近相等**。

另外，由于 $\sin x$ 的导函数是 $\cos x$，因此在 x 处 $\sin x$ 的斜率为 $\cos x$。这是三角函数的性质。

📖 5.4.2 自然常数登场

在指数和对数函数的导数中，出现了著名的自然常数"e"。e 是由要点中所示的极限式定义的无理数。在数学世界中，这个数与圆周率 π 同样重要。即使以入门为目的的人，也一定要记住它。

函数 e^x 的导函数是 e^x 本身，这是自然常数最重要的性质。换句话说，e^x 的变化率是 e^x 本身。由于 e 具有这一性质，因此它经常出现在指数和对数函数的导函数中。另外，e 也经常出现在第 7 章介绍的微分方程的解当中。

在实际使用数学时，e 尤其常用。由于大多数对数的底数都是 e，因此人们有时会把底数为 e 的对数，即 $\log_e X$ 记为 $\ln X$。

此外，在让计算机执行计算的时候，通常会有专用的函数。大多数电子表格和编程语言，包括 Excel，在求 e^x 的函数值时都会使用一个名为"exp( )"的函数。例如，如果要计算 e^5，则可以用 exp(5)。

虽然超出了高中课程的范围，但在数学的实际应用中，经常会出现一种叫作双曲函数的函数。它们被称为 sinh（双曲正弦）、cosh（双曲余弦）和 tanh（双曲正切），定义为如下式子。

$$\sinh x = \frac{e^x - e^{-x}}{2} \quad \cosh x = \frac{e^x + e^{-x}}{2} \quad \tanh x = \frac{e^x - e^{-x}}{e^x + e^{-x}}$$

虽然名称中带有正弦、余弦等词语，但它们不是三角函数。如果你看一下式子，就会发现其中含有 e 的指数函数。

5.5　函数积的导数、复合函数的导数

本节内容对考生来说很重要。虽然以实用为目的的人很少需要动手计算，但我仍然希望你能记住这种程度的公式。

 要点

即使忘了公式，也能根据 x^n 的导数推导出来。

积的导数

对函数 $f(x)$、$g(x)$ 的积、商求导如下所示。

$$(f(x)g(x))' = f'(x)g(x) + f(x)g'(x)$$

$$\left(\frac{f(x)}{g(x)}\right) = \frac{f'(x)g(x) - f(x)g'(x)}{\left[g(x)\right]^2}$$

例：$(x^2 \sin x)' = (x^2)' \sin x + x^2 (\sin x)' = 2x \sin x + x^2 \cos x$

$$\left(\frac{\sin x}{x^2}\right)' = \frac{(\sin x)'(x^2) - (\sin x)(x^2)'}{(x^2)^2} = \frac{x^2 \cos x - 2x \sin x}{x^4}$$

$$= \frac{x \cos x - 2 \sin x}{x^3}$$

复合函数的导数

对于函数 $y = f(u)$、$u = g(x)$，定义复合函数 $y = f[g(x)]$。对这个函数求导如下所示。

$$\{f[g(x)]\}' = f'[g(x)]g'(x), \quad 即 \frac{dy}{dx} = \frac{dy}{du}\frac{du}{dx}$$

例：$\sin(x^3)$ 求导。

在这种情形，函数可以被看作 $y = f(u) = \sin(u)$，$u = g(x) = x^3$ 的复合。

$$\frac{dy}{du} = (\sin u)' = \cos u = \cos(x^3), \quad \frac{du}{dx} = (x^3)' = 3x^2$$

由此可得 $\dfrac{dy}{dx} = \dfrac{dy}{du}\dfrac{du}{dx} = 3x^2 \cos(x^3)$

5.5.1 验证公式的方法

不仅仅是考生，其他的人也要记住函数积与复合函数的求导公式，并能动手计算。

但是，有时你可能对公式的正确性没有信心。在这种情况下，有一个简单方法可以验证公式。该方法是考虑 $f(x)=x^6$ 这样的简单函数的导数。

我们可以简单地求出 $f(x)=x^6$ 的导函数 $f'(x)=6x^5$。现在我们把 x^6 看作 x^2 和 x^4 的积。由此可得 $f'(x)=(x^4)'(x^2)+(x^4)(x^2)'=(4x^3)(x^2)+(x^4)(2x)=4x^5+2x^5=6x^5$。这样就确认了函数积的求导公式没有问题。

另外，对于复合函数的求导公式，我们把 x^6 看作 $f(u)=u^2$、$g(x)=x^3$ 的复合函数 $y=f[g(x)]$。由于 $f'(u)=2u$、$g'(x)=3x^2$，代入 $u=x^3$，得到 $\{f[g(x)]\}'=(2u)(3x^2)=(2x^3)(3x^2)=6x^5$。

5.5.2 像对待分数一样对待 $\dfrac{\mathrm{d}y}{\mathrm{d}x}$

导数的符号 $\dfrac{\mathrm{d}y}{\mathrm{d}x}$ 不是分数。不过我们可以把它当分数来对待。复合函数的求导公式为 $\dfrac{\mathrm{d}y}{\mathrm{d}x}=\dfrac{\mathrm{d}y}{\mathrm{d}u}\dfrac{\mathrm{d}u}{\mathrm{d}x}$，通过"约分"消去 $\mathrm{d}u$，则式子两边变成相同的形式。

事实上，$\dfrac{\mathrm{d}y}{\mathrm{d}x}$ **可以当分数一样对待**。

让我们通过反函数的例子来观察一下。例如，假设有函数 $x=\mathrm{e}^y$。虽然 x、y 的顺序与通常函数相反，但可以跟往常一样求导。对 y 求导得 $\dfrac{\mathrm{d}x}{\mathrm{d}y}=x'=\mathrm{e}^y$。然后对这个式子取倒数得 $\dfrac{1}{\mathrm{d}x/\mathrm{d}y}=\dfrac{1}{\mathrm{e}^y}$。代入 $x=\mathrm{e}^y$ 整理得 $\dfrac{\mathrm{d}y}{\mathrm{d}x}=\dfrac{1}{x}$。

另外，还可从 $x=\mathrm{e}^y$ 解出 y 得到 $y=\ln x$，对 x 求导得 $\dfrac{\mathrm{d}y}{\mathrm{d}x}=\dfrac{1}{x}$，这与前面的结果一致。总之，$\dfrac{\mathrm{d}y}{\mathrm{d}x}$ 是 $\dfrac{\mathrm{d}x}{\mathrm{d}y}$ 的**倒数**。

5.6　切线的公式

切线在考试中经常出现。由于它涉及导数的本质，一定要好好地掌握它。

> 要点
>
> **导数表示该点切线的斜率。**

在函数 $y = f(x)$ 的图像上，点 (a, b) 的切线方程为 $y - b = f'(a)(x - a)$。

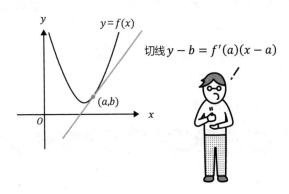

切线 $y - b = f'(a)(x - a)$

例：

求 $y = x^2$ 在点 $(2, 4)$ 的切线方程。

设 $f(x) = x^2$，则 $f'(x) = 2x$。

因此点 $(2, 4)$ 的切线斜率为 $f'(2) = 4$。

因此，切线方程为 $y - 4 = 4(x - 2)$，即 $y = 4x - 4$。

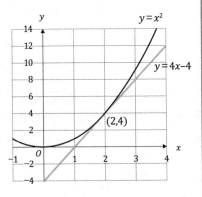

📖 **如果理解了导数，就很容易理解切线**

使用导数来作切线的题目在考试中很常见。

导数表示某个点的变化率，如果理解了这一点，那么就很容易理解切线。虽然不必解题，但如果你认为"搞不懂为什么可以用导数来作切线"，那就需要重新学习导数的定义。

反过来说，要考查一个人是否理解导数，切线是最合适的问题。这就是它在考试中经常出现的原因。

💻 应用 **在计算机上编辑曲线**

在使用计算机软件绘制曲线时，在计算机内部有时会将曲线保存为表达式。例如，下图显示了在微软 PowerPoint 中绘制的曲线。

在 PowerPoint 中绘制曲线后，可以使用"编辑顶点"的功能更改顶点的位置和斜率。

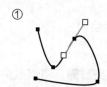 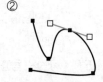 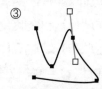

上面的 3 个图形中，顶点的位置没有改变。某个顶点处的切线斜率在变化。在软件内部，将曲线数据保存为顶点和斜率，可以通过编辑这些数据来改变曲线的形状。在编辑过程中会显示一条蓝色的线，它是该顶点的切线。

在上图中，情况③请注意。这条蓝线确实是切线，但曲线和切线在切点处交叉而过。说到切线，人们通常只想到情况①和情况②，但要记住，还存在情况③这样的情况。

5.7 高阶导数与函数的凹凸性

　　本节所讲内容在考试中重要程度不高。但在实际应用时，函数的凹凸性很重要，因此要好好理解。

> **要点**
>
> **想象"向上凸"的图形和"向下凸"的图形。**
>
> ### 高阶导数
>
> 函数$y = f(x)$的导函数为$f'(x)$，将$f'(x)$的导函数记作$f''(x)$。一般地，将$f(x)$求导n次得到的函数称为n阶导数，记作$f^{(n)}(x)$。如果用$\dfrac{dy}{dx}$符号表示，则将二阶导数记为$\dfrac{d^2 y}{dx^2}$，将n阶导数记作$\dfrac{d^n y}{dx^n}$。
>
> 例：$f(x) = x^4$　$f'(x) = 4x^3$　$f''(x) = 12x^2$　$f'''(x) = 24x$
>
> ### 函数的凹凸性与二阶导数的关系
>
> ① 在$f''(x) > 0$的区间，$y = f(x)$的图像向下凸。
>
> ② 在$f''(x) < 0$的区间，$y = f(x)$的图像向上凸。
>
> ③ 在$f''(x) = 0$的位置附近$f''(x)$的符号正负交替时，将该点称为拐点。
>
>
>
> 图像向下凸，　　　图像向上凸，　　　拐点　$f''(x) = 0$
> $f''(x) > 0$　　　　$f''(x) < 0$　　　　$[f''(x)$的符号正负交替$]$

📖 高阶导数

　　高阶导数是$f(x)$多次求导得到的函数。一阶导数是斜率，斜率再求导得到二阶导数，二阶导数再求导得到三阶导数……依此类推。

什么是 n 阶导数？很难直观地解释这个问题。在这里，让我们首先掌握二阶导数。例如，在运动方程中，位置对时间求导是速度，速度对时间求导（位置对时间的二阶导数）是加速度。在其他领域中也经常用到二阶导数。

💻 应用 函数的凹凸性

在讨论函数变化时，二阶导数也是一个重要的因素。在讲解导数的时候提到过，当一阶导数 $f'(x)$ 为正时 $f(x)$ 递增，当一阶导数 $f'(x)$ 为负时 $f(x)$ 递减。此外还有以下性质：当二阶导数 $f''(x)$ 为正时 $f(x)$ 向下凸，二阶导数 $f''(x)$ 为负时 $f(x)$ 向上凸。$f'(x)$的正负及 $f''(x)$的正负，一共有 4 种模式，下表总结了这 4 种变化。

	$f'(x) > 0$ 递增↑	$f'(x) < 0$ 递减↓
$f''(x) > 0$时 向下凸	↗	↘
$f''(x) < 0$时 向上凸	↗	↘

这样，我们可以看到，即使函数 $y = f(x)$ 在递增时，即 $f'(x)$ 为正时，变化的趋势也会根据函数是向上凸还是向下凸而发生很大的改变。当函数向上凸时，虽然在递增，但看起来像是临近触顶而逐渐停止增长的样子。另外，当函数向下凸时，看起来就像带着加速度迅猛增长。

当 $y = f(x)$ 在递减时，即 $f'(x)$ 为负时，若函数向上凸，则急剧地下降，若函数向下凸，虽然仍在下降，但看起来像是要逐渐停止下降。

在分析变化量时，不仅要看它是递增还是递减，还要看它是向上凸还是向下凸，这样的话就能够帮助你深入思考。

5.8　中值定理与可导性

　　本条目是大学数学专业的基础。不过在现实中很少应用，浏览一下即可。

> **要点**
>
> **定理看起来很显然，但如果函数不可导就不成立。**

中值定理

当 $y = f(x)$ 的图像在区间 $a \leqslant x \leqslant b$ 上连续且光滑时，必定存在满足下式的实数 c。

$$f'(c) = \frac{f(b) - f(a)}{b - a}$$

$$a < c < b$$

AB的斜率 $\dfrac{f(b) - f(a)}{b - a}$

斜率 $f'(c)$

📖 5.8.1　显然的定理

　　中值定理用数学公式写出来时看起来似乎很难，但一旦你理解了它的含义就很容易理解了。

　　在某个函数 $y = f(x)$ 上取两点 A 和 B。接着，作连接 A、B 的直线 AB，A 与 B 之间存在点 C，使得 C 点的切线与直线 AB 平行。这就是**中值定理**。

　　我来直观地解释该定理。在图中分别作点 A 和点 B 处的切线。切

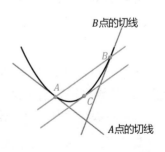

B点的切线

A点的切线

线的斜率从 A 到 B 连续地变化。所以显然存在点 C，它的切线平行于直线 AB。

虽然看起来很显然，但有一点要注意。那就是中值定理的条件，即"函数在区间 $a \leqslant x \leqslant b$ 上连续且光滑"的条件。换句话说，如果**函数不连续或不光滑，则可能不成立**。具体而言，下图显示了中值定理不成立的情形。

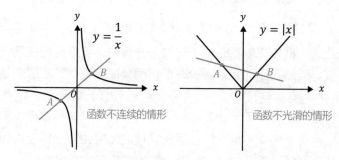

中值定理不成立的例子

📖 5.8.2 可导性

在上图中，对于 $y = \dfrac{1}{x}$ 的情形，图像在 $x = 0$ 处不连续，因此中值定理不成立。对于 $y = |x|$ 的情形，虽然图像在 $x = 0$ 处连续，但斜率不是连续变化的，所以中值定理不成立。实际上，$y = |x|$ 求导，在 $x < 0$ 时 $y' = -1$，在 $x > 0$ 时 $y' = 1$。在 $x = 0$ 处导数定义式不对应唯一值，因此无法定义导数。

反之，如果可以定义导数，即函数可导，那么中值定理成立。

换句话说，**中值定理是当函数 $f(x)$ 在区间 $a \leqslant x \leqslant b$ 上"可导"时成立的定理**。该定理与函数可导性密切相关。

在实际使用数学时，如果函数中有些地方不可导，就变得非常难处理。因此，在连接式子时，人们用一种被称为函数光滑化的数学技术来使式子可导。

$\dfrac{dy}{dx}$ 不是分数

有高中生把 $\dfrac{dy}{dx}$ 读作"dx 分之 dy"而挨了数学老师一顿骂。实际上，$\dfrac{dy}{dx}$ 读作"dydx"。据说因为 $\dfrac{dy}{dx}$ 不是分数，所以，数学老师对前一种读法不满意。

$\dfrac{dy}{dx}$ 是分数吗？这是一个非常微妙的问题。有时 $\dfrac{dy}{dx}$ 被当作分数来处理，例如在求积分或求解微分方程时。这个问题在网上也被热议。但是，目前大家还没有得出明确的结论。到底哪个是正确的呢？

这里顺便说一下，我对这个问题的看法是"这种事根本无所谓"。但有一件事是确定的：那位挨骂的高中生对这位老师和数学会产生不好的情绪。

当你去问不喜欢数学的人为什么不喜欢数学时，很多人会回答"因为不喜欢初中（高中）的数学老师"。由于数学是一门讲究逻辑的学科，所以它更适合那些注重细节的人。然而，它与注重大略图景的人无论如何也格格不入。

实际上，虽然我从事的是需要大量使用数学的工作，但我的性格比较粗线条。如果非要选择的话，我就是"细节无所谓"类型的人。因此，我可能不适合研究数学，但仍然能够在一定程度上理解和使用数学，所以并不是只有细节敏感的人才可以使用数学。

正因如此，我有一种强烈的感觉，那就是"我希望能够帮到像我一样性格粗线条型的读者"。

第 6 章

积分

6.0 导言

何为积分

何为积分？这个问题大致有两种回答。第一种是"求导的逆运算"。第二种是"求面积的方法"。

当然，两者都是正确的，但是第一种思路，即求导的逆运算这种思路即使能让考生会做考试题，但很难从本质上去理解积分的含义。正如第 5 章所解释的，积分的本质含义比求导更简单。如果把积分看作求导的逆运算，那就要通过很难的求导来解释简单的积分。因此，让我们先把积分理解为求面积的一种方法。

通过积分计算面积的方法

接下来我将解释如何通过积分计算面积。我们来计算下面两个图形的面积。左边只是一个矩形，计算它的面积很简单。$4 \times 10 = 40$，所以面积为 $40\mathrm{cm}^2$。如何计算右边图形的面积呢？

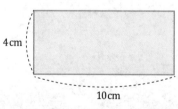
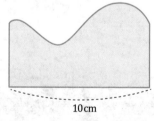

右边图形包含曲线，无法用小学学过的公式计算。那怎么办呢？事实上，计算这种图形的面积的方法就是积分。

让我解释如何通过积分求面积。首先，把要求面积的图形划分为矩形，如下图所示。将图形划分为矩形，面积可以用矩形面积的总和来计算。换句话说，它是乘法之和。

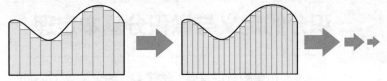

但是，矩形相加得到的面积只是一个近似值，相对于真正的面积存在误差。不过，如果将每个矩形"无限"地缩小，则误差接近于 0，面积总和的极限值就等于图形真正的面积。

换句话说，积分是**对乘法之和施加"无限"之力的结果**。因此可以称之为"高级乘法"。

对于以入门为目的来学习的人

请记住，积分是"高级乘法"，它是求导（高级除法）的逆运算，可以通过积分计算图形的面积和体积。

对于在工作中使用数学的人

在工作中使用数学的人大都把计算交给了计算机，因此不需要分部积分等计算技术。你的知识能跟得上文献中的公式就足够了，但要加深对其本质的理解。

对于考生

和导数一样，它是数学考试的重头戏。由于积分计算非常复杂，所以最重要的一点是要准确快速地进行计算。必须要反复练习，牢牢掌握。

6.1 积分的定义与微积分基本定理

本条目是积分的基础。请了解：积分是为了求面积，积分是求导的逆运算。

> **要点**
>
> **通过积分可以求面积，积分是求导的逆运算。**

如下图所示，将由 $y = f(x)$ 与 x 轴、直线 $x = a$ 和 $x = b$ 所围区域的面积记为 S，函数 $f(x)$ 在区间 $a \leqslant x \leqslant b$ 上的定积分表示如下。

$$S = \int_a^b f(x)\, \mathrm{d}x$$

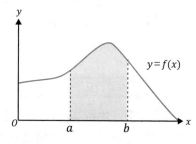

例：直线 $y = x$ 下方在 $0 \leqslant x \leqslant 2$ 的区域是一个底边为 2、高为 2 的三角形。区域的面积为 2。因此下式成立。

$$\int_0^2 x\, \mathrm{d}x = 2$$

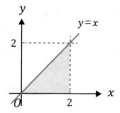

微积分基本定理

对于连续函数 $f(x)$ 下式成立（积分是求导的逆运算）。

$$\frac{\mathrm{d}}{\mathrm{d}x} \int_a^x f(t)\mathrm{d}t = f(x)$$

📖 6.1.1 积分是求面积的工具

积分的主要目的是求面积。例如，边长为 2m 的正方形的面积为 $2m \times 2m = 4m^2$。而乘法就是求面积。所以，积分的本质是乘法，而且是"高级乘法"。

称之为"高级乘法"，是因为它不仅能求出矩形和三角形等图形的面积，也能求出由曲线所围区域的面积。

我来说明计算步骤。首先，把下图中要求面积的区域用矩形划分为 5 份。矩形的底边为 Δx（把 a 到 b 的区间 5 等分，每份长度为 $\dfrac{b-a}{5}$），高为 $f(x_i)$。由下式表示 5 个矩形的面积之和。

$$S = f(x_0)\Delta x + f(x_1)\Delta x + f(x_2)\Delta x + f(x_3)\Delta x + f(x_4)\Delta x$$

但是，由于这是用矩形来近似，因此相对于曲线所围区域的面积存在误差。

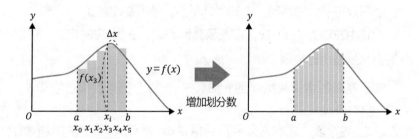

现在是把图形划分为 5 个矩形，如果我们增加划分数会怎样？随着划分数的增加，矩形面积之和越来越接近曲线所围区域的面积。并且当划分数增加到无穷大的极限时，矩形面积之和等于曲线所围区域的面积。

综上所述用式子写出来，如下页中式子所示（这里 $\sum$ 表示和式 $f(x_0)\Delta x + f(x_1)\Delta x + \cdots$）。

把矩形面积相加，这是小学生也能完成的简单运算。由于获得了

"极限"的力量，它成为了积分。

$$\int_a^b f(x)\,\mathrm{d}x = \lim_{n \to \infty} \sum_{i=0}^{n-1} f(x_i)\Delta x$$

6.1.2 积分符号的含义

在积分中出现了"$\int$"符号。对于不理解其含义的人来说，它似乎很难。不过，这个符号是有含义的。如果理解其含义，对这个符号的"过敏"症状就会消失。

从 a 到 b 加起来 ⟶ $\int_a^b f(x)\,\mathrm{d}x$ ⟵ 把 $f(x) \times \mathrm{d}x$

把积分符号分为两部分，如上式所示，就容易理解了。

上式中右边为 $f(x)\,\mathrm{d}x$，它表示高为 $f(x)$、宽为 $\mathrm{d}x$ 的矩形。这里 dx 的含义是微小的极限。

式子左边的含义是从 a 到 b 加起来。"$\int$"符号是模仿字母 S，表示 Sum（和）。

总之，这个表达式的含义是 $f(x)$ 乘以 $\mathrm{d}x$，然后从 a 到 b 求和。毕竟，积分的本质是乘法。

6.1.3 积分是求导的逆运算

微积分基本定理表明，**积分是求导的逆运算**。

到目前为止，我说过求导是"高级除法"，积分是"高级乘法"。

一个数 x 除以 a 得到 $\dfrac{x}{a}$。把这个结果乘以 a 则恢复为原来的 x。所以除法是乘法的逆运算。

同样，一个函数 $f(x)$ 求导得到 $\dfrac{\mathrm{d}}{\mathrm{d}x}f(x)$，把这个结果对 x 积分得 $\displaystyle\int \dfrac{\mathrm{d}}{\mathrm{d}x}f(x)\,\mathrm{d}x$，恢复为原来的 $f(x)$。因此，可以说积分是求导的逆运算。

如果用面积的思想来解释，那就是下图所示的样子。前面讲过，积分是函数在某个区域中的面积。这里设函数为 $f(t)$，区域为 $a \leqslant t \leqslant x$。如果这个区域的面积的函数是 $F(x)$，那么 $F(x)$ 对 x 求导就是 $f(x)$，也就是把 $f(t)$ 中的 t 替换为 x 所得的函数。

从直观上讲，可以认为函数 $f(x)$ 与 x 轴所围区域的面积的增长率是 $f(x)$。

将这个 $F(x)$ 称为 $f(x)$ 的原函数。求原函数的方法将在下一节中详细说明。

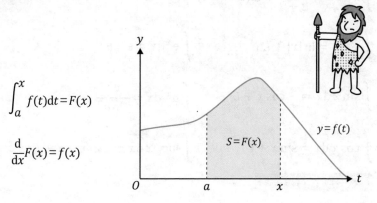

$$\int_a^x f(t)\mathrm{d}t = F(x)$$

$$\dfrac{\mathrm{d}}{\mathrm{d}x}F(x) = f(x)$$

6.2 不定积分

本条目重要的内容是积分是求导的逆运算。除考生以外，其他人不需要记住公式。

要点

求出原函数后，通过求导确认是否变回原来的式子。

基本的不定积分公式（式中的C为积分常数）

$$\int x^a\, \mathrm{d}x = \frac{x^{a+1}}{a+1} + C\,(a \neq -1) \qquad \int \tan x\, \mathrm{d}x = -\ln|\cos x| + C$$

$$\int \frac{1}{x}\, \mathrm{d}x = \ln|x| + C \qquad\qquad \int \mathrm{e}^x \mathrm{d}x = \mathrm{e}^x + C$$

$$\int \sin x\, \mathrm{d}x = -\cos x + C \qquad \int a^x\, \mathrm{d}x = \frac{a^x}{\ln a} + C$$

$$\int \cos x\, \mathrm{d}x = \sin x + C \qquad \int \log_{\mathrm{e}} x\, \mathrm{d}x = x\ln x - x + C\,(x > 0)$$

不定积分的线性性

$$\int kf(x)\, \mathrm{d}x = k\int f(x)\, \mathrm{d}x$$

$$\int [f(x) \pm g(x)]\, \mathrm{d}x = \int f(x)\, \mathrm{d}x \pm \int g(x)\, \mathrm{d}x$$

例：求$f(x) = 2x^2 + x$的不定积分

$$\int (2x^2 + x)\, \mathrm{d}x = \frac{2}{3}x^3 + \frac{1}{2}x^2 + C\,（C\,为积分常数）$$

6.2.1 不定积分的方法

不定积分是求满足 $f(x) = F'(x)$ 的 $F(x)$，即原函数。将 $F'(x)$ 的不定积分记为 $\int f(x)\,\mathrm{d}x$。

导数比积分更容易计算，因此在计算不定积分后对答案进行求导验证是个好主意。

请注意，并非所有函数都能求出原函数。在实践中用到的复杂函数大多数无法严格地进行不定积分。学校考试中的积分题目都是选择一些可计算的式子来出题的。

6.2.2 积分常数 C 是什么

函数 $f(x)$ 的不定积分不是固定的一个函数。

例如，x^2 求导得到 $2x$，因此 x^2 是 $2x$ 的原函数。

你可以看到，例如 $x^2 + 1$ 和 $x^2 - 1$ 等也是 $2x$ 的原函数。这是因为常数项（不包含变量的项，例如 3 和 5 等）求导后变为 0。

由于不定积分需要找到所有的原函数，因此我们把常数项记为 C，将原函数写为 $x^2 + C$。也许有人在考试中忘记了这一点被扣分了，因而感到遗憾。不过，只有学生才会被问到这种问题。学生以外的人只需要了解**原函数不是固定的一个函数**，就可以了。

6.3 定积分的计算方法

以入门为目的的人不需要详细地了解计算方法。不过，请掌握定积分是通过原函数计算的。

 要点

可以用原函数之差的形式计算定积分。

设 $f(x)$ 的原函数为 $F(x)$，$f(x)$ 在区间 $a \leqslant x \leqslant b$ 的定积分可以计算如下。

$$\int_a^b f(x)\,\mathrm{d}x = [F(x)]_a^b = F(b) - F(a)$$

例：计算 $f(x)$ 从 $x = 1$ 到 $x = 3$ 的定积分的值。

$$\int_1^3 x\,\mathrm{d}x = \left[\frac{1}{2}x^2\right]_1^3 = \frac{9}{2} - \frac{1}{2} = 4$$

📖 6.3.1 定积分的计算方法

如要点中所示，求定积分的方法是先求出要计算的函数的原函数，然后用原函数代入积分上限（终点）b 的值减去原函数代入积分下限 a（起点）的值。

顺便说一下，在要点的例子中求原函数的时候，可能有人觉得奇怪："积分常数 C 怎么没了呢？"

对于定积分的情形，由于是计算 $F(b) - F(a)$，即使有常数项 C，变成 $[F(b) + C] - [F(a) + C]$，相减之后 C 就消失了。因此只需简单地在 $C = 0$ 的情形进行计算。

但是，一旦你习惯了定积分的这种做法，对于不定积分的问题你也可能会忘记添加常数 C，所以作为学生需要特别小心。

在进行定积分时，注意不要弄错**积分区间**。

把积分上下限互换，则积分值的符号反转，如下式所示。

$$\int_a^b f(x)\mathrm{d}x = -\int_b^a f(x)\mathrm{d}x$$

此外，可以通过任意的 c 划分积分区间，如下式所示。

$$\int_a^b f(x)\mathrm{d}x = \int_a^c f(x)\mathrm{d}x + \int_c^b f(x)\mathrm{d}x$$

前面讲过，定积分是用来求曲线和 x 轴所围区域的面积。这时候需要注意 $f(x)$ 的符号。

如下图 ① 的例子所示，若 $y = f(x)$ 在 $a \leqslant x \leqslant b$ 为正，则积分值为正。

反之，如下图 ② 的例子所示，若 $f(x)$ 为负，则积分值 S 为负。因此，如果想求这个区域的面积，必须反转符号。

如下图 ③ 的例子所示，函数的符号在中间反转，则积分值 S 等于符号为正的区域的面积 S_a 减去符号为负的区域的面积 S_b，即 $S = S_a - S_b$。因此，要想求 $S_a + S_b$ 的值，必须求出 $f(x)$ 正负交替的点 c，并以该点为分界点反转函数的正负号。

$$S = \int_a^b f(x)\,\mathrm{d}x \quad (a < b)$$

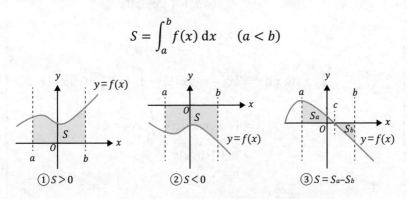

① $S > 0$　　② $S < 0$　　③ $S = S_a - S_b$

6.4 分部积分法

积分计算技术。是考生必须掌握的，但对于其他人来说，记住术语就足够了。

 要点

分部积分就是反向使用函数积的求导公式。

分部积分法

对于函数 $f(x)$、$g(x)$ 与它们的导函数的乘积的函数，下式成立。

- 不定积分 $\displaystyle\int f(x)g'(x)\,\mathrm{d}x = f(x)g(x) - \int f'(x)g(x)\,\mathrm{d}x$

- 定积分 $\displaystyle\int_a^b f(x)g'(x)\,\mathrm{d}x = \Big[f(x)g(x)\Big]_a^b - \int_a^b f'(x)g(x)\,\mathrm{d}x$

例：求函数 $f(x) = x\sin x$ 的不定积分及从 0 到 π 的定积分。

设 $f(x) = x$，$g(x) = -\cos x$，由于 $f(x)g'(x) = x\sin x$，根据公式得

- 不定积分
$$\int x\sin x\,\mathrm{d}x = x(-\cos x) - \int (x)'(-\cos x)\,\mathrm{d}x$$
$$= -x\cos x + \int \cos x\,\mathrm{d}x$$
$$= -x\cos x + \sin x + C$$

- 定积分
$$\int_0^\pi x\sin x\,\mathrm{d}x = [x(-\cos x)]_0^\pi - \int_0^\pi (x)'(-\cos x)\,\mathrm{d}x$$
$$= [-x\cos x]_0^\pi + \int_0^\pi \cos x\,\mathrm{d}x$$
$$= \pi + [\sin x]_0^\pi$$
$$= \pi$$

📖 分部积分法是函数积的求导公式的逆运算

分部积分是**反向使用函数积的求导公式**。

函数积的求导公式: $[f(x)g(x)]' = f'(x)g(x) + f(x)g'(x)$

把这个式子对 x 积分就得到分部积分的公式。因此,最好将分部积分公式与函数积的求导公式一起记忆。

不过,在应用的时候需要一些小技巧。在要点中,我们用 $f(x) = x$,$g(x) = -\cos x$ 来计算 $x \sin x$ 的积分。与此相反,如果设 $f(x) = \sin x$,$g(x) = \dfrac{1}{2}x^2$,应用函数积的积分公式得到如下式子。

$$\int (\sin x) x \, \mathrm{d}x = \frac{1}{2}x^2 \sin x - \int \frac{1}{2}x^2 \cos x \, \mathrm{d}x$$

但是这样的话我们就必须计算函数 $\dfrac{1}{2}x^2 \cos x$ 的积分,这个问题比最初计算函数 $x \sin x$ 的积分更复杂。

总之,应用分部积分的公式并不一定能算出积分,不恰当的使用是无法算出积分的。

要用好公式,必须做大量的练习。在此基础上,提高你的直觉,从而能够更快、更准确地计算。

并非所有函数都可以积分,但考试中出现的式子应该都能算出积分。像解谜一样对待考试题也许是个不错的主意。

6.5 换元积分法

　　与分部积分法一样，换元积分法也是一种计算积分的方法。本条目可以说是高中数学的一道难关。学生以外的人浏览一下就可以了。

 要点

注意定积分的积分范围的变更。

换元积分法

在积分的计算中，用其他变量替换积分变量的方法。

在 $f[g(x)]$ 的积分中，设 $t = g(x)$，$dx = \dfrac{dx}{dt}\,dt$，因此得到如下式子。

● 不定积分：$\displaystyle\int f[g(x)]dx = \int f(t)\,\dfrac{dx}{dt}\,dt$

x	$a \longrightarrow b$
t	$\alpha \longrightarrow \beta$

● 定积分：$\displaystyle\int_a^b f[g(x)]dx = \int_\alpha^\beta f(t)\,\dfrac{dx}{dt}\,dt$

例：求函数 $f(x) = 2x(x^2 + 1)^3$ 从 0 到 1 的定积分。

设 $t = x^2 + 1$，$\dfrac{dt}{dx} = 2x$，因此 $dt = 2x\,dx$

$$\int_0^1 2x(x^2 + 1)^3\,dx = \int_0^1 2x\,t^3\,dx = \int_0^1 t^3\,2x\,dx$$

代入 $dt = 2x\,dx$，t 的积分范围如下表所示

x	$0 \longrightarrow 1$
t	$1 \longrightarrow 2$

因此 $= \displaystyle\int_1^2 t^3\,dt = \left(\dfrac{1}{4}\,t^4\right)_1^2 = \dfrac{15}{4}$

此外，设积分常数为 C，不定积分如下所示。

$$\frac{1}{4}t^4 + C = \frac{1}{4}(x^2 + 1)^4 + C$$

换元积分法是复合函数求导公式的逆运算

这里介绍的换元积分法是反向使用复合函数求导公式，如下所示。

$$\{f[g(x)]\}' = f'(t) \cdot g'(x)$$

$$\int f'[g(x)] \cdot g'(x)\, \mathrm{d}x = \int f'(t)\, \mathrm{d}t$$

$$\left(\frac{\mathrm{d}t}{\mathrm{d}x} = g'(x) \ \rightarrow \ \mathrm{d}t = g'(x)\, \mathrm{d}x \right)$$

复合函数求导 　　　　　　　　　　　　换元积分

换元积分法是在被积函数 $f'[g(x)]\, g'(x)$ 中，把变量 x 替换为 $t = g(x)$ 进行积分。不熟练的时候，可以将答案（积分之后的函数）求导，一边验证结果一边学习。

复合函数求导只需要简单地分别求导然后相乘就可以了，但在换元积分的情形中，因为积分变量从 x 变换为 t，因此处理起来比较复杂。要点有两个。

第一点是**必须选择变量使得换元后被积函数只包含所选的变量**。在要点的例子中通过设 $t = x^2 + 1$，得到只含有 t 的式子 t^3（没有 x 的项），然后积分。如果换元后还含有 x，就不能对 t 积分。

然而，如何选择换元变量，这只能靠多练习才能掌握。考试的题目无论如何总是能够求出积分的，请耐心练习。

第二点是**在定积分的情形，必须把 x 的积分范围变为 t 的积分范围**。在要点的例子中，当 $0 \leqslant x \leqslant 1$ 时，$t = x^2 + 1$ 的变化范围为 $1 \leqslant t \leqslant 2$，因此积分的范围发生了变化。

使用换元积分法需要注意的地方比较多，计算也比较麻烦，学生每次使用都要"抱头痛哭"。学生以外的人只需要认识到"它是反向使用复合函数求导的积分方法"就足够了。

6.6 积分与体积

　　如果不是学生，就不需要手动计算立体的体积。不过我希望你能最低限度地掌握立体的体积的计算方法，并可以通过截面积的积分来求出立体体积。

要点

把立体看作由无数块薄板拼接起来，从而求出立体的体积。

体积

立体用垂直于 x 轴的平面切割所得的截面积为 $S(x)$，则这个立体的体积可由下式求出。

$$V = \int_a^b S(x)\,\mathrm{d}x$$

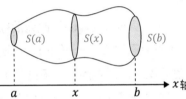

例：圆锥体积

如下图所示，求直线 $y = ax$ 绕 x 轴旋转一周所得的圆锥的体积。换句话说，圆锥的底面半径为 ah，高为 h。

$$V = \int_0^h S(x)\,\mathrm{d}x = \int_0^h \pi a^2 x^2\,\mathrm{d}x$$

$$= \pi a^2 \int_0^h x^2\,\mathrm{d}x = \pi a^2 \left(\frac{1}{3}x^3\right)_0^h$$

$$= \frac{1}{3}\pi a^2 h^3$$

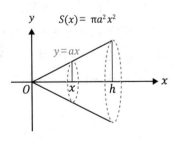

体积是把立体划分为无数块薄板算出的

在这里，我来解释用积分求体积的方法。

在本章的开头介绍积分的时候，我解释过积分是把图形划分为无数个矩形来求面积的方法。实际上，在求体积时也可以用同样的思路。

请看下图。例如，通过底面积 × 高求得圆柱体的体积。然而，无法求出不是沿高度的方向笔直伸展的立体体积。

积分的思路就是把这种立体分解为圆柱。可以通过底面积 × 高求出圆柱的体积，然后把划分的步长逐渐细化，其极限就是立体的真正体积。

换句话说，**可以通过立体的截面积对高度积分得到体积**。这里积分可以说是底面积 × 高的"高级乘法"。

此外，我们在要点的例子中计算了圆锥体的体积。初中的时候，我想你学过圆锥的体积是圆柱的 $\frac{1}{3}$。但你知道这是为什么。用高中数学的积分这个"武器"来计算立体体积，就可以看到 $\frac{1}{3}$ 这个数出现了。

6.7 曲线的长度

掌握用积分求曲线长度的理论。本节的思路很重要，但由于计算过于复杂，在考试中很少出现这类题目。

> **要点**
>
> **把曲线看作很短的直线段之和，从而求得曲线长度。**

曲线长度

$y = f(x)$的图像在$a \leqslant x \leqslant b$区间内的曲线长度$L$可以通过下面的公式求出。

$$L = \int_a^b \sqrt{1 + [f'(x)]^2}\, dx$$

例：求函数$y = f(x) = \dfrac{x^3}{3} + \dfrac{1}{4x}$在区间$1 \leqslant x \leqslant 2$内曲$x$线的长度。由于$f'(x) = x^2 - \dfrac{1}{4x^2}$，设曲线长度为$L$，则有

$$
\begin{aligned}
L &= \int_1^2 \sqrt{1 + \left(x^2 - \frac{1}{4x^2}\right)^2}\, dx \\
&= \int_1^2 \sqrt{\left(x^2 + \frac{1}{4x^2}\right)^2}\, dx \\
&= \int_1^2 \left(x^2 + \frac{1}{4x^2}\right) dx \\
&= \left(\frac{x^3}{3} - \frac{1}{4x}\right)\Big|_1^2 = \frac{59}{24}
\end{aligned}
$$

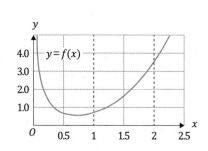

在这里，我将解释如何使用积分求曲线的长度。

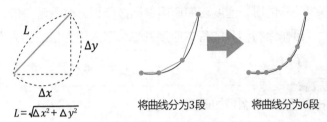

将曲线分为3段　　　　　将曲线分为6段

$L = \sqrt{\Delta x^2 + \Delta y^2}$

如上图所示，根据勾股定理，可以简单地计算出直线的长度为 $\sqrt{\Delta x^2 + \Delta y^2}$，但曲线的情形并非如此。

因此，将曲线划分为直线段。当然，如果将曲线划分为有限个直线段，则存在误差。不过，通过对曲线无限划分然后取极限，就可以求得曲线的真正长度。

但是，曲线的长度不同于面积和体积，它有一些复杂的因素。在这种情况下，求直线长度的积分式为 $\sqrt{(dx)^2 + (dy)^2}$，但它不是 $\int f(x)\,dx$ 的形式，因而无法计算。因此，进行如下公式变形把积分式变为 $f(x)dx$ 的形式，或者使用参变量把积分式变为 $f(t)dt$ 的形式计算积分。

$$L = \int \sqrt{(dx)^2 + (dy)^2} = \int \sqrt{1 + \left(\frac{dy}{dx}\right)^2}\,dx \quad \text{形如 } y = f(x) \text{ 的情形。}$$

$$L = \int \sqrt{(dx)^2 + (dy)^2} = \int \sqrt{\left(\frac{dx}{dt}\right)^2 + \left(\frac{dy}{dt}\right)^2}\,dt \quad \text{参变量描述的情形。}$$

在本章中，我们介绍了如何使用积分求面积、体积和长度。这些方法是一种模式，即把想要计算的对象划分为可计算的元素（矩形、圆柱体、直线）后求总和的极限值的模式。如果你能掌握这种模式，你就可以说你能理解积分了。

6.8 位置、速度和加速度的关系

位置、速度和加速度是通过微积分联系起来的。本条目作为微积分的基本应用领域，以入门为目的的人也应该了解。

要点

扎实理解"什么是加速度"。

直线上的位置（距离）、速度和加速度的关系

在 t 时刻，数轴上点 P 的位置（距离）$x = f(t)$。

- 在 t 时刻，点 P 的速度 $v = \dfrac{\mathrm{d}x}{\mathrm{d}t} = f'(t)$。

- 在 t 时刻，点 P 的加速度 $a = \dfrac{\mathrm{d}v}{\mathrm{d}t} = \dfrac{\mathrm{d}^2x}{\mathrm{d}t^2} = f''(t)$。

$$加速度 \quad \frac{\mathrm{d}v}{\mathrm{d}t} = \frac{\mathrm{d}^2x}{\mathrm{d}t^2} = f''(t)$$

$$速度 \quad \frac{\mathrm{d}x}{\mathrm{d}t} = f'(t)$$

位置 $x = f(t)$

例：我们知道，根据实验结果，地球上的物体下落 t s 后的速度 $v = 9.8\,t$ m/s，求 t s 后的加速度，以及当速度达到 9.8m/s 时物体下落的距离。

加速度 $a = \dfrac{\mathrm{d}v}{\mathrm{d}t} = (9.8\,t)' = 9.8$ (m/s²)

速度 $v = 9.8\,t$，因此当速度达到 9.8m/s 时，下落时间为 1s。

由于 $\dfrac{\mathrm{d}x}{\mathrm{d}t} = v$，$v$ 从 0 到 1s 积分得

下落距离 $x = \displaystyle\int_0^1 9.8t\,\mathrm{d}t = (4.9\,t^2)_0^1 = 4.9$ (m)

运动物体的速度、距离、时间存在如下关系: 距离 = 速度 × 时间。

正如本章所介绍的那样, 积分是一种"高级乘法", 即使速度随时间变化, 也能求出距离。换句话说, 如下图所示, 将速度关于时间的函数记作 $v(t)$, 通过将 $v(t)$ 对时间积分, 就能够求出距离。换言之, 我们可以说用 $v = v(t)$ 与 t 轴所围区域的面积表示距离。

距离 $X = \int_0^2 v(t)\mathrm{d}t$

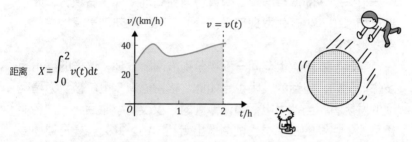

积分是求导的逆运算, 因此在时间 t, 距离的函数为 $x = f(t)$ 时, 则速度 $v(t) = f'(t)$。

虽然有点突然, 但我们在这里试着考虑 $v = f'(t)$ 对 t 再次求导, 得到 $a = f''(t)$。这个 a 是单位时间内速度变化的量, 被称为**加速度**。

这个加速度有一个重要的性质, 那就是, **物体所受到的力与加速度成正比**。将力记为 $F(t)$ (力随时间而变化, 是时间的函数), 物体的质量为 m, 则 $F(t) = ma$, 可以写成 $F(t) = m\dfrac{\mathrm{d}^2 x}{\mathrm{d}t^2}$, 这就是牛顿运动方程。

根据运动方程, 力 $F(t)$ 的第一次积分得到速度, 第二次积分得到距离。总之, 我们可以得到运动物体变化的信息。

从行星那样的巨大物体, 到小石子这样的小物体, 运动方程都能计算, 它是世界上一切运动的基础, 支撑着我们的便利生活。

牛顿与莱布尼茨构建了微积分

围绕微积分的发现，历史上曾经有过激烈的争端。

原因是学者牛顿和另一位学者莱布尼茨就谁先发现微积分起了争执。由于牛顿是英国人，而莱布尼茨是德国人，英国和德国的学术界开始互相指责和批评。

根据现在的调查结果，两人各自独立地发现了微积分，而不是互相模仿。牛顿先发现了微积分，而莱布尼茨则更早地在论文中发表了它。

在科学发展史上，同一事物分别被同时发现，这样的事常有发生。例如，电话的发明也是如此。格雷厄姆·贝尔被认为是电话的发明者，当他为电话申请专利时，仅仅两小时后，一位名叫伊莱沙·格雷的技术员也试图提出专利申请。此外，托马斯·爱迪生似乎也在同时期发明了电话。在时代背景下，科学的发展具有必然性。

回到微积分的话题，我们现在使用的微积分更接近于莱布尼茨的发明，例如 $\dfrac{\mathrm{d}y}{\mathrm{d}x}$ 和 $\displaystyle\int$ 等微积分的表示符号大部分都是莱布尼茨设计的。因为莱布尼茨的符号非常易于使用。

莱布尼茨对符号很感兴趣，并进行了深入研究。研究符号不是为了实用性，而只是单纯地追求"美"。不过，在追求美的同时发现了微积分。

数学之美，也许不是所有人都能够理解的。不过，追求美的结果，就是完成了有助于人类发展的微积分的发明成果。

第 7 章

高等微积分

7.0 导言

本章的学习内容对高中生也有好处

本章内容虽然超出了高中课程范围，但我将介绍在微积分应用上很重要的微分方程、多元函数及其微积分、线积分等。如果你对高中微积分有完整的理解，那么这些概念理解起来应该不难。

另外，学习高等微积分，对于加深理解基础微积分也有一定的效果，所以对于高中生来说本章内容是值得挑战的。对于从事应用数学工作的人来说，这些条目是必备知识。由于篇幅所限，本章没有给出详细的解释，如果你想越过字面含义进一步学习，请参考其他书籍。

微分方程的解是函数

这个世界是由微分方程驱动的。著名的微分方程包括**运动方程和麦克斯韦方程组**，运动方程描述了从小石子到星星的一切物体的运动，麦克斯韦方程组描述了电磁场的世界，是电子学的基础。

在试图用数学来描述世间的现象时，其核心是微分方程。可以说微分方程是现代科学技术的基础。

对于微分方程，我希望你首先了解的就是它们是**构建函数（表达式）的方程**。到目前为止，方程，比如 $2x + 1 = 3$，是求满足某个式子的数，但是求解微分方程会得到一个函数。这个解的表达式为我们提供了各种各样的知识。

在第 6 章中，我们介绍了求物体速度和加速度的计算方法。这与微分方程密切相关。通过求解运动方程，我们得到表示位置关于时间的函数 $x = f(t)$。通过对这个函数求导，可以**得到与物体运动相关的信息**，例如速度和加速度。

处理多元函数

到目前为止，我们已经处理了像 $y = f(x)$ 这样的单变量函数。然而，现实世界不能仅用单个变量来描述。即使只观察运动，目前我们只处理了数轴上的运动，但现实世界是三维的，因此我们需要 3 个变量。

本章讲解变量增多的函数 $y = f(x, y, z, \cdots)$ 的微积分。随着变量的增加，计算逐渐变得更复杂，因此计算本身大都交给计算机。但是，了解如何处理多元函数的基础知识非常重要。

对于以入门为目的来学习的人

请记住，微分方程是用于求"表达式（函数）"的方程。例如，运动方程和麦克斯韦方程组等物理方程。此外，微分方程的应用领域并不限于自然科学，例如，用于确定金融产品价格的布莱克–舒尔斯方程。

对于在工作中使用数学的人

通常不用手动求解微分方程，但学会微分方程的解法对于培养数学直觉而言很重要。此外，由于需要经常处理多元函数，因此要好好地掌握如何处理它们。

对于考生

虽然超出了高中课程范围，但如果你能理解高中的微积分，那么对于微分方程、偏微分、多重积分、线积分等，应该不用花很大力气就能看懂了。为了加深对微积分的理解，稍微多学习一点也是个不错的主意。

7.1 微分方程

以最低限度的入门为目的来学习的人，要了解什么是微分方程。我希望以实用为目的来学习的人要了解基本的微分方程求解方法。

微分方程的解是函数，不是数值。

包含未知函数导数的函数方程被称为微分方程。

例：微分方程 $\dfrac{\mathrm{d}x}{\mathrm{d}t} = x$ 的解为 $x = Ce^t$（C 为积分常数）。

📖 7.1.1 微分方程是求函数的方程

微分方程似乎很难，数学不好的人可能仅仅听到名字就吓跑了。但是，我希望这样的人至少知道一件事，那就是"**微分方程的解是表达式（函数）**"。

例如，一次方程和二次方程是以 x 为未知数、求 x 值的方程。另外，微分方程是"某个函数 $f(x)$ 求导，变成了该函数 2 倍的函数 $2f(x)$。$f(x)$ 是什么函数？"这样的求函数的问题。

为什么微分方程如此重要？因为世界上许多物理定律都是用微分方程描述的。

描述运动物体的运动方程、描述电和磁行为的麦克斯韦方程组和描述流体流动的纳维－斯托克斯方程都是微分方程。下面介绍的是麦克斯韦方程组。

$$\nabla \cdot \boldsymbol{B}(t,x) = 0 \qquad\qquad \nabla \cdot \boldsymbol{D}(t,x) = \rho(t,x)$$

$$\nabla \times \boldsymbol{E}(t,x) + \frac{\partial \boldsymbol{B}(t,x)}{\partial t} = 0 \qquad\qquad \nabla \times \boldsymbol{H}(t,x) - \frac{\partial \boldsymbol{D}(t,x)}{\partial t} = j(t,x)$$

麦克斯韦方程组（4 个微分方程）

首先，通常很难精确求解微分方程。教科书中介绍的例子要么是非常简单的问题，要么是考虑了能简单求解的式子形式的问题。

那么当我们真正将数学应用于现实世界时，应该怎么做呢？这个时候有两种可取的办法。第一种方法是**数值求解**。这种方法求得近似的数值解，而不是一个精确的公式（详见第 8 章）。第二种方法是**通过简化目标现象，用可求解的微分方程来表示的方法**。

即使在这种前提下，求解简单的微分方程对于培养数学直觉而言也很重要。在这里，我们将介绍最基础的方法，将其称为**变量分离法**。

（问题）求解微分方程 $\dfrac{\mathrm{d}y}{\mathrm{d}x} = 2y$。

把 y 的项集中到左边，把 x 的项集中到右边，（分离变量）$\dfrac{1}{2y}\mathrm{d}y = \mathrm{d}x$。

两边积分得 $\displaystyle\int \dfrac{1}{2y}\mathrm{d}y = \int \mathrm{d}x \to \dfrac{1}{2}\ln|y| = x + C$

取 e 的指数得 $|y| = \mathrm{e}^{2x+2c} \to y = \pm\mathrm{e}^{2c}\mathrm{e}^{2x}$

设积分常数 $C' = \pm\mathrm{e}^{2c}$，求得解为 $y = C'\mathrm{e}^{2x}$

微分方程就是这样解出来的。微分方程 $\dfrac{\mathrm{d}y}{\mathrm{d}x} = y$ 的解，即求导后形状不变的函数为 e^x。因此，在求解微分方程时，经常会出现自然常数的指数函数 e^x。

① 运动方程

当在物体上持续施加一个恒定的力时，通过运动方程 $F = m\dfrac{\mathrm{d}^2 x}{\mathrm{d}t^2}$，求该物体如何运动。

如右图所示，当一个 F 牛顿的力［1 牛顿（N）相当于约 0.1kg 重的力］作用在一个 m kg 的物体上时，t s 后物体是什么状态？我们认为力 F 是恒定的（不随时间变化）。

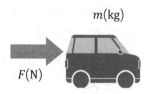

m(kg)

F(N)

该微分方程可以如下求解。

$$\frac{\mathrm{d}^2 x}{\mathrm{d}t^2} = \frac{F}{m} \text{两边对 } t \text{ 积分得} \quad \frac{\mathrm{d}x}{\mathrm{d}t} = \frac{F}{m}t + C_1$$

就像第 6 章所讲的那样，位置对时间的导数 $\dfrac{\mathrm{d}x}{\mathrm{d}t}$ 表示速度，因此可以看出该物体 t s 后的速度为 $\dfrac{F}{m}t + C_1$（m/s）。

接下来，为了求位置，把这个式子对 t 再次积分。

$$\frac{\mathrm{d}x}{\mathrm{d}t} = \frac{F}{m}t + C_1 \text{两边对 } t \text{ 积分得} \quad x(t) = \frac{F}{2m}t^2 + C_1 t + C_2 \text{。}$$

现在，我们知道将物体的位置表示为 $x(t) = \dfrac{F}{2m}t^2 + C_1 t + C_2$。

顺便说一下，这个式子包含两个积分常数 C_1 和 C_2。在解决数学问题时，积分常数给人的感觉就像"赠品"一样。但在现在这种情况下，它具有深刻的含义。

这里，C_1 是当 $t = 0$ 时的速度，C_2 是当 $t = 0$ 时的位置。它们被称为**初始条件**，是确定解所必须的条件。**即使解出了微分方程，如果不知道当前状态，就无法预测未来。**

② 放射性元素的衰变

在谈论放射性物质时，经常使用"半衰期"一词。让我们从数学上推导出这个半衰期。

由于放射性元素的衰变是随机发生的，衰变量与总质量成正比。

因此，在时刻 t（年），设放射性物质质量为 $N(t)$，则存在常数 λ，且下式成立。

$$\frac{\mathrm{d}N(t)}{\mathrm{d}t} = -\lambda N(t)$$

解这个微分方程得到下式。积分常数 C 为当 $t = 0$ 时放射性物质的质量 N_0，如下式所示。

$$N(t) = C\mathrm{e}^{-\lambda t} = N_0\mathrm{e}^{-\lambda t}$$

例如，碳的放射性同位素碳 14 会发生放射性衰变为氮 14。

这个衰变的半衰期是 5730 年。这时候，由于 $\dfrac{N(5730)}{N_0} = \dfrac{1}{2}$，因此

$\lambda = \dfrac{\ln 2}{5730} \approx 1.21 \times 10^{-4}$。

将这个式子用图画出来如下所示。最初在 $t = 0$ 时有 N_0 个，之后每 5730 年减半。

这种变化非常准确，因此它被用来推算动植物化石的年龄。

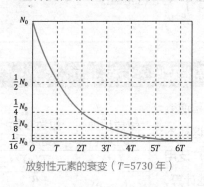

放射性元素的衰变（T=5730 年）

可以看到放射性元素的质量每年减半

7.2 拉普拉斯变换

拉普拉斯变换是一种求解微分方程的方法。不是从事电子电路设计或控制工程的人只需要快速浏览本节即可。

要点

👆 **拉普拉斯变换通常使用变换表来完成。**

对于函数 $f(t)$，由下式定义的函数 $F(s)$ 被称为 $f(t)$ 的拉普拉斯变换。

$$F(s) = \int_0^\infty f(t)\,\mathrm{e}^{-st}\mathrm{d}t$$

此外，从函数 $F(s)$ 计算原函数 $f(t)$ 的过程称为拉普拉斯逆变换，定义如下式所示。

$$f(t) = \lim_{p \to \infty} \frac{1}{2\pi i} \int_{c-ip}^{c+ip} F(s)\mathrm{e}^{st}\mathrm{d}s$$

📖 **通过拉普拉斯变换容易求解微分方程**

如上式所示，拉普拉斯变换和逆变换的定义含有复数域上的积分，这在本书中是相当高级的。然而，它被广泛用作求解微分方程，并且只需机械地计算，因此我在这里介绍它。

拉普拉斯变换的用法是，当给定一个微分方程时，使用右侧的变换表对式子进行变换。

重点是求导和积分。复杂的微积分

拉普拉斯 变换前	拉普拉斯 变换后
$f(t)$	$F(s)$
$a(t > 0)$	$\dfrac{a}{s}$
$\dfrac{\mathrm{d}x(t)}{\mathrm{d}t}$	$sX(s) - x(0)$
$\displaystyle\int_0^t x(u)\,\mathrm{d}u$	$\dfrac{1}{s}X(s)$
e^{-at}	$\dfrac{1}{s+a}$

计算可以被转化为简单地乘以 s 或除以 s 的代数计算。因此，**使用拉普拉斯变换，微分方程变得容易求解**。

应用 求解电子电路的微分方程

我来介绍一下应用拉普拉斯变换求解微分方程的例子。

有一个由电阻和线圈串联的电路，如右图所示。该电路的方程表示为上述微分方程。我们使用拉普拉斯变换来求解这个方程。

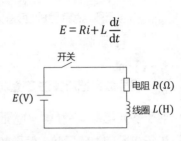

$$E = Ri + L\frac{di}{dt}$$

开关

$E(V)$　　电阻 $R(\Omega)$

线圈 $L(H)$

根据变换表对微分方程进行拉普拉斯变换得到中间的式子。于是导数消失了，变成了一个代数式。因此可以很容易地计算 $I(s)$。

$$E = Ri + L\frac{di}{dt} \quad\Rightarrow\quad \frac{E}{s} = RI(s) + LsI(s) \quad\Rightarrow\quad I(s) = \frac{E}{s(sL + R)}$$

　　　　　　拉普拉斯　　　　　　　　　　　　求解
　　　　　　变换

然后，根据变换表对 $I(s)$ 进行逆变换，就可以求得时域上的函数 $i(t)$。

$$I(s) = \frac{E}{s(sL + R)} \quad\Rightarrow\quad i(t) = \frac{E}{R}\left(1 - e^{-\frac{R}{L}t}\right)$$

　　　　　　拉普拉斯
　　　　　　逆变换

这是一个简单电路的例子，但随着元件数量的增加，式子变得更加复杂，这时拉普拉斯变换的好处就变得明显了。

使用拉普拉斯变换求解微分方程类似于**用对数进行计算**。对于对数的情形，通过对数表，把含有复杂乘除运算的计算转换为对数，将复杂的乘除运算变为加减运算，计算之后通过对数表把对数恢复为实际的数。

类似地，通过拉普拉斯变换对含有微积分运算的方程进行变换，将复杂的微积分运算变为 s 的乘除运算，计算之后再通过拉普拉斯逆变换将其恢复为想要的函数。

7.3 偏导数与多元函数

　　在实践中，经常会出现多元函数，所以这是必不可少的知识。我希望即使是以入门为目的进行学习的人也要知道"∂"表示偏导数。

要点

　　偏导数是把所关注变量以外的变量视为常数来进行求导。

对于多元函数 $z = f(x, y)$，把特定变量以外的其他变量视为常数进行求导称为偏导数。偏导数表示如下。

对 x 的偏导数：$\dfrac{\partial z}{\partial x}$，对 y 的偏导数：$\dfrac{\partial z}{\partial y}$

例：对于 $z = f(x, y) = x^2 + 3xy + 4y^2$

$\dfrac{\partial z}{\partial x} = 2x + 3y$，$\dfrac{\partial z}{\partial y} = 3x + 8y$

全微分

对于多元函数 $z = f(x, y)$，全微分定义如下。

$dz = \dfrac{\partial z}{\partial x} dx + \dfrac{\partial z}{\partial y} dy$

多元函数的导数是偏导数

　　到现在为止，我们只处理了 $y = f(x)$ 这样的单变量函数。然而，在将数学应用于实际问题时往往需要很多变量。在这里，我们将解释如何对这样的函数求导。

　　在处理多元函数时需要使用偏导数。到目前为止，导数的符号使用"d"来表示，例如 $\dfrac{dy}{dx}$。另外，像 $\dfrac{\partial z}{\partial x}$ 这样使用了"∂"的符号是偏导数。

　　偏导数本身很简单，只需要将感兴趣的变量以外的变量视为常量并进行求导就可以了。对于已经掌握了单变量求导的人来说，只要参照例子，就可以很快地理解这个过程。

另外，多元函数的导数不仅有偏导数，还有**全微分**的概念。偏导数是着眼于一个变量的导数，而全微分是把函数值的增量 dz 分别用每个变量的增量 dx 和 dy 表示的形式。

实际上，多元函数的全微分很少出现，所以首先要牢牢掌握偏导数。如果出现"∂"，请理解为"偏导数"。

另外，虽然在要点的例子中介绍了两个变量的例子，但是无论是 3 个变量还是更多，求导的思路都是一样的。

📺 应用　多元函数的最大值、最小值问题

使用偏导数最常见的目的是求函数的最小值和最大值。在这里我来介绍计算步骤。

（问题）求函数 $z = x^2 + 2y^2 + 2xy - 4x - 6y + 7$ 的最小值。

z 对 x 和 y 求偏导数得

$$\frac{\partial z}{\partial x} = 2x + 2y - 4 , \quad \frac{\partial z}{\partial y} = 4y + 2x - 6$$

令 $\dfrac{\partial z}{\partial x} = \dfrac{\partial z}{\partial y} = 0$，得 $x = 1$，$y = 1$。

这样我们就可以看到 z 在 $x = 1$、$y = 1$ 时取得的最小值为 2。

但是，**即使偏导数为 0，也不一定达到最小值**（是必要条件但不是充分条件）。**不要忘记确保它确实是最小的**。尽管如此，对于实际问题的情形，即使仅找到最小值和最大值的候选值也是有效的。

7.4 拉格朗日乘数法

在一定约束条件下求多元函数最大值和最小值的方法。

它非常有用且用途广泛。它也是统计分析必须的方法。

> 🖐 要点
>
> **需要检查得到的结果是否是真正的最大值/最小值。**

当 x、y 在满足条件 $g(x, y) = 0$ 的约束下变动时，对于使 $z = f(x, y)$ 取得最大值、最小值的 x、y，下式成立。

设 $F(x, y, \lambda) = f(x, y) - \lambda g(x, y)$

$$\frac{\partial F}{\partial x} = \frac{\partial F}{\partial y} = \frac{\partial F}{\partial \lambda} = 0$$

例：在 $x^2 + y^2 = 4$ 的条件下求 $f(x, y) = 4xy$ 的最大值。

由上式，设 $g(x, y) = x^2 + y^2 - 4$

$F(x, y, \lambda) = 4xy - \lambda(x^2 + y^2 - 4)$

$\dfrac{\partial F}{\partial x} = 4y - 2\lambda x = 0$ ············①

$\dfrac{\partial F}{\partial y} = 4x - 2\lambda y = 0$ ············②

$\dfrac{\partial F}{\partial \lambda} = x^2 + y^2 - 4 = 0$ ············③

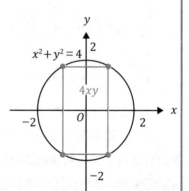

根据①、②得 $\lambda = 2, x = y$

代入③得 $x = y = \sqrt{2}$

把 $x = y = \sqrt{2}$ 代入 $f(x, y)$，可以算出函数取得的最大值为 8。

📖 拉格朗日乘数法不用考虑"为什么"

拉格朗日乘数法是一种简单且方便的方法。尽管如此,人们常常对它敬而远之,我认为其原因是人们搞不懂"为什么"通过这种方法可以求得极值。特别是突然出现的"λ",很难直观地理解其含义。

但是,从"使用"数学的角度来看,虽说不理解理论,但有方便的方法而不使用是非常可惜的。方法本身就是给想求极值的函数加上约束条件式的 λ 倍,从而构造出函数 F,然后分别求偏导数,求 x,y 满足求导所得到的式子,仅此而已。

理解理论并不容易。即使担心理论的人,首要是把这种方法作为一种形式来掌握。

拉格朗日乘数法是一种**通用方法**,即使存在 3 个以上的变量或多个约束条件式也可以使用。但请注意,使用此方法得到的结果只是最大值和最小值的候选值,**并不保证它们会取到最大值和最小值**。尽管如此,在实际问题中,如果得到最大值和最小值的候选值,那么只需要逐个验证即可。这种方法依然是有用的。

🖥 应用 统计分析的最大值和最小值

由于求最大值和最小值的问题在科学中随处可见,因此拉格朗日乘数法被广泛使用。

特别是在统计分析中,一般有很多变量。因此,拉格朗日乘数法很有用。例如在最小二乘法、主成分分析、因子分析等多元分析中也用到了它,所以想学大数据分析的人一定要掌握它。

7.5 多重积分

多重积分是指多元函数的积分法。求解思路并不难，如果理解了单变量函数的积分，你应该可以很容易地理解它。

要点

👉 **每次固定一个变量并重复积分两次。**

多元函数 $z = f(x, y)$ 对于 xy 平面的某个区域 G，z 值的积分表示如下，被称为 G 上 $f(x, y)$ 的多重积分。

$$\iint_G f(x, y)\, \mathrm{d}x\, \mathrm{d}y$$

G 为 $a \leqslant x \leqslant b$ 并且 $c \leqslant y \leqslant d$ 的区域

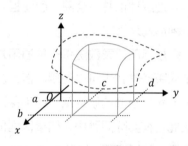

例：计算下述多重积分。

$$\iint_G (2y^2 - xy)\, \mathrm{d}x\, \mathrm{d}y$$

G 为 $1 \leqslant x \leqslant 3$ 并且 $1 \leqslant y \leqslant 2$ 的区域

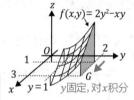

$$\int_1^2 \int_1^3 [(2y^2 - xy)\mathrm{d}x]\mathrm{d}y = \int_1^2 \left[2xy^2 - \frac{1}{2}x^2y \right]_1^3 \mathrm{d}y$$

$$= \int_1^2 \left[\left(6y^2 - \frac{9}{2}y \right) - \left(2y^2 - \frac{1}{2}y \right) \right] \mathrm{d}y$$

$$= \int_1^2 (4y^2 - 4y)\, \mathrm{d}y$$

$$= \left[\frac{4}{3}y^3 - 2y^2 \right]_1^2 = \left(\frac{32}{3} - 8 \right) - \left(\frac{4}{3} - 2 \right) = \frac{10}{3}$$

📖 多元函数的积分是多重积分

多元函数的积分是**多重积分**。对于掌握了单变量的积分的人来说，该方法本身很容易理解。像例题中那样，在对 $dxdy$ 和 x, y 两个变量进行积分时，首先**固定一个变量并积分**（在例题中，固定 y 并对 x 积分）。然后**再对另一个变量积分**。

即使变成了多重积分，积分的意义本质上仍然是乘法。如果变量 x, y, z 都表示长度，则 $\int y \, dx$ 是用长度 × 长度来表示面积。而 $\iint z \, dxdy$ 是用长度 × 长度 × 长度来表示体积。

本节介绍了两个变量的例子。同样的逻辑对于 3 个变量和 4 个变量也是成立的。计算虽然变得更复杂，但思路是一样的。

💻 应用　根据密度算出重量

像石头这样的三维物体可以用 x, y, z 3 个维度来表示。如果密度 D 是 x, y, z 的函数，则 $D(x, y, z)$ 对 x, y, z 的三重积分就是石头的重量。如果物体的密度是恒定的，则简单地进行乘法就可以了，但是如果物体的密度发生变化，则需要使用积分。

即使在流体领域，有时候也把密度作为变化量并积分来计算重量。此外，它还被广泛用于构成科学技术基础的方程，例如在电磁学中对电荷密度进行积分并求得电荷量。

7.6 线积分与面积分

　　有时候要在任意曲线或曲面上进行积分。它对电磁学和流体力学等领域的研究人员和工程师而言尤其重要。

> **要点**
>
> **线积分不是求积分路径的长度。**

线积分

对于函数 $f(x, y)$，如下图所示沿曲线 C 的积分被称为线积分（r 为曲线 C 的元素，$\Delta r \to 0$ 的微小极限为 dr）。

$$\int_C (x, y)\, dr$$

特别地，像 C' 这样的闭合路径（起点和终点相同）的情形，线积分表示如下。

$$\oint_c f(x, y)\, dr$$

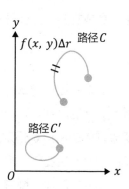

面积分

对于函数 $f(x, y, z)$，将如下图所示在曲面 D 上的积分称为面积分（S 为曲面 D 的元素，$\Delta S \to 0$ 的微小极限为 dS）。

$$\int_D f(x, y, z)\, dS$$

有时也用二重积分的符号来表示。

$$\iint_D f(x, y, z)\, dS$$

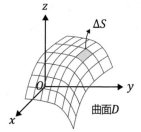

📖 多元函数有很多积分路径

对于像 $z = f(x, y)$ 这样的多元函数，我们可以在各种不同的区域中进行积分。上一节介绍的多重积分是在区域 $a \leqslant x \leqslant b, c \leqslant y \leqslant d$ 内，也就是在一个矩形内进行积分。除此之外，还有在曲线上积分和在曲面上积分等方法，分别被称为**线积分**和**面积分**。在这里，我们只解释概念，不讨论具体的计算方法。

要点中显示了 xy 平面上沿路径 C 积分的线积分。注意这个图中的 xy 平面只显示了变量 x 和 y，如果要显示 $f(x, y)$ 的值，那就需要另外的数轴。在这里，对函数 $f(x, y)$ 与路径 C 上的微小线单元 Δr 的乘积之和 $\sum f(x, y)\Delta r$ 取 $\Delta r \to 0$ 的极限，就得到了线积分。线积分可以有多个路径，即使起点和终点相同也是如此。而且，一般来说，各个积分值是不相同的。

对于面积分，要点中显示了在曲面 D 上对 $f(x, y, z)$ 进行积分的例子。图中的 xyz 空间仅显示了变量 x, y, z。要放入函数 $f(x, y, z)$ 的值就需要另外的数轴（第 4 轴）。在这里，对函数 $f(x, y, z)$ 与 ΔS 的乘积之和 $\sum f(x, y, z)\Delta S$ 取 $\Delta S \to 0$ 的极限，就得到面积分。

🖥️ 应用 计算每条路径所需要的能量

在物理世界中，将力乘以距离称为功，它表示给予物体的能量。这里，设在 xy 平面上的物体受力为 $\boldsymbol{F}(x, y)$ 且路径为 $\boldsymbol{r}$，则路径 C_1 和 C_2 所需的能量分别如下式所示（力 $\boldsymbol{F}$ 和路径 $\boldsymbol{r}$ 是第 11 章中介绍的向量函数）。

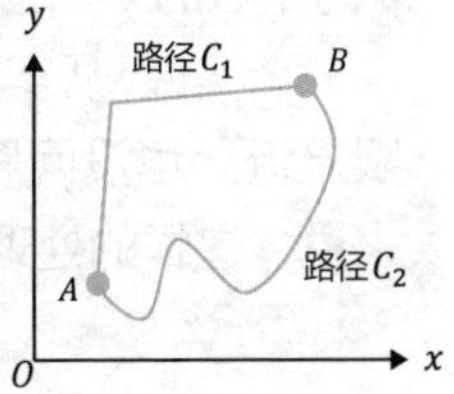

$$\int_{C_1} \boldsymbol{F}(x, y) \cdot \mathrm{d}\boldsymbol{r} \qquad \int_{C_2} \boldsymbol{F}(x, y) \cdot \mathrm{d}\boldsymbol{r}$$

进行此计算就可以找出各种路径所需的能量。

ε-δ 语言

在讲极限的时候，我把 $\lim\limits_{x \to c} f(x) = L$ 解释为"当 x 无限接近 c 时，$f(x)$ 无限接近 L"。

但是，很多人对这种解释感到别扭。通常数学在定义东西的时候是很严密的，任何人看了都清晰无歧义。但是，这里却使用了"无限""接近"等主观感觉的词。

这种歧义性是数学家最讨厌的，因此大学数学很好地解决了这种歧义。解决方法就是这里介绍的 ε-δ 语言。

ε-δ 语言的极限定义

$$\lim\limits_{x \to c} f(x) = L$$

对于任意的正实数 ε，存在正实数 δ，如果 $0 < |x - c| < \delta$，就有 $|f(x) - L| < \varepsilon$ 成立。

很难把它解释得简单易懂。只作为大体印象的话，可以按照如下方式处理。

设 ε 为函数 $f(x)$ 可以取值的范围，δ 为 x 和 c 的接近程度。这时候，如果 δ 很小（即 x 和 c 很接近），$f(x)$ 就可以包含在以 L 为中心的 ε 范围内，并且无论 ε 多小，都可以找到 δ。

老实说，从实用数学的角度来看这没什么用，将其理解为"无限接近"也没问题。但是，对于那些想要走上真正数学道路的人来说，这样的处理就变得非常重要。

第 8 章

数值分析

导言

没有指令，计算机什么也做不了

人们通常会认为"计算机是非常擅长复杂计算的万能计算器"。

但是，实际上仅靠计算机（CPU）无法执行很复杂的计算。计算机只能执行四则运算：加法、减法、乘法和除法。甚至在不久之前，它连乘法和除法也不能完成。

尽管如此，现实中计算机的确在执行着很复杂的计算。例如，计算复杂的特殊函数、求解微分方程等。这意味着，程序员编写了使计算机能够仅通过四则运算来执行复杂的计算的程序。

根据这种程序的计算方法（算法）的不同，计算的精度和时间开销会有很大差异。我经常听到"计算机硬件的进化使得以前不可能的计算成为可能"。不过，这不仅是硬件上的进步，更是计算方法的进步。研究这种计算方法的数学领域就是**数值分析**，它是本章的主题。

这种技术是真正的无名英雄，普通人甚至都不会注意到它的存在。我希望本书的读者能够了解到，正是这样的技术在支撑着我们的社会。

数值处理的难度

数学世界是严谨的，定律是 100% 成立的，没有例外。通过数学式子变形所得到的解被称为**解析解**。通过数值分析近似得到的解被称为**数值解**。

例如，如第 6 章所述，积分一般无法计算解析解，因此必须通过数值解来计算。另外，如果原始数据是测量结果等数值，那就不得不选择数值计算。

数值总是包含误差，因此**误差分析**很重要。如果误差处理出错，就会经常发生意想不到的错误。这种处理就像匠人的手艺一样，有很多依赖于直觉和经验的部分。数值分析是数学的一个专业领域，而且非常深奥。

本章介绍基本的数值计算方法。但是，在实际应用中存在许多细节（但重要）的问题。因此请注意，基本方法要经过各种修改后再使用。

对于以入门为目的来学习的人

无须学习本章中的细节。顶多认识到计算中有深奥的技术就足够了。

对于在工作中使用数学的人

这里介绍的只是初步方法，因此最好要记住最低限度的术语。如果有余力，你可以使用电子表格软件等进行实际计算来加深你对技术的理解。

根据条件的细微不同，计算结果可能会有差异，因此在自己实施的时候需要格外小心。

对于考生

高中生不必涉足这个领域。上大学以后再好好学习吧。除非有课外活动等个别的课题需要……

8.1 线性近似公式

函数在某个小区间内可使用直线近似的方法。由于这是一种简单的方法，因此被用在许多地方。

 要点

如果变化很小，函数可以用切线来近似。

在函数 $f(x)$ 中，当 $x \approx a$ 时，可以近似表示如下。

$$f(x) \approx f(a) + f'(a)(x - a)$$

例：$f(x) = x^2$ 在 $x = 2$ 附近的近似

$f(x) \approx 4 + 4(x - 2) = 4x - 4$

$f(x) = \sin x$ 在 $x = 0$ 附近的近似 $f(x) \approx \sin 0 + x \cos 0 = x$

$f(x) = \mathrm{e}^x$ 在 $x = 0$ 附近的近似 $f(x) \approx \mathrm{e}^0 + x\mathrm{e}^0 = 1 + x$

📖 函数用切线来近似

例如，在进行计算时需要 $\sqrt{4}(2)$ 附近的大量数据，如 $\sqrt{4.01}$、$\sqrt{3.98}$、$\sqrt{4.02}$ 等。这似乎是一个不合理的设定，但在使用数学时这是很常见的。

在这种情况下最简单的方法是"由于 $\sqrt{4.01}$ 接近 $\sqrt{4}$，因此取近似值 2"。不过，有一个方法可以再稍微提高精度。

这个方法就是使用**切线**。在 $x = 4$ 附近的范围内，例如下图中的 $x = a$，函数值大约可以看作切线值。如果使用这条切线进行计算，就可以得到具有一定精度的数。

此外，这里所说的"附近"是相

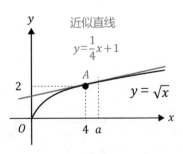

对于函数的变化而言的。因此无法显示具体的范围。

应用 单摆的等时性是近似的

你还记得在物理课上学过的单摆等时性吗？

对于右图所示的单摆，单摆的周期（A → C →
B → C → A 返回到同一位置所需要的时间）总是相
同的，与摆锤的重量和摆动的角度（图中的 θ）无
关，这是物理定律。

在推导该定律的过程中，用到了本节所讲的
线性近似公式。

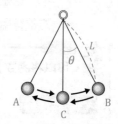

单摆的运动方程如下所示，其中 L 是摆线的长度，
M 是重物的重量，g 是重力加速度。此外，这里 θ 的
单位是弧度。

使用近似公式
$\sin\theta \approx \theta$
就可以解微分方程

$$ML\frac{\mathrm{d}^2\theta}{\mathrm{d}t^2} = -Mg\sin\theta$$

如果这里 θ 很小（不会有很大摆动），那么使用
线性近似公式 $\sin\theta = \sin(0) + \theta\cos(0)$ 对 $\sin\theta$ 进行近似，可以得到
$\sin\theta \approx \theta$。

接下来就只是一些计算，这里就不详细写了，解这个微分方程，
得到的周期为 $2\pi\sqrt{\dfrac{L}{g}}$。也就是说，我们可以推导
出周期仅由摆线长度 L 和重力加速度决定。

但是，我们在这个计算过程中使用了近似公
式 $\sin\theta \approx \theta$。**这个公式仅适用于 θ 较小的情况**。
不使用近似公式计算，精确地求出的周期如右表
所示（设摆线的长度：$L = 1$m）。从表中可以看
到，如果 θ 较小，则周期大致恒定，但如果 θ 变
大，周期就会产生明显偏差。

θ	周期
1°	2.006s
5°	2.007s
10°	2.010s
30°	2.041s
90°	2.368s

泰勒展开式、麦克劳林展开式

这是用直线近似某个小区间内的函数的方法。在很多地方都有用到，所以要了解它。

 要点

可以将函数 $f(x)$ 展开为 x^n 的多项式。

泰勒展开式

可以将函数 $f(x)$ 展开为 $(x-a)^n$ 的多项式，如下所示。

$$f(x) = f(a) + f'(a)(x-a) + \frac{1}{2!}f''(a)(x-a)^2 + \frac{1}{3!}f'''(a)(x-a)^3 + \cdots$$

$$= \sum_{n=0}^{\infty} \frac{1}{n!} f^{(n)}(a)(x-a)^n$$

其中 $f^{(n)}(x) \rightarrow$ 函数 $f(x)$ 的 n 阶导数。$n! = 1 \times 2 \times \cdots \times n$。

表克劳林展开式

特别地，在上面的公式中，当 $a = 0$ 时（在 $x = 0$ 处展开时）称之为麦克劳林展开式。

$$f'(x) \approx f(0) + \frac{f'(0)}{1!}x + \frac{f''(0)}{2!}x^2 + \frac{f'''(0)}{3!}x^3 + \frac{f''''(0)}{4!}x^4 + \cdots$$

$$= \sum_{n=0}^{\infty} \frac{f^{(n)}(0)}{n!}x^n$$

例：有代表性的函数的麦克劳林展开式。

$$e^x = 1 + x + \frac{x^2}{2!} + \frac{x^3}{3!} + \frac{x^4}{4!} + \cdots$$

$$\ln(1+x) = x - \frac{x^2}{2} + \frac{x^3}{3} - \frac{x^4}{4} + \frac{x^5}{5} - \cdots$$

$$\sin x = x - \frac{x^3}{3!} + \frac{x^5}{5!} - \frac{x^7}{7!} + \frac{x^9}{9!} - \cdots$$

$$\cos x = 1 - \frac{x^2}{2!} + \frac{x^4}{4!} - \frac{x^6}{6!} + \frac{x^8}{8!} - \cdots$$

📖 麦克劳林展开式用 x^n 之和来表示函数

泰勒展开式的公式看起来很难，但本质其实没那么难。我希望你掌握以下两点。

第一点是**函数可以通过 $(x - a)^n$ 这种简单函数之和来表示**。这些简单函数仅通过四则运算就可以计算。例如，当你要数值计算 $e^{2.5}$ 时，应该怎么做呢？在这种情况下，有一个办法，那就是把它展开来计算。只要是以 $(x - a)^n$ 之和的形式，即使是计算器也能计算。

第二点是**每一项的分母中都有阶乘** $n! = 1 \times 2 \times \cdots \times n$。阶乘增长得如此之快，以至于实际上可以忽略高阶项。此外，如果 $x - a$ 的绝对值小于 1，则 $(x - a)^n$ 也会急剧减小。因此，只使用低阶的项就可以很好地近似。

顺便说一下，上一节介绍的线性近似是**只提取泰勒展开式的常数项和一阶项**。

麦克劳林展开式是**泰勒展开式在 $a = 0$ 时的特殊情形**。可以将 e^x 和 $\sin x$ 可以表示为 x^n 之和的形式。只要看具体的例子，你就会产生印象。

📺 应用 使用对数表进行计算

计算机在进行计算时，会用到麦克劳林展开式。由于计算机只能进行四则运算，因此无法直接进行三角函数等计算。于是，人们使用泰勒展开式和麦克劳林展开式把函数展开来计算。在我们熟悉的例子中，例如用计算器计算平方根时，也会用到这种展开式。

不过，由于精度、计算速度等各种问题的存在，不能直接照原样去应用这里介绍的方法。专家们想方设法地开发了各种快速且精度高的算法。

8.3 牛顿迭代法

牛顿迭代法是一种通过数值计算来解方程的方法。你只要了解该方法是用切线来求近似解的就足够了。

要点

可以得到方程的近似解，但初始值的选取很难。

在曲线 $y = f(x)$ 上，考虑 $y = f(x)$ 在某个点 $P_0\left[x_0, f(x_0)\right]$ 的切线与 x 轴的交点 $(x_1, 0)$。如下图所示，可以说 x_1 比 x_0 更接近方程 $f(x) = 0$ 的解。进一步考虑 $P_1\left[x_1, f(x_1)\right]$ 的切线与 x 轴的交点 $(x_2, 0)$，x_2 比 x_1 更接近解。

因此，如果反复进行这个操作得到 x_0，x_1，x_2，…，就可以求得方程 $f(x) = 0$ 的近似解。这个方法被称为牛顿迭代法。

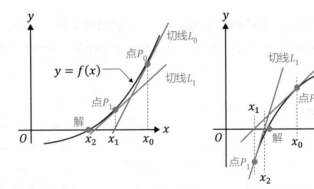

用切线解方程的方法

如上图所示，牛顿迭代法是一种通过反复求切线与轴的交点来解方程的方法。首先，请通过读图来直观地理解这个方法是在做什么。

在数值求解方程的方法中，这个方法比较容易理解，并且求解所

170

需要的迭代次数比较少。

但是，这个方法存在一个问题，即如何选取初始值 x_0，特别是在有多个解的情况下。请看下图。

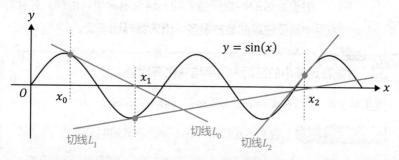

这是三角函数的例子。虽然它最终会收敛到其中一个解，但会达到哪个解在很大程度上取决于初始条件（如何取 x_0）。总之，对于有多个解的情形要小心。

这里就不详细解释了，但数学上已经给出了近似解收敛的条件，有兴趣的人可以去查阅相关资料。

应用 让计算机解方程

在用计算机解方程的时候会用到牛顿迭代法。但是，在应用到实际问题时会产生各种各样的问题，例如前面提到的"如何确定初始值 x_0"的问题、有多个解时的应对方法、不收敛（近似解不趋近于某个恒定的值）时的应对方法等。

即使只看其中一个问题，例如在不收敛的时候，也有很多事情要考虑，比如方程的解是否真的不存在、初始值是否不合适等。给出通用算法出乎意料地困难。可以说这是一项需要高水平专业知识和经验的工作。

171

8.4 数值微分

由于数值的导数只是差商，理论很简单。但是，在实际使用中需要注意的地方很多，出人意料地深奥。

> **✍ 要点**
>
> **导数在足够小的区间内用平均变化率代替。**
>
> 当函数 $y = f(x)$ 在 $x = a$ 处求导时，使用如下方法。
>
> **向前差商公式**（取 $x = a$ 和 $x = a + h$ 的函数值的差商）
>
> $$f'(a) = \frac{f(a+h) - f(a)}{h}$$
>
> **向后差商公式**（取 $x = a$ 和 $x = a - h$ 的函数值的差商）
>
> $$f'(a) = \frac{f(a) - f(a-h)}{h}$$
>
> **三点公式**（取 $x = a$ 和旁边 2 个点的函数值的差商）
>
> $$f'(a) = \frac{f(a+h) - f(a-h)}{2h}$$

📖 在数值计算中，导数就是差商

通过数值计算进行求导很简单。为了求某个点的切线斜率，计算某个区间内的平均变化率，然后让区间趋于 0 取极限。这是求导的定义。

另一方面，在数值计算的情况下，我们无法取极限。为此，**我们把小区间内的平均变化率直接当作导数**。

也许有人会认为严格来说这不是导数，因为它只是求出了平均变

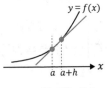

$$f'(a) = \frac{f(a+h) - f(a)}{h}$$

化率。这么说的确没错，不过，在数值计算领域通常称之为导数。

应用 自行车加速数据的求导

我来展示一个使用数值微分的实例。在处理真实数据时必须要注意的是**数值数据是离散的**而且**数据包含误差**。

举个例子，对于自行车逐渐加速时的时间 – 距离数据，我们试着从中求出速度。在这里，将距离 x 作为时间的函数（每隔 $0.02s$）假定为 $x = t^2$，并且有意包含 1.5% 的误差。从图中可以看出，t 和 x 之间的关系整齐地按照 $x = t^2$ 变化。误差没有影响。

另一方面，求导应该得到 $\dfrac{\mathrm{d}x}{\mathrm{d}t} = 2t$，但是如果通过向前差商公式来求导，可以看到数据很乱，精度下降（黑点）。**必须要注意，导数值很容易受到数据误差的影响。**

现在让我们应用三点公式（蓝点）。从公式中可以看出，三点公式相当于把 h 加倍。于是，误差被平均，比起向前差商公式（黑点），数据变得更漂亮。

对数学式求导时，h 越小越好。但是因为存在误差，实际数据并非总是如此。如果数据变得很乱，也可以用其他方法进一步扩大 h，例如五点近似公式和七点近似公式。

当然，在这种情况下，如果求平均变化率的范围内函数值变化很大，计算的精度会下降，所以要小心。总之，数值微分是一件很微妙的事情。

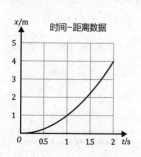

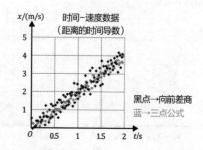

8.5

数值积分
（梯形公式、辛普森公式）

本节内容从直观上看很显然。要了解用梯形之和求曲线面积的方法和用抛物线求曲线面积的方法。

要点

👆 **将矩形变更为梯形或抛物线以提高精度。**

函数$y = f(x)$从a到b的积分值$S = \int_a^b f(x)\,dx$，以n为划分数（辛普森公式在每个区间内需要 3 个点，因此需要 $2n$ 的函数值），通过以下方法进行数值计算。

矩形近似公式

$$\frac{b-a}{n}[f(x_0) + f(x_1) + \cdots + f(x_{n-1})]$$

梯形公式

$$\frac{b-a}{2n}\{f(x_0) + 2[f(x_1) + f(x_2) + \cdots + f(x_{n-1})] + f(x_n)\}$$

辛普森公式（抛物线近似）

$$\frac{b-a}{6n}\{f(x_0) + 4[f(x_1) + f(x_3) + \cdots + f(x_{2n-1})]$$
$$+ 2[f(x_2) + f(x_4) + \cdots + f(x_{2n-2})] + f(x_{2n})\}$$

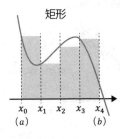

矩形

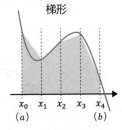

梯形

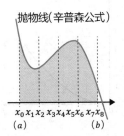

抛物线(辛普森公式)

📖 基于什么来求面积

数值积分的方法很简单，只需将区域划分然后相加即可求得面积。但是，根据划分图形的不同，有 3 种典型的方法（参见第 174 页的图）。

第 1 种方法是简单地用矩形来划分的方法。这与积分定义中介绍的方法相同。

第 2 种方法是用梯形来划分的方法。将梯形面积公式（上底 + 下底）× 高 ÷ 2 应用于每个区域并将各个区域面积加在一起。

第 3 种方法是用抛物线来划分的方法，被称为辛普森公式。通过 x_0、x_1、x_2（x_1 为中点）3 点的抛物线与 x 轴所围图形的面积可以表示为 $\frac{h}{3}[f(x_0) + 4f(x_1) + f(x_2)]$，这里 $h = x_1 - x_2 = x_2 - x_3$。利用这个公式然后把它们加起来就是辛普森公式。应用于曲线时，这个方法比矩形法和梯形法精度高。

💻 应用 指数函数积分值的计算

使用这里介绍的方法对指数函数 e^x 从 0 到 2 进行积分的结果如下表所示。分别通过 4 等分（每份 0.5）和 8 等分（每份 0.25）来应用公式（辛普森公式使用 3 个点，因此分别是 2 等分和 4 等分）。

可以看到，随着划分数增加，误差的确在变小。此外，还可以看到辛普森公式的精度非常好，因为它近似曲线。在应用于实际问题时，存在像下表那样的误差，认识到这一点之后，通过可以达到所需要精度的划分数进行积分。

近似值及其误差： 真值 6.389 06

（数值四舍五入到小数点后第 5 位。）

	矩形近似	梯形公式	辛普森公式
4 等分	8.118 87 误差：+ 27.0%	6.521 61 误差：+ 2.1%	6.391 21 误差：+ 0.034%
8 等分	7.220 93 误差：+ 13.0%	6.422 30 误差：+ 0.52%	6.389 19 误差：+ 0.002%

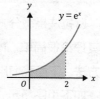

8.6　微分方程的数值解法（欧拉法）

　　它是求解微分方程最基本的方法。尽管由于精度原因而很少在实践中使用，但它非常适合作为入门知识学习，因为它很简单。

> 👆 **要点**
>
> **虽然简单，但是误差会累积，精度不够好。**
>
> 数值求解微分方程 $\dfrac{\mathrm{d}y}{\mathrm{d}x} = f(x,y)$ 时，设 h 为差分，$h = x_{n+1} - x_n$，如下所示的求 y_n 的方法被称为欧拉法。
>
> $y_1 = y_0 + h\,f(x_0,\,y_0)$
> $y_2 = y_1 + h\,f(x_1,\,y_1)$
> $\vdots$
> $y_{n+1} = y_n + h\,f(x_n,\,y_n)$
>
> 例：用欧拉法求解 $\dfrac{\mathrm{d}y}{\mathrm{d}x} = x + y$。（初始条件：当 $x = 0$ 时 $y = 1$）
>
> 设解为 $y(x)$，则初始条件为 $y(0) = 1$。
>
> 设 $f(x,\,y) = x + y$，$h = 0.2$，应用欧拉法可得
>
> $y_0 = y(0) = 1$
> $y_1 = y(0.2) = y_0 + h \times f(x_0,\,y_0) = 1 + 0.2(0 + 1) = 1.2$
> $y_2 = y(0.4) = y_1 + h \times f(x_1,\,y_1) = 1.2 + 0.2(0.2 + 1.2) = 1.48$
> $y_3 = y(0.6) = y_2 + h \times f(x_2,\,y_2) = 1.48 + 0.2(0.4 + 1.48) = 1.856$
> $y_4 = y(0.8) = y_3 + h \times f(x_3,\,y_3) = 1.856 + 0.2(0.6 + 1.856) = 2.3472$
> $y_5 = y(1.0) = y_4 + h \times f(x_4,\,y_4) = 2.3472 + 0.2(0.8 + 2.3472) = 2.976\,64$

📖 8.6.1　欧拉法是用切线来近似曲线

　　欧拉法是微分方程最原始的数值解法。从式子上看似乎非常复杂，但其理论很简单。简而言之，欧拉法是一种**使用切线来近似函数增量**的方法。下面我们用图形来解释它。

　　如下页图所示，设曲线 $y = y(x)$ 是给定微分方程的真正的解。这

里$y = y(x)$上的点(x_n, y_n)的切线斜率由微分方程给出。也就是说，由于$\dfrac{\mathrm{d}y}{\mathrm{d}x} = f(x, y)$，故斜率为$f(x_n, y_n)$。将其乘以$h$就得到$y$的增量。这样，用切线近似$x_n$和$x_{n+1}$之间的曲线，依次计算出函数值。

这种方法虽然很简单，但容易累积误差，因为它用切线近似并且把含有误差的值用于计算下一个点。因此，在实际中用计算机求解微分方程时，主要采用改进的方法（龙格－库塔法等）。

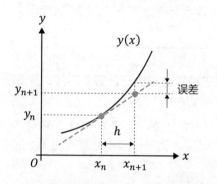
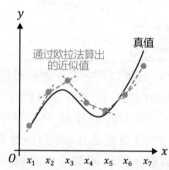

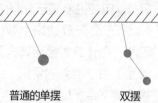

8.6.2 双摆的运动

在物理考试中经常出现单摆的问题，可以相对容易地分析它的运动。但是，如图所示仅仅将摆变作两层，问题就变得非常困难。双摆的运动方程已经无法用数学公式求解，不得不依靠数值分析。

通过研究微分方程的数值解法，分析这样的运动已经成为可能。这导致了一种被称为"混沌"的复杂运动被发现，开辟了物理学的新世界。

普通的单摆　　　　双摆

计算机用二进制进行计算

你是否听说过"计算机只能理解 0 和 1"？作为计算机大脑神经元的半导体，高电压对应 1，低电压对应 0，所有的计算都是通过它们的组合来执行的。这就是在计算机世界中使用二进制的原因。

二进制是一种仅用 0 和 1 来表示所有数的方法，如下表所示。

十进制	0	1	2	3	4	5	6	7	8	9	10
二进制	0	1	10	11	100	101	110	111	1000	1001	1010

你通常不会意识到计算机在用二进制执行计算。不过，使用 Excel 时，可以窥见二进制的"一鳞半爪"。

右下方的表格显示了在 Excel 中从 10 反复减去 0.1 和从 12.5 反复减去 0.125 时的计算结果。对于从 10 反复减去 0.1 的情形，在应该等于 0 的地方变成了一个非常小的数 $1.88E\text{-}14(10^{-14})$。另外，0.125 的情形则恰好为 0。

用二进制精确地将 $0.125(2^{-3})$ 表示为"0.001"。另外，用二进制表示 0.1 时，0.1 是一个无限循环小数。因此，在计算时会出现舍入误差。由于误差的累积，计算结果不会严格等于 0。

反复减去 0.1	反复减去 0.125
10.0	12.5
9.9	12.375
9.8	12.25
9.7	12.125
0.5	0.625
0.4	0.5
0.3	0.375
0.2	0.25
0.1	0.125
1.88E-14	0

通过这样一个简单的处理过程，我们就可以知道计算机是用二进制计算的。

第 **9** 章

数列

导言

学习数列的意义是学习离散

如果被问到"什么是数列？"，答案很简单。只要是将**数排列起来**，都可将其称为数列，例如 1, 4, 5, 3, 2, … 。说到数列，也许很多人会想起初中入学考试的题目，例如有数列"1，2，6，□，31，56，…"，根据规律求□内填入的数字。但实际上即使没有什么规律性，数列也是数列。

为什么要学习数列？如果要从本质上回答这个问题，我的看法是**为了进入离散数学的世界**。

到目前为止，我们所学的数学是一个连续的世界。例如，函数 $f(x) = x^2$ 是连续的。虽然在本书中没有深入展开说明，但从直观上来说，连续就是所有的点都连在一起的状态。$f(x)$ 上的点都是光滑地连在一起。而且由于 $f(x)$ 是连续的，求导和积分才能够顺利进行。

另外，在离散数学的世界里，$f(x) = x^2$ 变成了数列。换句话说，它变成了 $a_n = 1, 4, 9, 16, 25, 36, …, n^2$ 这样的数的序列。此时 1 和 4 是不连续的，它们之间没有数，是离散的世界。在这种情况下，导数是与相邻项之差，积分是多个项之和。

你觉得奇怪吗？但在现实世界中，这很正常。例如，做一个科学实验并获取温度数据。这是在某个时间的某个温度，是离散数据。此外，由于现在的计算机是数字化的，只能处理离散数据。放眼现实世界，数学中理想的连续世界反而是奇怪的，离散才是正常的。

高中数学中的数列给人一种谜题般的强烈印象。然而，如果了解到学习数列背后的意义是学习离散数学的入门知识，这会激发你的学习动力。

在数列中求和很重要

在学习数列时，经常会出现求和公式，即把数列的项加起来的公式。如前所述，**数列求和相当于函数的积分**，因此很重要。

使用无穷数列就可以用无穷数列之和的形式来表示无限小数。例如，$0.33333333\cdots=\dfrac{1}{3}$ 这个事实可以在数学上被严格地证明。此外，无理数有时也用数列之和来表示。特别著名的例子是用数列之和来表示圆周率 π 和自然常数 e 的公式。

此外，在数列求和时会用到符号"Σ (sigma)"。这个符号在本书后面会频繁出现，所以请熟练掌握它的使用方法。

对于以入门为目的来学习的人

不必记住详细的公式，但请了解等差数列和等比数列等基本数列的含义。符号"Σ"经常出现，所以至少要熟悉它，这样你就不会感到棘手了。

对于在工作中使用数学的人

在实际中也许很少会直接使用在高中数学中学过的数列。但是，由于数列是离散数学的基础，离散数学对于实用性而言非常重要，所以要了解本书所讲的内容。

对于考生

这方面的题目在大学入学考试中很常见。要确保熟记公式并做好快速解题的准备。

9.1 等差数列

等差数列是最简单的数列之一。首先，我们来学习并熟悉数列。

> **要点**
>
> **等差数列之和的计算着眼于首项和末项。**
>
> 像 2，4，6，8，10，…和 5，10，15，20，25，…这样，把数排成一列被称为数列，其中的每一个数都被称为项，将第 1 项称为首项，将第 n 项称为一般项，一般将其表示为 a_n。
>
> 在数列中，若相邻项之差为常数，则称之为等差数列。而这个恒定的差值被称为公差。
>
> 等差数列 a_n 可以用首项 a_1 和公差 d 表示为 $a_n = a_1 + (n-1)d$。
>
> 首项为 a、公差为 d 的等差数列前 n 项之和 S_n 可以表示为 $S_n = \dfrac{n}{2}[2a + (n-1)d]$。
>
> 例：等差数列 3，6，9，12，15，…
>
> 一般项 $a_n = 3 + 3(n-1) = 3n$，
>
> 前 10 项（$a_{10} = 30$）之和为 $\dfrac{10}{2} \times (2 \times 3 + 9 \times 3) = 165$。

📖 相邻项之差为常数，因此是等差数列

等差数列是所有数列中最简单的。将像 2，4，6，8，…和 31，27，23，19，…这样每次增加（减少）相同数的数列称为等差数列。

下面我们来看一下在数列中很重要的数列之和。

例如，1~10 的自然数可以被看作首项为 1 且公差为 1 的数列。在这种情况下我们考虑前 10 项之和。此时，如下所示，首项（1）与

第 10 项（10）之和、第 2 项（2）与第 9 项（9）之和等都是 11。因此，求得数列之和为 $11 \times 5 = 55$。

1, 2, 3, 4, 5, 6, 7, 8, 9, 10 　→ 　$(1 + 10), (2 + 9), (3 + 8), (4 + 7),$ $(5 + 6)$

把上面的计算一般化，数列之和就变成（首项 + 末项）乘以（项数 $\div 2$）。因此，所求的和如下式所示。

一般化可得，数列之和 =（首项 + 末项）$\times \dfrac{项数}{2}$

也就是说，$S_n = \dfrac{n}{2}(a_1 + a_n) = \dfrac{n}{2}[2a_1 + (n-1)d]$

应用　数一数金字塔的砖的数量

我们举一个使用等差数列进行实际计算的例子。

如下图所示，我们考虑用砖叠成金字塔。如果有 100 块转，一共可以叠多少层金字塔？

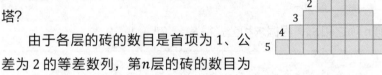

由于各层的砖的数目是首项为 1、公差为 2 的等差数列，第 n 层的砖的数目为 $a_n = 1 + 2(n-1) = 2n - 1$。

前 n 项之和 S_n 为下式。

$$S_n = \frac{n}{2}[2 + 2(n-1)] = n^2$$

满足 $n^2 \leqslant 100$ 的最大整数 n 为 10（$n^2 = 100$），因此用 100 块砖可以叠 10 层金字塔。

由于这个数列 1, 3, 5, $\cdots$, $2n - 1$ 之和为 n^2，我们从这个数列得到了平方数（由自然数的平方表示的整数）。

9.2 等比数列

等比数列是将一个数反复地乘以一个常数得到的数列。
通常被用于资金的计算，例如，利率计算。

> **要点**
>
> **等比数列之和是通过将和乘以公比来考虑的。**
>
> 首项 a 依次乘以常数 r 得到的数列被称为等比数列。
> $a_1 = a,\ a_2 = aq,\ a_3 = aq^2,\ a_4 = aq^3,\cdots$ 此时，将 q 称为公比。
> 一般项（第 n 项）可以表示为 $a_n = aq^{n-1}$。
> 等比数列前 n 项之和 S_n 可以由下式表示 $(n \geqslant 2)$。
>
> $$S_n = \frac{a_1(1 - q^n)}{1 - q}$$
>
> 例：数列 1，2，4，8，16，32，…是首项为 1、公比为 2 的等比数列。
> 一般项 $a_n = 2^{n-1}$。
> 前 n 项之和 S_n，根据求和公式得 $S_n = 2^n - 1$。

📖 等比数列求和的思路

像 $2, 4, 8, 16, \cdots$ 这样，相邻项之比为常数的数列被称为等比数列。

下面我们来看一下这个数列之和。设首项为 a，公比为 q，和以 S 表示，则 $S = a + aq + aq^2 + aq^3 + \cdots$。这里我们把它乘以 q 得到 qS，接着从 S 中减去 qS，如下所示，中间的项全部消失，只剩下 a 与 aq^n 的项。然后从这个式子解出 S，就可以得到要点所示的等比数列求和公式。

$$S = a + aq + aq^2 + aq^3 + aq^4 \cdots + aq^{n-2} + aq^{n-1}$$
$$-\ \big) \quad qS = \quad\ \ aq + aq^2 + aq^3 + aq^4 \cdots + aq^{n-2} + aq^{n-1} + aq^n$$
$$(1 - q)S = a \qquad\qquad\qquad\qquad\qquad\qquad\qquad\qquad\qquad - aq^n$$

应用 **计算逸失利益的莱布尼茨系数**

由于被保人发生意外事故，保险公司赔付保险金时，会用到逸失利益[1]。

假设有一个人在退休之前的 10 年内年收入为 500 万日元。如果此人因意外事故等因素导致无法工作，这 10 年间的逸失利益为 500 万日元 / 年 × 10 年，等于 5000 万日元。

不过，假设他 / 她立即得到这 5000 万日元，如果投资 10 年，则本金会增加，实际上这笔钱具有超过 5000 万日元的价值。因此，为了保证因意外事故等造成的逸失利益，保险公司会加上通过投资而增加的收益，并赔付在 10 年后具有 5000 万日元价值的金额。

这时用到**莱布尼茨系数**。设投资收益率为 i（年利率），莱布尼茨系数 L 通过下式求得。

$$L = \frac{1}{(1+i)} + \frac{1}{(1+i)^2} + \frac{1}{(1+i)^3} + \cdots + \frac{1}{(1+i)^n}$$

这是首项为 $\frac{1}{(1+i)}$、公比为 $\frac{1}{(1+i)}$ 的等比数列的前 n 项之和。因此利用等比数列求和公式，得到下式。

$$L = \frac{1 - \left(\frac{1}{1+i}\right)^n}{i}$$

例如，设年利率 i 为 0.05（5%），n 为 10 年，则得到 $L = 7.7217$。在这种情况下，如果将其应用于上述年收入 500 万日元的人，将 500 万日元乘以莱布尼茨系数 7.7217 得 3861 万日元，这就是他 / 她所获得的保险金额。

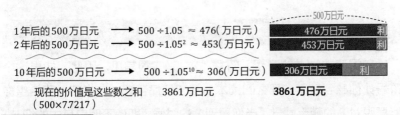

1年后的500万日元	⟶	500 ÷ 1.05 ≈ 476（万日元）	476万日元 利
2年后的500万日元	⟶	500 ÷ 1.05² ≈ 453（万日元）	453万日元 利
10年后的500万日元	⟶	500 ÷ 1.05¹⁰ ≈ 306（万日元）	306万日元 利

现在的价值是这些数之和　3861万日元　　**3861万日元**
（500×7.7217）

1　这种计算方法只在日本等少数国家使用，我国目前没有。——译者注

9.3 符号 Σ 的用法

符号"Σ"经常被用到。即使是以入门为目的的人也要好好理解它的含义，这样在碰到它时就不会感到棘手了。

> **要点**
>
> 👉 **区分求和上限值与变量的值（n 与 k）。**
>
> 将数列 a_n 之和表示为 $\displaystyle\sum_{k=1}^{n} a_k$。
>
> 换句话说，$\displaystyle\sum_{k=1}^{n} a_k = a_1 + a_2 + a_3 + \cdots + a_n$。
>
> 例：$a_n = 2n - 1$ 时，$\displaystyle\sum_{k=3}^{5} a_k = 5 + 7 + 9 = 21$。
>
> **求和公式**
>
> $$\sum_{k=1}^{n} k = 1 + 2 + 3 + \cdots + n = \frac{n(n+1)}{2}$$
>
> $$\sum_{k=1}^{n} k^2 = 1 + 2^2 + 3^2 + \cdots + n^2 = \frac{n(n+1)(2n+1)}{6}$$
>
> $$\sum_{k=1}^{n} k^3 = 1 + 2^3 + 3^3 + \cdots + n^3 = \left[\frac{n(n+1)}{2}\right]^2$$
>
> **符号 Π（pi）的用法**
>
> $$\prod_{k=1}^{n} a_k = a_1 a_2 a_3 a_4 \cdots a_n$$

📖 Σ 并不可怕

在阅读数学书的时候，符号"Σ"确实很常见。因此，如果这个符号让你感到棘手，那么阅读本书会感到痛苦吧。在本节，我希望你能摆脱对 Σ 的棘手感觉。当你看到 Σ 的时候，即使不明白其中的细节，只要能够理解为"这是求某些东西之和"就足够了。

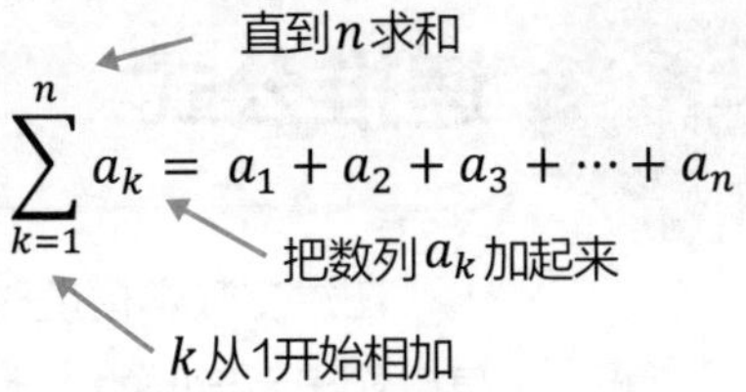

我们通过右图来说明 Σ 的用法。Σ 符号下方的数字 1 表示相加开始的数。这也意味着求和变量是

$$\sum_{k=1}^{n} a_k = a_1 + a_2 + a_3 + \cdots + a_n$$

直到 n 求和

把数列 a_k 加起来

k 从1开始相加

k。Σ 上方的 n 表示求和的上限。因此请注意，这里如果把数列写为 a_n 而不是 a_k，那就错了。

在实际求和时，绝大多数是从 $k = 1$ 到 n 的形式。反之，如果 $k = 2$ 或者上限为 $n - 1$ 或 $n + 1$ 等，这时通常会有重大意义。在这种情况下，很容易出错，所以要小心处理。

还有一个类似的符号"Π"（pi，圆周率 π 的大写字母）。它表示数列 a_n 的乘积，而不是求和。特别地，它会出现在统计领域，因此要稍作了解。

应用　Σ 的标记方法

我们已经说明了 Σ 的用法，但是除本节中描述的方式以外，Σ 有时会按其他方式使用 Σ。下面我将介绍这些使用方式，这样你在看到它们时就不会感到惊讶了。

$$\sum_{i=1}^{n}\sum_{j=1}^{n} a_{ij} \qquad \sum_{i,j}^{n} a_{ij} \qquad \sum_{i,j} a_{ij} \qquad \sum a_{ij} \qquad \sum_{1 \leqslant i < j \leqslant n} a_{ij}$$

双重 Σ　　　　　合并形式　　　　省略范围　　　　省略所有　　　　求和条件

双重 Σ 意味着两个求和变量的求和。在这种情况下，由于 a_{ij} 的 i 和 j 分别从 1 到 n 求和，这意味着从 a_{11} 到 a_{nn} 的所有项的和。有时候可以把它们合并为一个 Σ，或者如果范围明确则可以省略上限，或者在 Σ 下方描述求和条件等。

如果省略了有关信息，那么求什么东西之和应该是明确的。在阅读的时候大概知道"这是求和"就可以了，别的不用太在意。但是，当实际使用公式时，请仔细检查它是求什么东西之和。

9.4 递推公式

在建立数学模型时经常使用递推公式的写法，因此即使是以实用为目的的人也要好好理解它们。

> **要点**
>
> **如果难以理解，请尝试把具体的数代入 n 中。**
>
> 数列的几个相邻项之间成立的关系式被称为递推公式，例如 $a_{n+1} = 2a_n + 4$ 和 $a_{n+2} = 2a_{n+1} + a_n$ 等。
>
> - 等差数列的递推公式：$a_{n+1} = a_n + d$。
>
>   一般项：$a_n = a_1 + (n - 1)d$
>
> - 等比数列的递推公式：$a_{n+1} = ra_n$。
>
>   一般项：$a_n = a_1 r^{n-1}$
>
> - 高阶等差数列的递推公式：$a_{n+1} - a_n = b_n$。
>
>   一般项：$a_n = a_1 + \displaystyle\sum_{k=1}^{n-1} b_k$
>
> 例：已知 $a_1 = 0$，$a_{n+1} = a_n + n$，求数列的一般项。
>
> 变形给定的递推公式得到 $a_{n+1} - a_n = n$
>
> 因此 $a_n = a_1 + \displaystyle\sum_{k=1}^{n-1} k = \dfrac{n(n-1)}{2}$（这对于 $n = 1$ 也成立）

📖 递推公式是局部地观察数列的式子

在高中数学中，递推公式可能被视为运用技巧来求一般项的问题。**然而，在应用数列时**，递推公式具有重要意义。

用递推公式表示数列的局部关系式。换句话说，如果 $a_{n+1} = 2a_n$，我们可以看到数列的每一项是其前一项的 2 倍。由于是局部关系，也许可以说它具有类似于函数求导的含义。

由于递推公式只表示前后项之间的关系，因此在求一般项时需要**初始条件**。如果没有这些条件，例如 $a_1 = 1$，就无法确定一般项。这也类似于求导与积分的关系。

应用 元胞自动机和斐波那契数列

递推公式表示一种从局部关系看整体的方式。从实用的观点来看，它也用于把相互作用模型化并建立模拟模型。

有一种模拟模型的建模方法叫作**元胞自动机**。它将模型划分为方格，像递推公式那样，根据某个方格的相邻方格的状态来确定所关注方格的状态。

例如，如右图所示，把方格排列成一行，所关注的某个方格的状态 a_n 由其相邻方格 a_{n-1} 和 a_{n+1} 的状态表示。这种方法尽管很简单，但人们发现它可以很好地表示世界上的现象，例如生态系统和交通拥堵等。

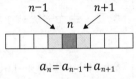

$$a_n = a_{n-1} + a_{n+1}$$

接下来，我将介绍一个著名的数列，将其称为**斐波那契数列**。

这个无穷数列是 1, 1, 2, 3, 5, 8, 13, 21, 34, 55, 89, …它的特征是每一项等于前两项之和。

如果用递推公式写出来，就变成非常简单的形式：$a_{n+2} = a_{n+1} + a_n$（$a_1 = a_2 = 1$）。

这里，如果将边长为斐波那契数列的正方形如下图所示排列，就会出现一条美丽的螺旋线。这就是**斐波那契螺旋线**，在自然界中经常可以见到它，例如贝类和植物等。此外，斐波那契数列的

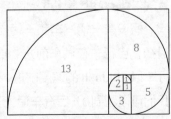

相邻项 a_{n+1} 和 a_n 之比收敛于黄金比例（约 1.618），这是最具有美感的比例。总之，$a_{n+2} = a_{n+1} + a_n$ 这个递推公式深深地植根于这个世界之中。

9.5 无穷级数

无穷级数是了解如何处理无穷的很好的题材。不过，在现实世界中，数学世界的理想的无穷并不存在。

要点

👆 **如果公比的绝对值小于 1，则无穷级数收敛。**

在等比数列 a_n 中，前 n 项之和为 $S_n = a_1 + a_2 + \cdots + a_n$，当 n 为无穷大时，将极限 $\lim\limits_{n \to \infty} S_n$ 称为无穷级数。

当 S_n 趋近某个恒定值 S，即 $\lim\limits_{n \to \infty} S_n = S$ 时，被称为无穷级数收敛。

此时，等比数列中 $|r| < 1$，$\lim\limits_{n \to \infty} a_n = 0$。

反之，当无穷级数不收敛时被称为发散。

例：求首项为 0.9、公比为 0.1 的等比数列 a_n 的无穷级数 $S = 0.9 + 0.09 + 0.009 + 0.0009 + \cdots$ 的值。

根据等比数列求和公式

$$S_n = \frac{0.9[1 - (0.1)^n]}{1 - 0.1} = 1 - (0.1)^n$$

因此 $\lim\limits_{n \to \infty} S_n = \lim\limits_{n \to \infty} [1 - (0.1)^n] = 1$

📖 **即使把无穷个数加起来也可能不会很大**

假设有一辆汽车和一辆自行车在同一条道路上朝同一方向行驶。最初，自行车在汽车前方 20km 处。汽车以 40km/h 的速度追赶，自行车以 20km/h 的速度前进。这是一个连小学生都能完成的简单计算，我们可以看到 1h 后汽车追上了自行车。

不过，你觉得下面这种看法如何呢？ 0.5h 后，汽车到达自行车最开始所在的地点（20km 处）。但那时自行车已经在汽车前方 10km 处。

然后再经过 0.25h（从最开始算起 0.75h），汽车到达自行车在上次 0.5h 后所在的地点（30km 处）。此后，汽车也一直会到达自行车所在的位置，但同时自行车会前进一点，并且始终在汽车的前方。换句话说，汽车永远赶不上自行车。

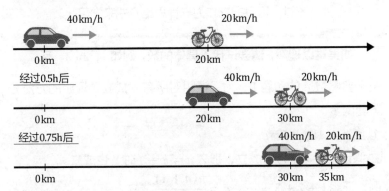

你知道这个论证的玄机在哪里吗？

正确答案是，这种追赶无论进行多少次，总时间都不会超过 1h。汽车追赶自行车所用的时间分别为 $\frac{1}{2}$，$\frac{1}{4}$，$\frac{1}{8}$，…时间变得越来越短，但其和永远不会超过 1h。换句话说，汽车在 1h 后赶上了自行车，但在那之前，汽车在无休止地追赶。

总之，一般项趋于 0 的等比数列，即使把无穷个项加起来，也会收敛到某个恒定值。那就是无穷级数。

应用 用分数表示循环小数

循环小数是相同数字的序列重复出现的小数，例如0.636 363…。把循环小数视为无穷级数，就可以把它转换为分数。例如，0.636 363… 是首项为0.63、公比为0.01的无穷级数。因此可以像下式一样计算，把它转换为分数，得到 $\frac{7}{11}$。

$$\lim_{n\to\infty}\frac{0.63[1-(0.01)^n]}{1-0.01}=\frac{0.63}{0.99}=\frac{7}{11}$$

9.6 数学归纳法

数学归纳法是一种证明方法，因此在实际中没有什么用处。不过，可以把它作为一种思维方式来学习。

 要点

如果难以理解，请尝试代入具体的数，例如 1，2，3，等。

关于自然数 n 的命题 P，为了证明对所有 n 成立，证明的方法分下面两步。

① 当 $n = 1$ 时 P 成立。

② 假设当 $n = k$ 时 P 成立，那么 $n = k + 1$ 时 P 也成立。

例：证明 $1 + 2 + 3 + \cdots + n = \dfrac{n(n+1)}{2}$ 成立。

设 $S_n = 1 + 2 + 3 + \cdots + n$。

当 $n = 1$ 时，$S_1 = \dfrac{1 \times (1+1)}{2} = 1$，因此命题成立。

假设当 $n = k$ 时命题成立，$S_k = \dfrac{k(k+1)}{2}$。

这时有

$$S_{k+1} = S_k + (k+1) = \frac{k(k+1)}{2} + (k+1)$$

$$= \frac{(k^2 + 3k + 2)}{2} = \frac{(k+1)(k+2)}{2}$$

当 $n = k + 1$ 时命题也成立。因此命题对所有自然数 n 都成立。

9.6.1 数学归纳法就像多米诺骨牌

你知道演绎法和归纳法吗？现实中它们经常被用于哲学和方法论，而不是数学中。

演绎法是把规律和事实联系起来得出结论的方法，例如根据"鸟在天上飞""鸽子是鸟"，所以"鸽子在天上飞"。**归纳法**是根据"鸽子A在天上飞""鸽子B在天上飞"……所有的鸽子都在天上飞，因此得出"鸽子在天上飞"的结论。

数学世界中的所有证明都是演绎证明。但是，这里介绍的方法之所以被称为**数学归纳法**，是因为它看起来像归纳法的路数（实际上，从逻辑上讲，它也是一种演绎推理）。

数学归纳法也被认为是像多米诺骨牌那样的逻辑推演的方法。我们证明某个命题 P 当 $n = 1$ 时成立，并且如果在 $n = k$ 时也成立，则在 $n = k + 1$ 时也成立。于是，由于当 $n = 1$ 时成立，故当 $n = 2$ 时也成立，由于当 $n = 2$ 成立时，故当 $n = 3$ 时也成立，由于当 $n = 3$ 时成立，故当 $n = 4$ 时也成立……以此类推可以证明对所有自然数都成立。由于形式上它是在检查所有的实例，因此被认为是归纳方法，被称为数学归纳法。

📖 9.6.2 数学归纳法的悖论

世界上有很多使用数学归纳法的笑话。

例如，考虑命题"所有人的考试成绩都很差"。

考虑满分为 100 分的考试，由于为 100 满分，所以 1 分确实是很差的成绩。接着，如果 k 分是很差的成绩，那么 $k + 1$ 分还是很差的成绩，因为分数变化不大。

这里的问题在于，如果 k 分很差，那么 $k + 1$ 分也很差。也许两者是相差无几，但高 1 分无疑是一个好的方向。k 分和 $k + 1$ 分不能同等考虑。

在数学世界中，逻辑是 100% 绝对行得通的。然而，数学以外的世界并没有那么严谨，所以会产生这样的矛盾结果。

习惯希腊字母

本章介绍了 Σ(sigma)。我觉得如果认真学习的话就没那么难，不过似乎很多人对这个符号"过敏"。这种既不是数字也不是英文字母的符号会给人一种奇怪的印象。

Σ 是希腊字母。三角函数中出现的 θ(theta) 也是一样。我们经常看到的 α 和 β 也是希腊字母，不过由于它们与英文字母 a 和 B 相似，所以看起来没什么不协调。

希腊字母在数学、物理和工程中很常见，所以要习惯它们的存在。实际上它们可能对克服"数学过敏"很重要。说到这个，我也经常混淆 ζ（zeta），η（eta）和 ξ（xi）之类……

下面是希腊字母的列表，让我们来一起学习吧。

大写	小写	发音		大写	小写	发音	
A	α	alpha	阿尔法	N	ν	nu	纽
B	β	bata	贝塔	Ξ	ξ	xi	克西
Γ	γ	gamma	伽马	O	o	omicron	奥密克戎
Δ	δ	delta	德尔塔	Π	π	pi	派
E	ϵ	epsilon	艾普西龙	P	ρ	rho	柔
Z	ζ	zeta	泽塔	Σ	σ	sigma	西格马
H	η	eta	伊塔	T	τ	tau	陶
Θ	θ	theta	西塔	Υ	υ	upsilon	宇普西隆
I	ι	iota	约塔	Φ	ϕ	phi	斐
K	κ	kappa	卡帕	X	χ	chi	希
Λ	λ	lambda	拉姆达	Ψ	ψ	psi	普西
M	μ	mu	谬	Ω	ω	omega	奥米伽

第 ⑩ 章

图形与方程

10.0 导言

用数学式来表示图形

前面讲过，初中数学学过的图形问题，在实际应用数学时并不重要。相反，重要的是本章要讨论的**图形和方程之间的关系**。

这是因为在计算机中，图形通常以表达式的形式处理。比起简单地将其表示为点的集合，表达式具有数据量更小、放大和旋转等图形操作更容易等优点。

很明显，比起集合 $(1, 1)$，$(2, 2)$，$(3, 3)$，…，用一个表达式"$x - y = 0$"表示的数据量更小。诸如缩小、放大、对称、平移和旋转等操作，使用表达式处理通常更容易且成本更低。

要掌握通过方程如何表示基本图形，例如我们熟悉的直线和圆等。

当使用 CAD（计算机辅助设计）软件在计算机上处理图形时，尤其是在编写图形处理程序时，需要具备这方面的知识。想设计工业产品的人要重点学习本章内容。

最近，有许多艺术家专门从事 CG（计算机图形学）艺术设计。这一类艺术家很多是理工科出身。因为从事这项工作需要相当高水平的数学知识。今后，对于进入艺术领域的人来说，数学也许会成为其必备的素养。

极坐标的存在是为了让人轻松

本章还介绍了改变坐标系或改变表示方法本身，如极坐标和参数表示等。例如，在坐标系中，与熟悉的直角坐标系（xy 坐标）相比，极坐标给人的第一感觉是更难。

不过，极坐标对于处理圆等图形来说是一种非常方便的方法。不要被表面上的困难所吓退，要不断地使用它并逐渐习惯它。这个概念在实际使用数学时也会经常出现。

 对于以入门为目的来学习的人

首先，请理解用方程表示图形的思想，随后再看直线和圆的公式，这也许是个不错的主意。除熟悉的直角坐标系之外，有时也需要极坐标的思想，因此最好了解它的特征。

 对于在工作中使用数学的人

要习惯于通过公式来处理图形。虽然不需要手动计算，但要试着使用电子表格软件等实际地画出图形。参数表示和极坐标也很常见。要达到在这些坐标系中也可以分析图形的水平。

 对于考生

直线和圆的方程的处理方法、求交点的问题、轨迹问题等经常出现，要认真练习。这些问题的计算往往很复杂，因此需要具备计算能力。

10.1 直线的方程

直线的方程是最简单的方程，要能够手动计算。

> ☝ **要点**
>
> **斜率相同的两条直线是平行的，如果斜率的乘积为 -1 则两条直线垂直。**

直线的方程

将通过点 (x_1, y_1)，(x_2, y_2) 的直线表示如下。

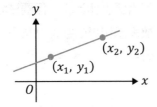

直线的方程：$(y - y_1) = m(x - x_1)$

斜率：$m = \dfrac{y_2 - y_1}{x_2 - x_1}$

直线的交点，平行、垂直的条件

两条直线的交点就是联立方程组的解。

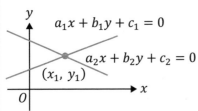

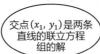
交点 (x_1, y_1) 是两条直线的联立方程组的解

$$\begin{cases} a_1x + b_1y + c_1 = 0 \\ a_2x + b_2y + c_2 = 0 \end{cases}$$

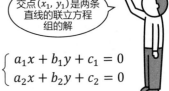

在两条直线 $y = m_1x + n_1$，$y = m_2x + n_2$ 中，若 $m_1 = m_2$，则两条直线平行；若 $m_1 \times m_2 = -1$，则两条直线垂直。

例：求与直线 $y = x + 1$ 垂直并相交于点 $(2, 3)$ 的直线的方程。

直线 $y = x + 1$ 的斜率为 1。根据垂直的条件，所求直线的斜率为 -1。

斜率为 -1 且通过点 $(2, 3)$ 的方程为

$$(y - 3) = -1(x - 2) \rightarrow y = -x + 5$$

📖 作为图形的直线方程

由于线性函数的图像是一条直线，所以直线的方程是线性函数。在这里，让我们关注作为直线的性质，而不是作为函数的性质。

首先，直线通过**指定两点**来确定。也可以通过**一点和斜率**来确定。无论哪种方式，都需要两个"信息"。

其次，**两条直线的交点是联立方程组的解**。此外，两条不同的直线如果平行，则没有交点。在这种情况下，联立方程组没有解。

最后是两条直线平行、垂直的条件。**两条直线如果斜率相同则平行，如果乘积为 −1 则垂直**。请注意，平行于 y 轴的直线（例如 $x = 1$ 等）斜率无法定义，但它们与平行于 x 轴的直线（例如 $y = 2$ 等）垂直相交。

💻 应用 绘制直线的算法

当用计算机在显示器上绘制直线时，通常使用下面的算法[1]。

下图中我们考虑绘制直线 $y = \dfrac{2}{3}x$。由于它通过原点，因此首先渲染像素 $A(0, 0)$。接着，当 $x = 1$ 时，判断 y 是否大于或等于 $\dfrac{1}{2}$。在这个例子中，$y > \dfrac{1}{2}$，所以渲染像素 $B(1, 1)$。然后，当 $x = 2$ 时，判断其是否在 $y = \dfrac{3}{2}$ 之上。在这个例子中 $y < \dfrac{3}{2}$，如下所示，因此渲染像素 $C(2, 1)$。以此类推，分别渲染像素 $D(3, 2)$，$E(4, 3)$。

人类看到了就会觉得"这么麻烦啊"。但是，这种方法是通过算法的技巧，利用上一步计算的结果，仅使用整数运算就可以执行的。因此，在计算机上可以高效地绘图。即使只画一条直线也用到了各种技巧。

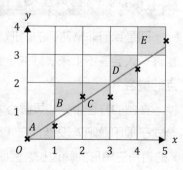

---

1 中点画线算法。——译者注

10.2 圆的方程

　　圆也是一个重要的图形，与直线一样，要好好理解它。由于它是二次式，计算变得较难一些。

☝ **要点**

用圆心坐标和半径表示圆的方程。

圆的方程

圆是到某个定点（圆心）距离相等的点的集合。

将圆心为(a, b)，半径为r的圆的方程表示如下。

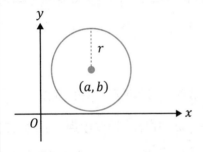

圆心为(a, b)，半径为r的圆的方程
$$(x - a)^2 + (y - b)^2 = r^2$$

例：求圆心为$(1, 2)$，半径为2的圆的方程。

据上面的公式，这个圆为$(x - 1)^2 + (y - 2)^2 = 2^2$。

📖 **把圆作为方程来看**

　　圆是我们非常熟悉的图形。然而，如果被问到"圆的定义是什么"，也许有人会答不上来。圆的定义是"**到某个定点（圆心）距离相等的点的集合**"。

　　在圆的方程中，如果圆心为$(0, 0)$，则方程变为$x^2 + y^2 = r^2$。这个式子很眼熟吧？没错，它就是勾股定理。式中的x与y是斜边长为r的直角三角形的两边长。因此，我们可以说(x, y)是到圆心$(0, 0)$距

离为 r 的点的集合。

此外，请留意圆的方程 $(x-a)^2 + (y-b)^2 = r^2$ 中有 3 个变量（a、b 和 r）。换句话说，**如果确定了 3 个点，就可以确定一个圆**。这一点从圆的方程中也可以看出来。

应用 绘制圆的方法

圆是基本的图形，但它的方程却没那么简单。即使为了简单起见，以原点为圆心，从圆的方程中解出 y，也会得到一个包含根号和 ± 号的难以处理的形式的解，即 $y = \pm\sqrt{r^2 - x^2}$。

特别是计算机，它本质上只会完成加减乘除。在计算机速度较慢的时代，如何计算这个式子是一个大问题。

因此，人们考虑使用奇数之和来近似计算平方根。这是一个非常棒的主意，因此我想在这里介绍一下。

要点是**在计算机上绘制圆的时候，只需要得到整数部分即可**。在显示器上画图时，思路是像下图那样填充整数格点。因此，平方根的计算只需要知道整数部分就可以了。

这里用到奇数之和为平方数的事实。也就是如下关系：$1 + 3 = 2^2$，$1 + 3 + 5 = 3^2$，$1 + 3 + 5 + 7 = 4^2$，……

例如，在计算 30 的平方根时，如果把奇数按顺序相加，你会发现 30 介于前 5 个奇数之和（25）与前 6 个奇数之和（36）之间。即 30 的平方根的整数部分是 5。

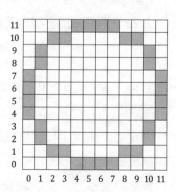

计算机执行复杂的运算，也是建立在这些小技巧的积累之上的。

10.3 二次曲线（椭圆、双曲线、抛物线）

要掌握椭圆、双曲线和抛物线的定义。如果不是考生就不必记住详细的公式，在需要使用时再确认公式就可以了。

> **要点**
>
> 🖐 **到两个焦点的距离之和为常数的点的集合是椭圆。**

椭圆的方程

到两个定点（焦点）距离之和为常数的点 P 的轨迹被称为椭圆。

设焦点坐标为 $(c, 0), (-c, 0)$，距离之和为 $2a$，椭圆的方程为下式。

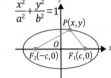

$$\frac{x^2}{a^2} + \frac{y^2}{b^2} = 1$$

若 a, b 满足 $a > b > 0$，则其中 $c^2 = a^2 - b^2$ 成立。

双曲线的方程

到两个定点（焦点）距离之差为常数的点 P 的轨迹被称为双曲线。

设焦点坐标为 $(c, 0), (-c, 0)$，距离之差为 $2a$，双曲线的方程为下式。

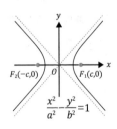

$$\frac{x^2}{a^2} - \frac{y^2}{b^2} = 1$$

若 a, b 满足 $a, b > 0$，则其中 $c^2 = a^2 + b^2$ 成立。

抛物线的方程

到定点（焦点）和定直线距离相等的点 P 的轨迹被称为抛物线。

设焦点坐标为 $(0, p)$，定直线为 $y = -p$，抛物线的方程为下式。

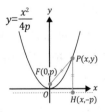

$$y = \frac{x^2}{4p}$$

椭圆、双曲线、抛物线的特征

椭圆是我们非常熟悉的图形，但很多人可能不知道它的定义。椭圆的定义是**到两个定点（焦点）的距离之和为常数的点的集合**。如果这两个焦点重合为一个点，它就变成一个圆。

双曲线可能不耳熟，但它的定义与椭圆非常相似。双曲线的定义是**到两个定点（焦点）的距离之差为常数的点的集合**。

抛物线作为二次函数图像是我们非常熟悉的。作为图形的定义是**到定点与定直线的距离相等的点的集合**。

将这些曲线统称为"**二次曲线**"。二次曲线在实践中也经常出现。至少要掌握其定义和公式的形式。

应用 卫星的轨道

我们知道，卫星是由于行星的引力而运动的，其运行轨道为二次曲线。

请看图，考虑从地球上的高处沿水平方向发射卫星。此外，这里忽略了空气阻力。

如果初速度较慢，卫星将被地球引力吸引并坠落到地球表面（B_1，B_2 点）。不过，如果初速度超过一定的速度（第一宇宙速度），它将进入一个圆形轨道，绕着地球转而不会落到地球表面。

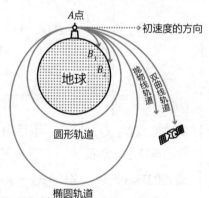

如果进一步提高初速度，它就会变成椭圆轨道。初速度越快，椭圆轨道离地球越远。

然后，如果速度再提高一级（第二宇宙速度），卫星就进入抛物线 / 双曲线轨道。卫星摆脱了地球的引力，逐渐离地球远去。

10.4 平移图形的方程

在图形的方程 $f(x, y) = 0$ 中，把 x 替换为 $x - a$，把 y 替换为 $y - b$，就得到平移了 (a, b) 的图形的方程。

> **要点**
>
> **不要弄错要代入的数值的符号。**

图形的平移

在平面坐标上有一个用 $f(x, y) = 0$ 表示的图形。把这个图形在 x 方向上平移 a 且在 y 方向上平移 b，所得的图形的方程为 $f(x - a, y - b) = 0$。

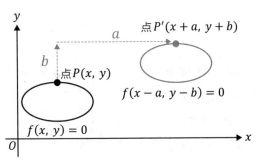

例：把以 $(2, 2)$ 为圆心、半径为 1 的圆 A 沿 x 方向平移 3、沿 y 方向平移 2 得到圆 A′，求圆 A′ 的方程。

圆 A 的方程为 $(x - 2)^2 + (y - 2)^2 = 1$。

由于圆 A′ 是圆 A 沿 x 方向平移 3、沿 y 方向平移 2 所得到的圆，把圆 A 方程中的 x 替换为 $x - 3$，将 y 替换为 $y - 2$ 得

$$(x - 3 - 2)^2 + (y - 2 - 2)^2 = 1$$

$$\rightarrow \quad (x - 5)^2 + (y - 4)^2 = 1$$

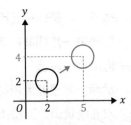

📖 移动图形的方法

在处理图形时，有时可能需要平移它们。那样的话，方程要如何变形才可以平移图形，这是本节的课题。

根据结论，图形 $f(x, y) = 0$ 沿 x 方向平移 a、沿 y 方向平移 b 就变成 $f(x - a, y - b) = 0$。

虽然非常简单，但如果说有什么阻碍，应该就是 $f(x, y) = 0$ 的写法。把 $f(x, y) = 0$ 变为 $f(x - a, y - b) = 0$ 意味着把原式的 x 替换为 $x - a$，把原式的 y 替换为 $y - b$。例如，如果有直线 $y = x$，那么 $y - b = x - a$ 就是 $y = x$ 平移了 (a, b) 的直线 x。

请注意，要沿正方向平移，不是加上 a 和 b，而是减去它们。相反，如果是加上 a 和 b，则平移方向将反转。

🖥 应用 在 CG 中也会用到的仿射变换

用计算机画图的好处之一是可以方便地进行平移、放大 / 缩小、翻转、旋转等操作。像这样的简单的图形变换，将平行的 2 条边移动后仍然保持平行的变换称为**仿射变换**。仿射变换的示例如下图所示。

仿射变换作为图形操作的基础，在包括 CG（计算机图形学）在内的绝大多数执行图形操作的软件中都会用到。

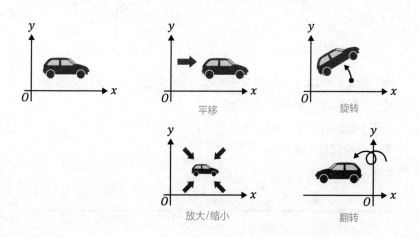

平移　　　旋转

放大/缩小　　　翻转

10.5 中心对称和轴对称

　　在实用层面上也经常要处理对称变换。它很简单，因此一定要会用。即使忘记了公式，也可以通过具体例子做出来。

> **要点**
>
> **式子与坐标平面上图形运动的形象相符。**

图形的对称变换

由 $f(x, y) = 0$ 表示的图形进行对称变换时的式子如下所示。

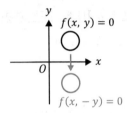

关于 x 轴对称

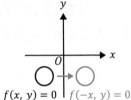

关于 y 轴对称

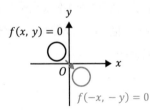

关于原点对称

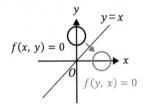

关于 $y = x$ 对称

例：直线 $y = 2x + 2$ 分别关于 x 轴、y 轴、原点、$y = x$ 对称的直线。

关于 x 轴对称：$y = -2x - 2$;

关于 y 轴对称：$y = -2x + 2$;

关于原点对称：$y = 2x - 2$;

关于 $y = x$ 对称：$y = \dfrac{1}{2}x - 1$。

📖 对称变换引起的方程变化

继平移之后，还有一个在图形操作中经常出现的对称变换，作为方程，可以通过**将 x、y 或两者的符号翻转**的简单操作来实现。关于直线 $y = x$ 对称就是交换 x 和 y。作为函数来看，这意味着原式的反函数。

即使忘记了正确的方法，也可以很容易地进行对称变换。例如，如果把点 $(1, 1)$ 或点 $(1, 0)$ 按照轴对称或中心对称来移动，就可以很容易地确认哪个符号被翻转。

🖥 应用 奇函数与偶函数的积分

函数有**奇函数**和**偶函数**的概念。奇函数是 $f(x) = -f(-x)$ 成立的函数，偶函数是 $f(x) = f(-x)$ 成立的函数。对于奇函数和偶函数的积分，下式成立。

$f(x)$ 为奇函数，即 $f(x) = -f(-x)$ 时，$\displaystyle\int_{-a}^{a} f(x)\,\mathrm{d}x = 0$

$f(x)$ 为偶函数，即 $f(x) = f(-x)$ 时，$\displaystyle\int_{-a}^{a} f(x)\,\mathrm{d}x = 2\int_{0}^{a} f(x)\,\mathrm{d}x$

如果将函数作为图形来看，这些公式的性质就变得很明显。我们通过典型的奇函数 $y = \sin t$ 和典型的偶函数 $y = \cos t$ 来确认这些公式的性质。

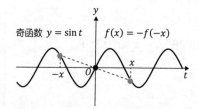

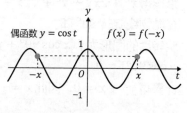

换句话说，奇函数是关于原点对称的，偶函数是关于 y 轴对称的。因此，它们从 $-a$ 到 a 积分时，奇函数由于符号抵消所以积分为 0，偶函数的积分变为从 0 到 a 的积分的 2 倍。这个例子很好地说明了，借助图形来观察，式子就变得更容易理解。

10.6 旋转

要了解存在使用三角函数以原点为中心旋转的方法，在需要时查找公式就可以了。

> **要点**
> 与旋转矩阵放在一起来学习比较有效率。

图形以原点为中心的旋转

设图形的方程为 $f(x, y) = 0$。把这个图形以原点为中心旋转 θ 所得的图形如下所示。

$$f(x\cos\theta + y\sin\theta, -x\sin\theta + y\cos\theta) = 0$$

以原点为中心的旋转

例：求抛物线 $y = x^2$ 旋转 $45°$、$90°$ 所得图形的方程。

在抛物线旋转 $45°$ 时，

设 $f(x, y) = x^2 - y$，旋转后的图形为 $f(x\cos 45° + y\sin 45°, -x\sin 45° + y\cos 45°) = 0$

计算得 $\dfrac{1}{2}(x + y)^2 - \dfrac{1}{\sqrt{2}}(-x + y) = 0$

整理得 $x^2 + 2xy + y^2 + \sqrt{2}x - \sqrt{2}y = 0$

在抛物线旋转 $90°$ 时，

旋转后的图形为 $f(x\cos 90° + y\sin 90°, -x\sin 90° + y\cos 90°) = 0$

计算得 $y^2 + x = 0$，因此 $x = -y^2$。

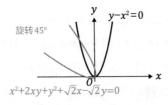

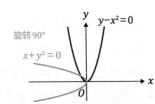

📖 旋转由三角函数表示

想在显示器上旋转物体，这种场景经常出现。这时候可以利用的就是这个旋转公式。使用方法简单，只须将图形公式 $f(x, y)$ 的 x 和 y 分别替换为 $x\cos\theta + y\sin\theta$ 和 $-x\sin\theta + y\cos\theta$ 即可。

不过，这个公式看起来有点突然。对它的来源有兴趣的人，请先学习旋转矩阵。

💻 应用 转动参考系中的离心力和科里奥利力

世界上有很多东西在旋转。其中，看似稳定不动的地面，即地球，也在旋转。地球在进行一种被称为自转的旋转运动，24h 旋转一圈。因此，严格来说，在分析地球上的运动时，必须考虑自转。即**在转动参考系中进行分析。**

在转动参考系中看到的一种现象是物体受到离心力和科里奥利力。离心力是从旋转中心向外受到的力，科里奥利力是在旋转方向产生的惯性力。

地球自转产生的离心力和科里奥利力对人类来说没有很大的感觉，因为自转角速度（旋转速度）不是那么快。

但是，在离心力最强的赤道附近与离心力最弱的南北两极，物体的重量相差约0.5%，可以明显地观测到其影响。因此，火箭发射基地应尽量建在靠近赤道的地方。

北半球

南半球

此外，台风在北半球总是逆时针旋转，在南半球总是顺时针旋转。由此可知科里奥利力确实存在。

图形旋转的公式对于上述那样的分析也很有帮助。

10.7 参数

　　如果使用参数，图形的方程往往变得简单。由于参数方程在实际使用中经常出现，所以一定要掌握它。

> **要点**
>
> **有些图形用参数方程更容易表示。**

参数方程

用一个变量（参数：t）把平面上的曲线分别通过 x 和 y 的式子来表示，如 $x = f(t)$、$y = g(t)$，被称为参数方程。

例：抛物线、圆、椭圆、双曲线的参数方程。

- 抛物线　　$y = \dfrac{1}{4p}x^2$　　　　$x = 2pt,\ y = pt^2$

- 圆　　　　$x^2 + y^2 = r^2$　　$x = r\cos\theta,\ y = r\sin\theta$

- 椭圆　　　$\dfrac{x^2}{a^2} + \dfrac{y^2}{b^2} = 1$　　$x = a\cos\theta,\ y = b\sin\theta$

- 双曲线　　$\dfrac{x^2}{a^2} - \dfrac{y^2}{b^2} = 1$　　$x = \dfrac{a}{\cos\theta},\ y = b\tan\theta$

参数方程的导数

参数方程 $x = f(t)$、$y = g(t)$ 的导数使用右式来计算。　　$\dfrac{\mathrm{d}y}{\mathrm{d}x} = \dfrac{\dfrac{\mathrm{d}y}{\mathrm{d}t}}{\dfrac{\mathrm{d}x}{\mathrm{d}t}}$

例：以原点为中心、半径为 2 的圆，求它的导数。

使用变量 θ，得到圆的参数方程为

$x = 2\cos\theta,\ y = 2\sin\theta$

以上式子对 θ 求导得 $\dfrac{\mathrm{d}x}{\mathrm{d}\theta} = -2\sin\theta,\ \dfrac{\mathrm{d}y}{\mathrm{d}\theta} = 2\cos\theta$

因此 $\dfrac{\mathrm{d}y}{\mathrm{d}x} = \dfrac{\dfrac{\mathrm{d}y}{\mathrm{d}\theta}}{\dfrac{\mathrm{d}x}{\mathrm{d}\theta}} = \dfrac{2\cos\theta}{-2\sin\theta} = -\dfrac{x}{y}$

📖 参数不是敌人

在高中学习参数的时候，很多人会觉得"又来一个麻烦的东西"。不过，引入了参数是为了便于处理图形。由于它可以使计算更方便，形式更好看，所以我们要积极地学习它。

参数特别适于表示圆和椭圆。例如，从圆的方程 $x^2 + y^2 = r^2$ 解出 y，得到一个含有 $\pm$ 号的非常难处理的形式 $y = \pm\sqrt{r^2 - x^2}$。另外，如果使用参数方程，就可以得到一个更好看的形式 $(x, y) = (r\cos\theta, r\sin\theta)$。

📺 应用　摆线分析

例如，当一个圆像轮胎一样滚动起来时，将轮胎上一个定点形成的轨迹称为摆线。因此，在分析行驶中的汽车的运动时，摆线是一个很重要图形。

如果用 x, y 来表示摆线则涉及反三角函数，这很难处理，因此我们用参数方程来表示它，如下式所示。

摆线方程
$$x(\theta) = a(\theta - \sin\theta)$$
$$y(\theta) = a(1 - \cos\theta)$$

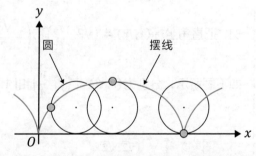

摆线具有等时性，这是个在物理上也很有趣的性质，因此摆线常常被作为研究对象。

除了摆线，星形线、心脏线、李萨如图形等其他有趣的曲线也可以通过参数来简洁地表示。

10.8 极坐标

极坐标在现实世界中经常被用到，因此以实用为目的的人必须要掌握它。以入门为目的的人也要知道极坐标是指定了方向和距离的坐标系。

> 👆 **要点**
>
> **极坐标通过到中心的方向（角度）和距离来指定点。**

极坐标

为了表示平面上的位置 P，可以使用 P 到原点的距离 r 和射线 OP 与 x 轴正方向的夹角 θ 来表示，如下图所示。相对于直角坐标系（xy 坐标），将这个坐标系称为极坐标。

极坐标 (r, θ) 与直角坐标具有如下关系。

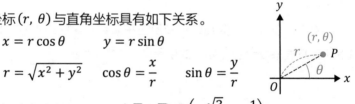

$$x = r\cos\theta \qquad y = r\sin\theta$$

$$r = \sqrt{x^2 + y^2} \qquad \cos\theta = \frac{x}{r} \qquad \sin\theta = \frac{y}{r}$$

例：把直角坐标 $(x, y) = (\sqrt{2}, \sqrt{2})$ 和 $\left(-\dfrac{\sqrt{3}}{2}, -\dfrac{1}{2}\right)$ 转换为极坐标。

如下图所示，分别为 $(r, \theta) = \left(2, \dfrac{\pi}{4}\right)$ 和 $\left(1, \dfrac{7\pi}{6}\right)$。

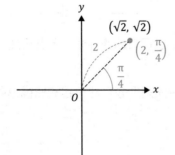

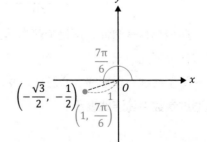

📖 极坐标是指定方向和距离的坐标系

通过公式来看极坐标似乎很复杂，但实际上它是符合人类感觉的坐标系。我们要学习它的本质，不要被式子所迷惑。

例如，考虑一个人站在草原上，我们要指引这个人到达目的地。迄今出现过的直角坐标（xy坐标）是通过到 2 个正交方向的距离来表示目标值的方法。换句话说，为了到达目的地，指路的方法是"请向北走 100m，向东走 100m"。如果是极坐标，那就变成"请向东北方走 141m"。如果使用直角坐标，为了到达目的地，你必须走 200m，但使用极坐标，你可以直行。后者更自然。

综上所述，极坐标**指定了方向和距离**，可以说它对于人类是自然的坐标系。但是，由于它的计算往往很复杂，因此在数学世界中常常使用直角坐标。

📺 应用 船舶航行

在乘船航行时，通常用纬度和经度表示目的地。经度和纬度通过直角坐标的思想来指定，例如"北纬 35°，东经 135°"。

然而，在实际航行时，我们使用方位和距离来表示目的地。如右图所示，目标值通过极坐标的思想来指定，如"方位，右 20°，距离 4 海里"。

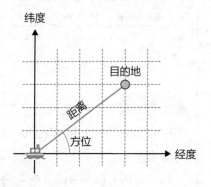

在看着地图进行讨论时，很容易理解纬度和经度。但是，在实际移动时给出方位和距离更方便。

极坐标也被用于飞机导航和雷达等。在技术资料中经常用到极坐标，因此最好要熟悉它。

10.9 空间图形的方程

空间图形虽然比平面图形更复杂，但因为现实世界是一个三维空间，因此它很重要。相比于平面图形，学习空间图形能更好地理解现实世界。

 要点

空间图形不只是图，也需要努力理解公式。

平面方程

将通过点 $P(x_0, y_0, z_0)$、法向量为 $\boldsymbol{n} = (a, b, c)$ 的平面方程表示为

$$a(x - x_0) + b(y - y_0) + c(z - z_0) = 0$$

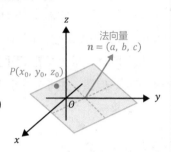

直线方程

将通过点 $P(x_0, y_0, z_0)$、方向向量为 $\boldsymbol{d} = (a, b, c)$ 的直线方程表示为

$$\frac{x - x_0}{a} = \frac{y - y_0}{b} = \frac{z - z_0}{c}$$

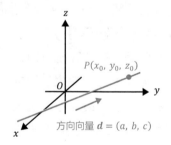

球面方程

将中心为 (a, b, c)、a 半径为 r 的球面方程表示为

$$(x - a)^2 + (y - b)^2 + (z - c)^2 = r^2$$

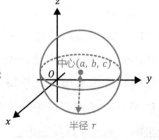

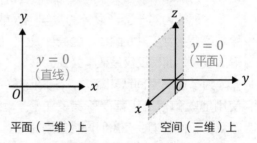

📖 通过比较二维（平面）和三维（空间）来理解本质

极空间图形很难处理。主要原因是不能将它画在纸上，很难以想象。但这正是数学的用武之地。如果使用数学公式，就可以准确地描述图形的性质，无论是平面（二维）还是空间（三维）。在这里，我想通过与二维图形进行比较来解释三维图形看起来是什么样子。

三维空间中最基本的图形是平面。这是因为在三维空间中，由 x、y、z 3 个轴表示 x、y、z 的线性方程（例如 $x + y + z = 0$）就是平面。

我们来看一下为什么是这样的。在二维空间（平面坐标）中，用 $y = 0$ 这个方程表示直线（x 轴）。这意味着二维空间中一个轴的值被固定，二维（平面）变成了一维（直线）。同样，在三维空间中，$y = 0$ 这个方程固定了三维空间中一个轴的值。这意味着三维变成了二维（平面）。因此，**三维坐标上的线性方程是一个平面**。

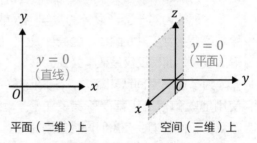

$y = 0$（直线）

平面（二维）上

$y = 0$（平面）

空间（三维）上

接着我们来看直线方程。它表现为具有两个等号的形式，例如"$x = y = z$"。这意味着联立方程组。在这种情况下，它就表现为"$x = y$"和"$y = z$"两个方程联立的形式。两个线性方程就是两个平面。两个平面只要不平行就会相交于一条直线。

换句话说，一条三维的直线是通过**两个线性方程**的形式来表示的。

最后我们来看球面。这只是在二维的圆方程中增加了"$(z - c)^2$"。球面是到中心的距离相等的点的集合。换句话说，无论是二维还是三维，长度都是平方和的平方根，因此式子的形式没有变。

数学中必备的空间认知能力

有些人擅长数学计算问题，但不擅长图形问题。反之，也有些人不太擅长计算问题，但他们擅长图形问题。在你读初中的时候身边有没有这样的人？也许你自己就是。

对本章所介绍的空间图形等问题的认知能力，据说是一种才能。这被称为空间认知能力，是快速准确地感知物体在三维空间中的位置、方向、形状和距离的能力。

据说空间认知能力强的人，能够一下子把握事物的全貌，有很强的看透事物本质的能力。而且，很多艺术家和运动员的空间认知能力都非常强。大家应该都能接受这一点吧。

这种能力对于图形以外的数学也很重要。例如想象函数的图像并掌握函数变化的能力很重要。这种能力是把数学公式作为图形来掌握，而不仅仅是数学公式。

为了提高空间认知能力，在大自然中玩耍、玩组合式积木、使用地图和相机等都是不错的主意。也有报道称，如果玩 3D 游戏，空间能力会在短时间内得到提升。

说到数学，光在桌子上用笔和纸来搏斗是不行的，到外面去吧。特别是孩子，让他们到外面去玩，去获得各种各样的经验是个好主意。

第 ⑪ 章

向量

导言

向量不仅仅是箭头

在听到"向量"这个词的时候，很多人会想起箭头。事实上，在高中数学的范围内，向量被认为是一个具有大小和方向的量，并作为图形问题出现在考试中。

但向量不仅仅是箭头。在物理学和统计学中应用向量时，向量以不同的形式出现。那么向量的本质是什么呢？答案是："**把许多数合而为一**。"

当你在学校第一次学习向量时，很可能学的是"具有大小和方向的量"。这里向量的本质是"大小和方向"，即**把多个数合而为一**。将多个数打包在一起称为**向量**。所以它不必只是大小和方向。无论是价格、数量还是温度，把许多数打包在一起就是向量。

当然，作为箭头的向量具有有趣的特性，它有助于分析图形。但是，请不要认为只有箭头是向量。

相对于向量，迄今为止出现的数，即只有一个数的量，被称为**标量**。上方有箭头的量是一个向量。但是，当我们说"向量（箭头）的大小"时，它只有一个数，所以是一个标量。

那么，为什么要考虑向量呢？如果只是将向量看作数的集合，那么逐个地处理这些数就可以了。考虑向量的原因是把数打包在一起更容易理解。也许刚开始会感觉很难。不过，在物理、统计、编程中使用数学时，把数打包在一起就变得非常容易处理。请相信这一点并学习向量吧。

向量乘法可以用多种方式定义

本章介绍向量运算。其中，加法和减法应该没什么特别的问题。但如果是乘法，你可能会觉得不可思议。本章介绍向量的内积和外积这两种乘法。

事实上，**向量乘法可以用多种方式定义**。内积和外积只是在应用上很方便。因此，我们可以将向量的乘积理解为只是为了应用方便而制定的规则。

🎓 对于以入门为目的来学习的人

请理解作为箭头的向量的性质，以及向量不仅仅是箭头。虽然数学的"维数"似乎已经成为一个通用术语，但我也希望你能正确理解它的定义。

💼 对于在工作中使用数学的人

在工作中使用向量时，它通常是一组数而不是箭头。即使在这种情况下，向量平行和垂直的概念也很重要。让我们通过容易想象的箭头来熟悉它。

✏️ 对于考生

向量问题大多是图形（几何）问题。在解题时，如果考虑图形含义，就可以快速地掌握它。特别是对于空间图形，拥有想象三维图形的能力很重要。

11.1　作为箭头的向量

作为箭头的向量的定义从直观上很容易理解，因此为了让大家形成一个直观的印象，我们首先学习向量作为箭头的定义。

 要点

作为箭头的向量可以从视觉上来理解。

向量的定义

如右图所示，将连接 A 和 B 两点、方向为从 A 到 B 的线段称为有向线段。在有向线段中，只考虑大小和方向而不考虑位置的被称为向量。

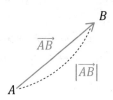

将向量表示为 $\overrightarrow{AB}$。此外，将向量的大小定义为线段 AB 的长度，表示为 $|\overrightarrow{AB}|$。

向量也可以为字母 a，b，c，…表示（印刷用黑体 a，书写用 $\vec{a}$）。

作为箭头（有向线段）的向量的和、差、k 倍定义如下。

向量的和

通过三角形求和

通过平行四边形求和

向量的 k 倍

长度为 k 倍（负数时反向）

相反向量、零向量

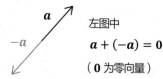

左图中

$$a + (-a) = 0$$

（0 为零向量）

向量的差

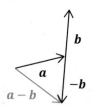

作为箭头的向量是具有大小和方向的量

作为箭头的向量直观上很容易理解。但是由于向量不仅仅是箭头，因此请不要固执于"向量是箭头"的刻板印象。

作为箭头的向量是具有大小和方向的量。它可以自由地平移。将向量表示为 a，而将它的大小表示为$|a|$。两者含义明显不同，所以一定要区分它们。将具有大小和方向的量称为**向量**，而将只有大小的数称为**标量**。在这种情况下，a 是向量，但$|a|$是标量。

如上页图所示，向量的加减法也可以很直观地理解。减法是反方向的加法。需要注意的是，当向量乘以实数成为 ka 时，如果k为正，则在原方向上把大小变为k倍，如果k为负，则箭头方向反转。

此外，如果加上一个大小相同但方向相反的向量，则会得到 **0**（零向量），它不同于 0（数字零）。零向量代表大小为 0 的点。请注意不要混淆。

应用 力的分解

考虑像下图那样拖着货物移动。此时，假设是沿斜上θ 的方向拉动，而不是水平方向。如果使用向量，就可以将施加的力 F 分解为水平方向的力 h 和垂直方向的力 v。也就是说，相当于用 $|h|$ 的力移动了由 $|v|$ 的力减轻了的货物。

在像这样分解力时，使用向量则直观易懂，有助于理解。

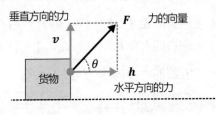

$$F = h + v$$

11.2 向量的坐标表示、位置向量

向量的坐标表示是与"坐标"接近的向量的定义。考生和以实用为目的的人都有必要熟悉用坐标表示向量的写法。

> **要点**
>
> **为了把箭头作为计算对象，用坐标（数值）表示它。**

向量的坐标表示

平面上任意向量 a 可以用基底向量 e_1、e_2（分别与 x 轴、y 轴方向相同且大小为 1 的向量）表示为 $a = a_x e_1 + a_y e_2$。

此时，用基底向量的系数 a_x、a_y 把向量表示为 $a = (a_x, a_y)$，这被称为向量的坐标表示。

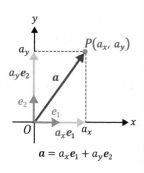

$$a = a_x e_1 + a_y e_2$$

对于两个向量 $a = (a_x, a_y)$、$b = (b_x, b_y)$，向量的和、相反向量、向量的差、向量的 k 倍计算如下。

- 向量的和 $a + b = (a_x, a_y) + (b_x, b_y) = (a_x + b_x, a_y + b_y)$。
- 相反向量 $-a = -(a_x, a_y) = (-a_x, -a_y)$。
- 向量的差 $a - b = (a_x, a_y) - (b_x, b_y) = (a_x - b_x, a_y - b_y)$。
- 向量的 k 倍 $ka = k(a_x, a_y) = (ka_x, ka_y)$。
- 向量的大小 $|a| = \sqrt{a_x^2 + a_y^2}$。

位置向量

将坐标平面上以原点 O 为起点的向量称为位置向量。

一般而言，向量的起点不是固定的。如果位置向量起点固定为 O，则向量 $\overrightarrow{OP} = p$ 表示点 P 的位置。

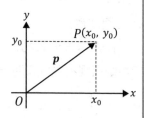

　　向量的坐标表示可以通过数值来计算向量，而不是像上一节那样作图。

　　如果用坐标系来考虑向量，可以把向量表示为(x, y)的形式。此外，作为箭头的向量的计算法则，对坐标表示也成立。

　　位置向量是以原点 O 为起点的向量。这常常与坐标表示相混淆。不同之处是起点 O 是固定的。一般而言，由于向量的起点不固定（可以自由平移），因此无法使用向量指定点。但是，由于位置向量固定了起点，因此可以使用向量指定终点的位置。

💻 应用 内分线段的点

　　让我举一个使用位置向量的例子。

　　将线段 AB 上分线段的比为 $AP : PB = m : n$ 的点称为"内分线段 AB 的比为 $m : n$ 的点"。把这个点 P 分别用 xy 坐标表示和用位置向量表示，如下图所示。

坐标表示 $\left(\dfrac{mx_b + nx_a}{m + n}, \dfrac{my_b + ny_a}{m + n} \right)$

位置向量表示 $\boldsymbol{p} = \dfrac{m\boldsymbol{b} + n\boldsymbol{a}}{m + n}$

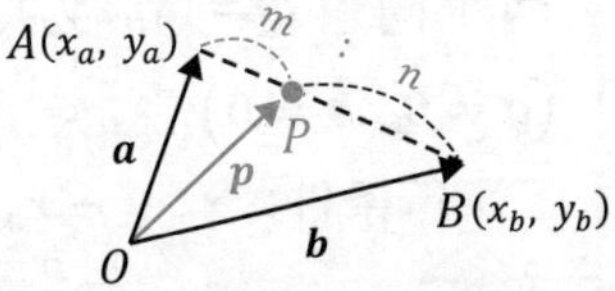

　　坐标表示和位置向量表示是完全一样的，但是位置向量更简洁一些。此外，位置向量表示即使在三维的情形也可以用相同的形式来表示。

　　如果表示同一个点，你不觉得坐标表示和位置向量表示是一样的吗？虽然坐标也可以表示相同的东西，但这种简洁性和一般性是引入位置向量概念的原因之一。

11.3　向量的线性无关

通过向量的线性无关，学习向量的垂直和平行的概念。
这是一个与物理学和统计学有关的重要概念。

> 要点
>
> **两个向量如果不平行，则称这两个向量线性无关。**

向量的线性无关

当平面上两个向量 a、b 既不等于 0 也不
平行时，就称这两个向量线性无关。此时，
平面上的任何向量 p 都可以用实数 m、n
唯一地表示为 $p = ma + nb$。当 a、b 平
行时，这个性质不成立。此时，称 a、b
线性相关。

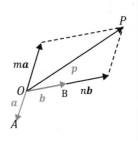

向量平行和垂直的条件

两个向量 $a = (x_a, y_a)$、$b = (x_b, y_b)$ 平行和垂直的条件如下
$(a \neq 0,\ b \neq 0)$。

- 平行条件：$x_a y_b - x_b y_a = 0$，k 此时可以表示为 $a = kb$（k 为
实数）。
- 垂直条件：$x_a x_b + y_a y_b = 0$。

📖 线性无关很常见，线性相关是例外

线性无关这个概念如果**反过来学习**就可以很好地理解。这是因为
大多数情况下两个向量是线性无关的。而例外情况就是线性相关的状
态。因此，不是线性相关的状态就是线性无关的状态，这样比较容易
理解。

那么线性相关是怎样的状态呢？很简单。它就是**两个向量平行
的状态**。如果两个向量 a、b 平行则可以表示为 $a = kb$。因此，设

$a = (x_0, y_0)$，则 $b = (kx_0, ky_0)$，x 换句话说，
$a + b = \left[x_0(k + 1), y_0(k + 1) \right]$，这是落在某
条直线上的点的集合。

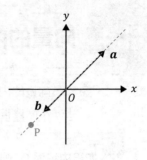

　　例如，我们把平行的向量 $a = (2, 2)$，
$b = (-1, -1)$ 画出来如右图所示。由于向量
共线，无论这两个向量如何相加，点 P 都只
能落在这条直线上。

　　不平行的向量 a、b 线性无关。如果向量不平行，平面上的任何
向量都可以唯一地表示为 $p = ma + nb$。

〔应用〕 **坐标轴的变换**

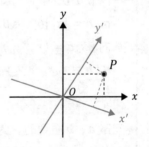

　　通过线性无关的概念可以自由变换坐标
轴。根据线性无关的性质，如果两个向量不
平行就可以保证把任意的向量唯一地表示为
$p = ma + nb$。因此，可以在不是直角坐标
系 x, y 的任意坐标系 x', y' 中表示点 P，如
右图所示。因此，为了计算方便，可以改变
坐标轴。

　　不过，在这种情形下有些地方需要注意。那就是，实际的值是存
在误差的。在现实世界中测量的数存在误差和偏差。随着坐标轴变得
更接近平行，由偏差引起的测量不确定性变得更大。

　　虽说线性无关，但也尽量让坐标轴垂直。

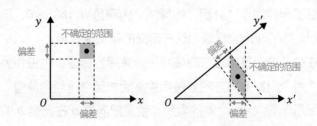

11.4 向量的内积（平行和垂直的条件）

　　向量的内积经常会出现，因此要记住它的定义。特别是当两个向量垂直时其内积为 0，这很重要。

> ☞ **要点**
>
> 👆 **如果内积为 0，则两个向量垂直。**
>
> **向量的内积**
>
> 对于向量 $\boldsymbol{a}$、$\boldsymbol{b}$，内积运算定义如下。
>
> 定义有两个，但它们在数学上是等价的。
>
> ● 向量 $\boldsymbol{a}, \boldsymbol{b}$ 的夹角为 θ 时，
>
> $\quad \boldsymbol{a} \cdot \boldsymbol{b} = |\boldsymbol{a}| \, |\boldsymbol{b}| \cos \theta$
>
> ● 向量为 $\boldsymbol{a} = (x_a, y_a)$, $\boldsymbol{b} = (x_b, y_b)$ 时，
>
> $\quad \boldsymbol{a} \cdot \boldsymbol{b} = x_a x_b + y_a y_b$
>
>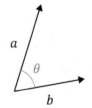
>
> **向量垂直的条件**
>
> 向量 $\boldsymbol{a}$、$\boldsymbol{b}$ 垂直时，内积 $\boldsymbol{a} \cdot \boldsymbol{b} = 0$。

📖 向量乘法不止一种

　　在这里，我们将介绍作为向量乘法的"内积"。要注意的是，**向量乘法不止一种**。向量乘法可以考虑各种各样的方法。在本书中，我们还介绍了一种叫作"外积"的乘法。内积是 $|\boldsymbol{a}| \, |\boldsymbol{b}| \cos \theta$，但这只是一个规则。我们使用它是因为这样定义的乘法很有用。

　　请注意，内积是向量与向量经过运算得到标量。内积作为图形的含义是"两个向量的同方向分量相乘然后加起来得到的数值"。考虑如下页图所示的向量 $\boldsymbol{a}$、$\boldsymbol{b}$ 的内积，就是把向量 $\boldsymbol{a}$ 在向量 $\boldsymbol{b}$ 的方向及其垂直方向进行分解，然后把它们的大小相乘。

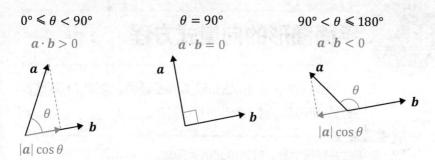

$0° \leqslant \theta < 90°$ $\theta = 90°$ $90° < \theta \leqslant 180°$

$a \cdot b > 0$ $a \cdot b = 0$ $a \cdot b < 0$

因此，**当 a 和 b 垂直时，它们没有共同部分，内积为 0**。这是一个非常重要的性质。而当 a 和 b 的夹角大于 90° 时，内积为负数。

📺 应用 给予货物的能量

内积的应用例子之一是能量的计算。如下图所示，力学上的能量是由力的向量 F 和位移向量 s 的内积得到的。

从这个公式可以看出，为了给予更多的能量，力度固然重要，但**方向同样重要**。无论用多大的力去拉，如果是垂直方向，这个力所给予的能量都是 0。如果施加的力与移动方向相反，其动能就会减少。

给予货物的能量
$$F \cdot s = |F|\,|s| \cos \theta$$

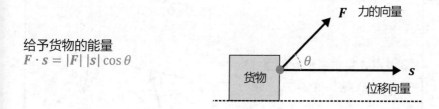

11.5 平面图形的向量式方程

用位置向量来表示图形，视角更开阔。向量式方程比普通方程更简单，且与参数方程相契合。

> **要点**
>
> 👉 **向量式方程很抽象，可通过图形来理解。**

直线的向量式方程

①过两点 A、B 的直线。

$$p = (1-t)a + tb$$

（ t 为任意实数 ）

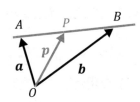

②过点 A 且平行于 b 的直线

$$p = a + tb$$

（ t 为任意实数 ）

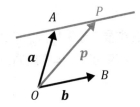

③过点 A 且垂直于 n 的直线

$$(p-a) \cdot n = 0$$

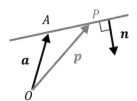

圆的向量式方程

以点 C 为圆心，半径为 r 的圆

$$|p-c| = r$$

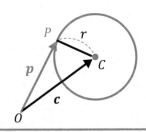

在第 10 章中，介绍了如何使用方程来表示坐标上的图形。这里我们介绍了使用位置向量的表示方法。当然，这与用方程来表示的方法在数学上是完全等价的。不过，用向量来表示，有以下 3 个好处。

第一是**它与参数方程相契合**。例如，过两点 $A(x_1, y_1)$、$B(x_2, y_2)$ 的直线 P，根据要点的式子，使用参数 t 可以很容易地求得 $(x, y) = [x_1(1-t) + x_2 t, y_1(1-t) + y_2 t]$。在进行计算或编程时，有时想使用参数方程。在这种情况下，向量式方程的思考方式就派上用场了。

第二是**简洁性**。例如像要点那样，将圆的向量式方程表示为 $|\boldsymbol{p} - \boldsymbol{c}| = r$。如果用普通方程来表示的话，就是 $(x - x_0)^2 + (y - y_0)^2 = r^2$。哪个更简洁呢？

对于使用数学的人来说两者都可以，但数学也是一门美的学问。换句话说，**尽可能紧凑地把大量信息打包在一起**很重要。从这个角度来看，向量式方程是首选。

第三是**图形的性质易于理解**。这与简洁性相关，圆的向量式方程 $|\boldsymbol{p} - \boldsymbol{c}| = r$ 中自然地包含了圆的定义，即"到圆心位置向量 $\boldsymbol{c}$ 的距离为 r 的点 P 的集合"。如果是圆的普通方程，由于其中有很多多余的数，而且 r 是平方而不是半径本身，因此很难一眼看上去就理解图形的性质。

例如，在编程时，要写得容易理解以防止出现程序缺陷。从这个角度来看，向量式方程也很有用。

11.6 空间向量

　　如果与平面（二维）对比来学习，空间（三维）就更容易理解。作为入门知识，要学习数学上维度的含义。

 要点

如果用向量来表示，二维和三维基本上相同。

空间中的向量

空间的向量通过 x, y, z 3 个轴来表示。因此，将空间向量 a 的坐标表示为 $a = (a_x, a_y, a_z)$。

平面上作为箭头的向量的性质，对于所有空间向量也同样成立。

对于两个向量 $a = (a_x, a_y, a_z)$、$b = (b_x, b_y, b_z)$，向量的和、大小、内积定义如下。

- 向量的和
$$a + b = (a_x, a_y, a_z) + (b_x, b_y, b_z)$$
$$= (a_x + b_x, a_y + b_y, a_z + b_z)$$

- 向量的大小　　$|a| = \sqrt{a_x^2 + a_y^2 + a_z^2}$

- 向量的内积　　$a \cdot b = (a_x b_x + a_y b_y + a_z b_z)$

向量 a、b 垂直时，内积 $a \cdot b = 0$。也就是说，$a_x b_x + a_y b_y + a_z b_z = 0$。

内积可以直接使用 $a \cdot b = |a| |b| \cos \theta$ 这个定义（θ 为 a、b 的夹角）。

空间向量的线性无关

空间中 3 个向量 p_1、p_2、p_3 线性无关的条件是，满足 $c_1 p_1 + c_2 p_2 + c_3 p_3 = 0$ 的实数 c_1、c_2、c_3 只有 $c_1 = c_2 = c_3 = 0$。此时，空间中任意的位置向量 p，可以用唯一一组实数 a, b, c 将其表示为 $p = a p_1 + b p_2 + c p_3$ 的形式。

空间向量的变与不变

在平面上观察的向量被转移到了空间上。从数学上来说，二维变成了三维。话虽如此，向量作为箭头的性质却没有任何改变。变化的是**向量的坐标表示**。平面上的 x, y 2 个轴变成了空间中的 x, y, z 3 个轴。因此，坐标表示从 (x, y) 变成了 (x, y, z)。因此，分量的计算公式就会像上面那样变化。

数学上的维度是指定一个点所需要的最少的数字个数。在平面的情形中，有横与纵 (x, y) 2 个维度。到了空间，我们需要横、纵、高 (x, y, z) 3 个维度。我们生活的世界在数学上是四维世界，因为除这 3 个维度之外，我们还需要指定 1 个时间维度。

在三维的情形中，向量线性无关的定义与前面相同。在二维空间中，如果向量 **a**、**b** 不平行，则平面上所有的点都可以用 **a** 和 **b** 表示。但是，对于空间的情况，即使向量 **a**、**b**、**c** 不平行，如果它们在同一平面上，则无法用 **a**、**b**、**c** 的线性组合来表示整个空间的点。因此，线性无关的条件是 "**a**、**b**、**c** **不在同一平面上**"。这个条件如果用数学公式写出来，它就是要点所示的那样。

应用 超弦理论：空间实际上是九维的

毫无疑问，我们这个世界的空间是三维的。然而，最新的物理理论却认为未必如此。在基本粒子（这个世界上最小的粒子）的超弦理论中，空间被认为是九维的。这是远远超过三维的九维。

人类甚至无法想象这样的世界。然而，即使是这样的世界，数学也能准确地描述。例如，在九维空间中，设轴为 A、B、C、D、E、F、G、H、I，向量的大小可以表示为 $\sqrt{A^2 + B^2 + C^2 + D^2 + E^2 + F^2 + G^2 + H^2 + I^2}$。

无论哪种语言只能在人类想象力的范围内使用。但是数学可以描述远远超出人类的想象的事物。这就是数学的力量。

11.7 空间图形的向量式方程

　　向量式方程的三维版本。由于空间图形的方程往往很复杂，这更加凸显了向量式方程的简洁性。

> **要点**
> **向量式方程可以像平面图形一样处理空间图形。**

直线的向量式方程 （①、②与平面直线相同）

①过点 A 且平行于 d 的直线

$$p = a + td$$

（ t 为任意实数 ）

②过两点 A、B 的直线

$$p = (1 - t)a + tb$$

（ t 为任意实数 ）

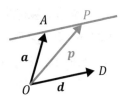

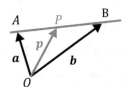

平面的向量式方程

过点 A 且垂直于 n 的平面

$$(p - a) \cdot n = 0$$

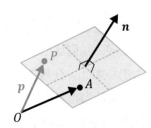

球面的向量式方程

以点 C 为中心，半径为 r 的球面

$$|p - c| = r$$

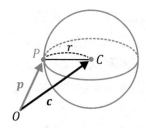

📖 空间图形凸显向量式方程的优点

这是把 11.5 节介绍的向量式方程应用于空间图形。

直线和球面的定义是**与二维（平面图形）完全一样的形式**。令人惊讶的是，即使维数增加，也可以用相同的形式表示。如果用普通方程，则变为具有 x, y, z 3 个变量的复杂式子。因此，你更能体会到向量式方程的优点。

有一点需要注意的是平面的方程。在平面图形中，垂直于法向量且通过某一点的图形是一条直线。另外，在空间的情形中，这个图形表示一个平面。对于空间中的平面，法向量是一个非常重要的参数。

💻应用 三维 CAD 数据的二维化

在设计汽车、飞机和火车等交通工具及大厦、塔等建筑物时，都会用到计算机。绘制设计图的软件被称为 CAD（计算机辅助设计）软件，近年来，可以直接处理空间数据的 3D-CAD 软件越来越普遍。

3D-CAD 软件将设计数据作为空间图形来处理。也就是说，把空间图形的方程（数据）存储在计算机中。

这在直观上很容易理解，且便于处理。但是，在制作设计图或向顾客说明的资料时，就需要二维（平面）数据。

在这种情况下，用指定平面切割三维数据，剖面落在平面上，如右图所示。如果有三维数据，就可以用任意平面切割，所以设计得以顺利进行。

要熟练使用 3D-CAD 软件，需要空间图形的知识和立体感，因此，要学习空间图形。

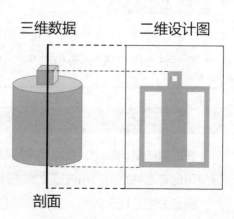

三维数据 二维设计图

剖面

11.8　向量的外积

除非你在电磁学或力学中使用向量的外积，否则不需要记住细节。对外积这个词能够反应过来就足够了。

要点

☞ **外积的运算结果是向量，而不是标量。**

向量的外积

将 $a \times b$ 称为向量的外积。

$a \times b$ 垂直于 a 和 b，方向为从 a 到 b 的右手螺旋的方向，大小为 $|a| \, |b| \sin \theta$，即 a 与 b 形成的平行四边形的大小。

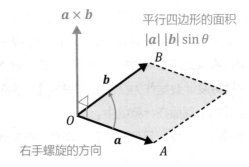

平行四边形的面积 $|a| \, |b| \sin \theta$

右手螺旋的方向

外积的坐标表示

$a = (a_x, a_y, a_z)$、$b = (b_x, b_y, b_z)$ 时，

$a \times b = (a_y b_z - a_z b_y, \ a_z b_x - a_x b_z, \ a_x b_y - a_y b_x)$

📖 外积的结果为向量

在说明向量内积时，我提到向量乘法可以有多种定义。然而，实际使用的有两种：内积和这里介绍的外积。

向量外积不同于内积，它的特征是**计算的结果为向量**。这个向量

的大小是 a 与 b 形成的平行四边形的大小，也就是$|a|\,|b|\sin\theta$，并且方向为从 a 到 b 的右手螺旋的方向。因此，$a\times b$ 与 $b\times a$ 的方向正相反，即 $a\times b=-b\times a$。

外积向量的方向垂直于 2 个不同的向量，不能在二维（平面）上定义。定义外积至少需要 3 个维度。

外积的定义可能看起来很奇怪。但是，它通常被用于描述与旋转相关的事物，例如稍后说明的电动机和力矩（旋转力）。对于相关领域的人可以说是必不可少的知识。

应用 使电动机转动的力

将电力转化为动力的电动机用到**洛伦兹力**。洛伦兹力是电流在磁场中流动时受到的力。设磁场向量为 B，电流向量为 I，这个力 F 可以用 $F=I\times B$ 的形式表示。

我简要地说明一下电动机旋转的原理。在电动机中，有一根绕起来的电线，被称为线圈。在某个时间点的图如下所示。对线圈施加磁场 B，由于线圈是绕起来的，电流的方向在左半部分和右半部分是相反的。

也就是说，线圈的左半部分和右半部分受到的洛伦兹力的方向是相反的。这种反向施加的力成为使线圈旋转的力，这产生了电动机的旋转力（扭矩）。

$$F=BIL$$

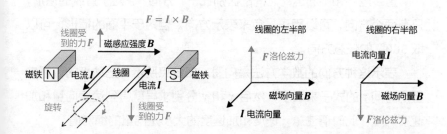

11.9 速度向量与加速度向量

速度向量与加速度向量在向量微积分的应用中很重要。

对于考生来说，学了这个之后，对物理的理解会变得更加顺畅。

 要点

按分量来计算，向量也可以求导。

二维平面上的速度、加速度

平面上运动的点 P 的坐标表示为时间 t 的函数 $(x(t), y(t))$，在 t 时刻，它的速度向量 $\boldsymbol{v}$ 和加速度向量 $\boldsymbol{a}$ 表示如下。

速度的大小

$$\boldsymbol{v} = \left[\frac{\mathrm{d}x(t)}{\mathrm{d}t}, \frac{\mathrm{d}y(t)}{\mathrm{d}t}\right] = [x'(t), y'(t)] \qquad |\boldsymbol{v}| = \sqrt{[x'(t)]^2 + [y'(t)]^2}$$

加速度的大小

$$\boldsymbol{a} = \left[\frac{\mathrm{d}^2x(t)}{\mathrm{d}t^2}, \frac{\mathrm{d}^2y(t)}{\mathrm{d}t^2}\right] = [x''(t), y''(t)] \qquad |\boldsymbol{a}| = \sqrt{[x''(t)]^2 + [y''(t)]^2}$$

📖 可以用向量分析平面上的运动

在 6.8 节中，我们介绍了直线上的速度和加速度。在本节中，我们将介绍使用向量分析平面上的速度和加速度。

直线运动和平面运动之间的区别在于"**方向**"。对于直线的情形，只有两个方向，可以用正、负来表示方向。但对于平面的情形，可以取 360° 的任意方向。

表示这种方向的数学方法是向量。如要点所示，把动点的位置向量用时间 t 的式子来表示，然后 x 和 y 分别求导就得到速度向量和加速度向量。此时请注意，速度和加速度的大小是向量的绝对值。

匀速圆周运动的分析

在这里，我将讲解在物理问题中可以看到的匀速圆周运动。

由于高中物理不使用微积分，所以可以只记住公式。不过，如果使用本节介绍的速度向量和加速度向量的思想，就可以清楚地理解其含义。请参照下图来遵循公式。

考虑动点 P，它在圆心为$(0, 0)$且半径为 r 的圆周上匀速旋转。此时设角速度为ω，在 t 时刻点 P 的位置为$(r\cos\omega t, r\sin\omega t)$。角速度$\omega$是单位时间内旋转的角度，由于是匀速旋转，因此它是恒定的。

此时，由于$\dfrac{\mathrm{d}x}{\mathrm{d}t} = -r\omega\sin\omega t$，$\dfrac{\mathrm{d}y}{\mathrm{d}t} = r\omega\cos\omega t$，可以求得速度向量 $\boldsymbol{v}$ 及其大小$|\boldsymbol{v}|$如下所示。

$$\boldsymbol{v} = (-r\omega\sin\omega t, r\omega\cos\omega t)$$

$$|\boldsymbol{v}| = \sqrt{(-r\omega\sin\omega t)^2 + (r\omega\cos\omega t)^2} = r\omega$$

※ 使用了 $\sin^2\theta + \cos^2\theta = 1$

同样，由于$\dfrac{\mathrm{d}^2 x}{\mathrm{d}t^2} = -r\omega^2\cos\omega t$，$\dfrac{\mathrm{d}^2 y}{\mathrm{d}t^2} = -r\omega^2\sin\omega t$，可以求得加速度向量 $\boldsymbol{a}$ 及其大小$|\boldsymbol{a}|$如下所示。

$$\boldsymbol{a} = (-r\omega^2\cos\omega t, -r\omega^2\sin\omega t)$$

$$|\boldsymbol{a}| = \sqrt{(-r\omega^2\cos\omega t)^2 + (-r\omega^2\sin\omega t)^2} = r\omega^2$$

每个向量的方向如下图所示。速度向量 $\boldsymbol{v}$ 是垂直于 $\boldsymbol{p}$ 且与旋转方向相同的向量。而加速度向量 $\boldsymbol{a}$ 与 $\boldsymbol{p}$ 方向相反。

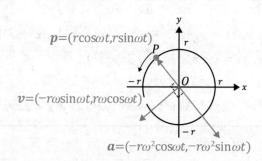

11.10 梯度、散度、旋度

本节内容虽然超出了高中数学的范围，但对于理解和应用电磁学、流体力学是必不可少的知识。那些已经进入大学理工科的人要尽快学会这些知识。

 要点

☞ **从物理（应用）开始学习更容易想象。**

向量的梯度、散度、旋度

给定一个向量函数 $F = [f_x(x, y, z), f_y(x, y, z), f_z(x, y, z)]$ 和一个标量函数 $g(x, y, z)$，梯度（grad）、散度（div）和旋度（rot）定义如下。

梯度（gradient，把标量转换为向量）

$$\text{grad } g(x, y, z) = \left[\frac{\partial}{\partial x} g(x, y, z), \frac{\partial}{\partial y} g(x, y, z), \frac{\partial}{\partial z} g(x, y, z) \right]$$

散度（divergence，把向量转换为标量）

$$\text{div } F = \frac{\partial f_x}{\partial x} + \frac{\partial f_y}{\partial y} + \frac{\partial f_z}{\partial z}$$

旋度（rotation，把向量转换为向量）

$$\text{rot } F = \left(\frac{\partial f_z}{\partial y} - \frac{\partial f_y}{\partial z}, \frac{\partial f_x}{\partial z} - \frac{\partial f_z}{\partial x}, \frac{\partial f_y}{\partial x} - \frac{\partial f_x}{\partial y} \right)$$

例：当 $g(x, y, z) = xy^2z^3$，$F = (xy^2z^3, x^2y^3z, x^3yz^2)$ 时，

$\text{grad } g(x, y, z) = (y^2z^3, 2xyz^3, 3xy^2z^2)$

$\text{div } F = y^2z^3 + 3x^2y^2z + 2x^3yz$

$\text{rot } F = (x^3z^2 - x^2y^3, 3xy^2z^2 - 3x^2yz^2, 2xy^3z - 2xyz^3)$

📖 向量微积分并不可怕

向量微积分的符号很难，看起来门槛很高。不过，请回想向量是把多个数打包在一起。也就是说，向量函数如果用坐标表示为 $\left[f_x(x,\ y,\ z),\ f_y(x,\ y,\ z),\ f_z(x,\ y,\ z)\right]$，也不过是把多个函数打包在一起。

由于数的个数增加，计算变得复杂，但如果你已经读到这里了，只要仔细遵循公式，就一定能理解。不用担心，学起来吧。

向量微积分中最重要的是这里所展示的**梯度**、**散度**、**旋度**等概念。但是，这些概念（特别是旋度）即使看了公式也不知道是什么意思。所以，如果从物理定律开始学习，就会对这些概念有一个直观的印象，更容易理解。

我是通过电磁学学习向量微积分的。通过电位和电场的关系学习梯度、通过高斯定律学习散度、通过安培定律学习旋度是个好主意。有时最好从应用中学习基础知识。

🖥 应用 麦克斯韦方程组

正如物体的运动用牛顿运动方程表示一样，电、磁、电磁波等电磁现象也有基本方程。那就是由如下所示的 4 个方程组成的麦克斯韦方程组来表示。

麦克斯韦方程组以电场和磁场（磁通密度）向量的旋度和散度的形式来描述。由于电场和磁场是向量，因此必须理解向量的微积分。

$$\text{div}\,\boldsymbol{E} = \frac{\rho}{\epsilon_0} \qquad \text{div}\,\boldsymbol{B} = 0 \qquad \text{rot}\,\boldsymbol{E} = -\frac{\partial \boldsymbol{B}}{\partial t} \qquad \text{rot}\,\boldsymbol{B} = \mu_0\left(\boldsymbol{j} + \epsilon_0\frac{\partial \boldsymbol{E}}{\partial t}\right)$$

$\boldsymbol{E}$：电场向量

$\boldsymbol{B}$：磁通密度向量

$\boldsymbol{j}$：电流密度向量

ρ：电荷密度

ϵ_0：真空电容率

μ_0：真空磁导率

抽象化是价值

在本章的导言中，我解释过向量是把多个数打包在一起。原因是"易于处理"。但是，除此以外也有另一个原因。那就是"抽象化"。

这里的抽象化是指可以将同一个方程应用于多个图形。在正文的例子中，二维的圆和三维的球面都是到中心距离相等的点的集合，用向量式方程表示为 $|p - c| = r$。这就是抽象化，圆和球面由相同的方程表示。

在数学世界中人们很重视这种抽象。其中最大的理由是为了"美"，但这不仅仅是兴趣，它有可能产生新的价值。

抽象化产生价值的一个例子是分析力学领域的运动方程。

牛顿建立牛顿力学体系后，以拉格朗日和哈密顿为核心的数学家将运动方程在数学上进行抽象化，使其不再依赖于坐标（例如，在直角坐标系和极坐标系中都可以使用）。研究的动机接近于兴趣。

然而，他们的这项工作为后来以量子力学为首的现代物理学的发展奠定了基础。这不是谁都能做到的，请感受一下数学中抽象化的巨大力量。这不仅仅是符号游戏。

下面是拉格朗日和哈密顿推导出的运动方程。它们和牛顿运动方程比起来太抽象了，我也头疼，但它们都是有相应价值的方程。

$$\frac{\mathrm{d}}{\mathrm{d}t} \frac{\partial L}{\partial \dot{q}_i} - \frac{\partial L}{\partial q_i} = 0$$

拉格朗日方程

$$\dot{q}_i = \frac{\partial H}{\partial p_i}, \ \dot{p}_i = -\frac{\partial H}{\partial q_i}$$

正则方程（哈密顿方程）

第 ⑫ 章

矩阵

导言

在向量的部分，我说过"向量是数的集合"。本章介绍的矩阵也被认为是数的集合。那么向量和矩阵的区别是什么呢？

这一眼就能看出来。向量是横向排列或纵向排列的数，而矩阵是**纵向二维排列和横向二维排列的数**。

$$\begin{bmatrix} 1 & 3 & 4 & 8 \end{bmatrix} \quad \begin{bmatrix} 1 \\ 8 \end{bmatrix} \quad \begin{bmatrix} 1 & 3 & 4 \end{bmatrix} \qquad \begin{bmatrix} 1 & 3 \\ 8 & 5 \end{bmatrix} \quad \begin{bmatrix} 1 & 3 & 7 \\ 8 & 5 & 4 \\ 2 & 6 & 9 \end{bmatrix} \quad \begin{bmatrix} 1 & 3 & 2 & 7 \\ 8 & 5 & 9 & 4 \end{bmatrix}$$

向量　　　　　　　　　　　　　　　　　　　　　　矩阵

很明显，它们看起来不同。然而，单这一点不同并不能令人满意。矩阵的本质是什么？

答案是"**进行向量的运算**"。向量是由数排列而成的。不过，如果只是把数收集起来，那么用向量就足够了。而矩阵是把一个向量变换为另一个向量的运算。因此，我们需要把数收集起来并按照矩阵的形式排列。

例如，假设有一个将向量(x, y)变换为(x', y')的运算。此时，这个运算需要 4 个数，分别表示 x 对 x' 的影响、x 对 y' 的影响、y 对 x' 的影响、y 对 y' 的影响。因此就有了一个 2×2 矩阵。

通过矩阵具体可以进行怎样的运算，将在个别条目中详细说明。这里请记住，**矩阵是把一个向量变换为另一个向量的运算**。

由于矩阵是向量的运算，所以它与第 11 章介绍的向量有非常密切的关系。虽然本书没有涉及，但大学一年级的线性代数课程会详细介绍它们之间的关系。这是一个重要的项目，不仅在物理学和统计学中，而且在整个工程学中都被广泛使用。

然而在 2018 年，矩阵已经不在高中数学范围内了。这很可惜 [1]。大学入学考试可是提高计算能力和熟悉矩阵的好机会。

矩阵有时在高中数学范围内，有时在高中数学范围外，因此本章将考生视为在高中学过矩阵。

对于以入门为目的来学习的人

认识到矩阵是把数按行和列收集起来，用于向量的运算。接下来，只要了解单位矩阵和逆矩阵等术语的含义就足够了。

对于在工作中使用数学的人

如果是 2×2 矩阵，在整理基本术语的同时，要能够手动计算。理解特征值和特征向量也是必须的。在实际使用中，要会处理 2×2 以上的大型矩阵。虽然计算是在计算机上完成的，但不应该完全把它视为一个黑箱。

对于考生

因为矩阵的计算方法很独特，所以需要好好地熟悉它。尤其需要练习逆矩阵的计算。接下来，请好好学习线性变换，它是矩阵的应用。

1　这是日本高中的情况。——译者注

第 12 章　矩阵

12.1 矩阵的基础及计算

矩阵只是把数按行和列收集起来。进行和与差的计算很简单，但是乘积的计算方法并不简单，所以一定要弄清楚。

> **要点**
>
> **矩阵的乘积并不是简单地把每个元素相乘。**

矩阵的定义

如右图所示，把数按 $m \times n$ 排列，称为"矩阵"。

向量可以被认为是只有 1 行或 1 列的特殊形式的矩阵。特别地，以下例子中展示了 2×2 矩阵。

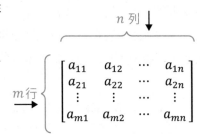

$$\begin{array}{c} n \ \text{列} \ \downarrow \\ \left.\begin{array}{c} m \ \text{行} \end{array}\right\{ \begin{bmatrix} a_{11} & a_{12} & \cdots & a_{1n} \\ a_{21} & a_{22} & \cdots & a_{2n} \\ \vdots & \vdots & \cdots & \vdots \\ a_{m1} & a_{m2} & \cdots & a_{mn} \end{bmatrix} \end{array}$$

矩阵的和与差

$$\begin{bmatrix} a & b \\ c & d \end{bmatrix} + \begin{bmatrix} e & f \\ g & h \end{bmatrix} = \begin{bmatrix} a+e & b+f \\ c+g & d+h \end{bmatrix}, \quad \begin{bmatrix} a & b \\ c & d \end{bmatrix} - \begin{bmatrix} e & f \\ g & h \end{bmatrix} = \begin{bmatrix} a-e & b-f \\ c-g & d-h \end{bmatrix}$$

矩阵的和 　　　　　　　　　　　　矩阵的差

矩阵的乘积

对于矩阵 A、B，如果 A 的列数与 B 的行数相等，则乘积 AB 可以定义。

一般来说，矩阵的乘积不可交换。换句话说，AB 与 BA 不相等。

1 行 2 列（向量）× 2 行 1 列（向量）表示内积。

$$\begin{pmatrix} a & b \end{pmatrix} \begin{pmatrix} p \\ q \end{pmatrix} = ap + bq$$

$$\begin{bmatrix} a & b \\ c & d \end{bmatrix} \begin{bmatrix} p \\ q \end{bmatrix} = \begin{bmatrix} ap+bq \\ cp+dq \end{bmatrix}, \quad \begin{bmatrix} a & b \\ c & d \end{bmatrix} \begin{bmatrix} e & f \\ g & h \end{bmatrix} = \begin{bmatrix} ae+bg & af+bh \\ ce+dg & cf+dh \end{bmatrix}$$

2 行 2 列（向量）× 2 行 1 列（向量）　　　　　2 行 2 列（向量）× 2 行 2 列（向量）

注意矩阵的乘积

矩阵只是把数按行和列来排列。而和与差的计算是分别把对应元素相加、相减来计算。也就是说，**两个矩阵必须具有相同的行数和列数才能定义和与差**。此外，矩阵的 k 倍是把所有元素乘以 k。这很简单。

不过乘积有点麻烦。乘积不是简单地把对应元素相乘。首先，请着眼于 1×2 矩阵与 2×1 矩阵的计算。这表示向量 $(a \quad b)$ 与 $(p \quad q)$ 的内积，所以结果是标量。同样，矩阵与矩阵的乘法 AB 是 A 的第 1 行分量与 B 的第 1 列分量、A 的第 2 行分量与 B 的第 1 列分量……，可以说是**把各个行向量与列向量的内积结果排列起来**。

此外请注意，对于矩阵乘法，交换律一般不成立，即 AB 与 BA 不相等。接下来，让我们实际动手计算，直到熟悉它为止。

应用 程序的矩阵和数组

那么，为什么计算矩阵的乘积要采用如此复杂的计算方法，而不是简单地相乘呢？这是因为它可以应用于后面将要介绍的线性方程组和线性变换等。这**只是为了使用起来方便而制定的规则**。

在编程的时候也经常使用数的排列。这时，也可能只想简单地相乘。对于这种情形，我们将数的排列定义为"数组"。数组的乘积是简单地把元素与元素相乘，如下所示（为了不和矩阵混淆，对于数组，我们把数的序列括在□中来表示）。如果把数的排列定义为矩阵，乘积就是要点所示的运算。请注意不要弄错。

$$\begin{array}{|cc|} a & b \\ c & d \end{array} \begin{array}{|cc|} e & f \\ g & h \end{array} = \begin{array}{|cc|} ae & bf \\ cg & dh \end{array}$$

12.2 单位矩阵与逆矩阵、行列式

以入门为目的的人，关于矩阵至少要了解本节的内容。
以实用为目的的人需要能够手动计算。

 要点

逆矩阵类似于"倒数"。

单位矩阵

将下面的矩阵 E 称为单位矩阵。

$$E = \begin{bmatrix} 1 & 0 \\ 0 & 1 \end{bmatrix}$$

单位矩阵对于任意的矩阵 A 都有 $AE = EA = A$，即它是不改变 A 的矩阵。

逆矩阵

对于矩阵 A，满足 $AX = XA = E$ 的矩阵 X 被称为矩阵 A 的逆矩阵，记作 A^{-1}。也就是说，$A^{-1}A = AA^{-1} = E$。

设 $A = \begin{bmatrix} a & b \\ c & d \end{bmatrix}$，则 $A^{-1} = \dfrac{1}{ad - bc}\begin{bmatrix} d & -b \\ -c & a \end{bmatrix}$

上式在 $ad - bc \neq 0$ 时成立。如果 $ad - bc = 0$ 则 A 的逆矩阵不存在。将 $ab - bc$ 称为矩阵 A 的行列式，表示为 $\det A$ 或 $|A|$。

换句话说，$\det A = |A| = ad - bc$。

📖 **矩阵的除法使用逆矩阵**

逆矩阵是为了矩阵的除法而产生的。**可以说矩阵的逆矩阵相当于普通数的倒数**。

实数 a 的倒数是 $\dfrac{1}{a}$。除以 a 与乘以 a 的倒数 $\dfrac{1}{a}$ 相同。显然有

$a \div a = 1$ 成立，因此 $a \times \left[\dfrac{1}{a}\right]$ 也等于 1。我们使用这个性质来考虑矩阵的除法。

首先，我们必须考虑一个相当于实数乘法的"1"的矩阵。实数 1 具有 "$a \times 1 = a$" 的性质，即 1 乘以任何数都等于该数本身。因此，对于矩阵，我们要找到矩阵 E，使得 $AE = EA = A$，即乘以任何矩阵 A 都得到该矩阵本身（在矩阵的情形，由于右乘和左乘的结果通常是不同的，因此要考虑不论右乘还是左乘都等于 A 的矩阵）。它就是要点所示的单位矩阵。

接下来，对于矩阵 A，我们要找到矩阵 A^{-1}，使得 $AA^{-1} = A^{-1}A = E$。它就是要点中定义的逆矩阵。**对于一个矩阵 A，除以矩阵 B 相当于乘以 B 的逆矩阵 B^{-1}，也就是求 AB^{-1}**（虽然啰唆，但是由于矩阵右乘和左乘得到的结果是不同的，所以请明确区分右乘和左乘）。

行列式的概念对于矩阵来说很重要。在大学里学了线性代数就会知道行列式的深奥。在这里请记住**它可以判定逆矩阵是否存在**。

这些内容对一般的方阵（不仅是 2×2，而是 $n \times n$ 矩阵）都成立。但是，随着矩阵规模的增大，求行列式和逆矩阵所需要的计算量会迅速增加，难度也会变大。

12.3　矩阵与联立方程组

在计算机上求解联立方程组时经常会使用矩阵。因此，以实用为目的的人一定要查看本节内容。

> 要点
>
> **联立方程组可以用矩阵来描述和求解。**
>
> **联立方程组使用矩阵的表示法和解法**
>
> 联立方程组可以用矩阵表示，具体如下。
>
> $$\begin{cases} ax + by = p \\ cx + dy = q \end{cases} \implies \begin{bmatrix} a & b \\ c & d \end{bmatrix} \begin{bmatrix} x \\ y \end{bmatrix} = \begin{bmatrix} p \\ q \end{bmatrix}$$
>
> 此时如果 $\begin{bmatrix} a & b \\ c & d \end{bmatrix}$ 的逆矩阵存在，即行列式 $ad - bc \neq 0$，可以求得 x, y 为
>
> $$\begin{bmatrix} x \\ y \end{bmatrix} = \begin{bmatrix} a & b \\ c & d \end{bmatrix}^{-1} \begin{bmatrix} p \\ q \end{bmatrix} = \frac{1}{ad - bc} \begin{bmatrix} d & -b \\ -c & a \end{bmatrix} \begin{bmatrix} p \\ q \end{bmatrix}$$
>
> 如果行列式 $ad - bc = 0$，则方程组"有无穷多解"或"无解"。

用矩阵也可以求解联立方程组

也可以表示用矩阵联立方程组。这也是矩阵的应用领域。如要点所示，二元（变量有 2 个，方程也有 2 个）联立方程组用 2×2 矩阵来表示。使用逆矩阵就能机械地求解。

不过，如果像要点的例子那样只有 2 个变量，你就感受不到使用矩阵的好处了。不仅如此，甚至可能觉得更麻烦。但是，在应用数学时，具有 10 个或更多变量的联立方程组很常见。在求解那样的联立方程组时，用矩阵来表示联立方程组的效果就显现了。

如果用矩阵表示联立方程组，就可以使用逆矩阵机械地求解。但是，具有很多变量的联立方程组的矩阵会变得很大。而且即使有计算机，求一个大型矩阵的逆矩阵也并不容易。

因此，在求解具有很多变量的联立方程组时，我们使用一种被称为**高斯消元法**的方法（算法）。

现在，让我们求解如下所示的 4 个变量的联立方程组。

$$\begin{cases} 2a + b - 3c - 2d = -4 \\ 2a - b - c + 3d = 1 \\ a - b - 2c + 2d = -3 \\ -a + b + 3c - 2d = 5 \end{cases}$$

把联立方程组写成矩阵形式

$$\begin{bmatrix} 2 & 1 & -3 & -2 \\ 2 & -1 & -1 & 3 \\ 1 & -1 & -2 & 2 \\ -1 & 1 & 3 & -2 \end{bmatrix} \begin{bmatrix} a \\ b \\ c \\ d \end{bmatrix} \begin{bmatrix} -4 \\ 1 \\ -3 \\ 5 \end{bmatrix}$$

$$\begin{bmatrix} 2 & 1 & -3 & -2 & -4 \\ 2 & -1 & -1 & 3 & 1 \\ 1 & -1 & -2 & 2 & -3 \\ -1 & 1 & 3 & -2 & 5 \end{bmatrix}$$

通过下面 3 种操作把它变成右边的形式
① 行乘以常数
② 交换行
③ 把一行加到另一行上

$$\begin{bmatrix} 1 & 0 & 0 & 0 & A \\ 0 & 1 & 0 & 0 & B \\ 0 & 0 & 1 & 0 & C \\ 0 & 0 & 0 & 1 & D \end{bmatrix}$$

A、B、C、D 为联立方程组的解

首先，把联立方程组写成矩阵，它是一个 4×5 的矩阵。目标是通过上面所示的 3 种操作把它变成右边那样的矩阵。

$$\begin{bmatrix} 1 & -1 & -2 & 2 & -3 \\ 2 & 1 & -3 & -2 & -4 \\ 2 & -1 & -1 & 3 & 1 \\ -1 & 1 & 3 & -2 & 5 \end{bmatrix} \begin{matrix} —① \\ —② \\ —③ \\ —④ \end{matrix}$$

$$\begin{matrix} ① \\ ②+④×2 \\ ③+④×2 \\ ④+① \end{matrix} \begin{bmatrix} 1 & -1 & -2 & 2 & -3 \\ 0 & 3 & 3 & -6 & 6 \\ 0 & 1 & 5 & -1 & 11 \\ 0 & 0 & 1 & 0 & 2 \end{bmatrix}$$

$$\begin{bmatrix} 1 & 0 & 0 & 0 & 1 \\ 0 & 1 & 0 & 0 & 2 \\ 0 & 0 & 1 & 0 & 2 \\ 0 & 0 & 0 & 1 & 1 \end{bmatrix}$$

因此

$$\begin{bmatrix} a \\ b \\ c \\ d \end{bmatrix} = \begin{bmatrix} 1 \\ 2 \\ 2 \\ 1 \end{bmatrix}$$

具体来说就是，像上面那样通过执行 3 种操作从而逐步接近目标矩阵。最后达到目标矩阵，就可以求解联立方程组。其实我们所做的与加减消元法求解方程组没有什么两样，只是描述方法不同。

12.4 矩阵与线性变换

用矩阵来表示在 10.5 节和 10.6 节中介绍的图形对称和旋转。可以看到，矩阵能够更清晰地表示图形对称和旋转。

> **要点**
>
> **特别是旋转，可以用矩阵简洁地表示。**

线性变换

使用矩阵把点(x, y)变为点(x', y')，称为线性变换。

$$\begin{bmatrix} x' \\ y' \end{bmatrix} = \begin{bmatrix} a & b \\ c & d \end{bmatrix} \begin{bmatrix} x \\ y \end{bmatrix}$$

矩阵 A 各种各样的变换表示如下。

● 相似·放大。

$$A = \begin{bmatrix} k & 0 \\ 0 & k \end{bmatrix}$$

● 对称。

关于 x 轴对称：$A = \begin{bmatrix} 1 & 0 \\ 0 & -1 \end{bmatrix}$

关于 y 轴对称：$A = \begin{bmatrix} -1 & 0 \\ 0 & 1 \end{bmatrix}$

关于原点对称：$A = \begin{bmatrix} -1 & 0 \\ 0 & -1 \end{bmatrix}$

关于 $y = x$ 对称：$A = \begin{bmatrix} 0 & 1 \\ 1 & 0 \end{bmatrix}$

● 旋转（以原点为中心）。

$$A = \begin{bmatrix} \cos\theta & -\sin\theta \\ \sin\theta & \cos\theta \end{bmatrix}$$

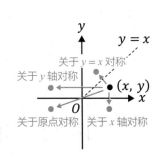

这里介绍的是，用矩阵的语言来表达 10.5 节和 10.6 节中介绍的坐标平面上的图形运动。它们在数学上是等价的。不过，这些变换用矩阵来表示，就会变得更简单易懂。

特别是在编程等领域，简单易懂是很有价值的。使用数学的人，不要只追求答案正确，**也要讲究简洁性**，这样也能提高工作质量。

💻 应用 平移的表示方法

前面讲过，线性变换是用矩阵来表示坐标平面上的点的移动。但是在要点中没有平移。实际上，**2×2 矩阵无法表示平面的点的平移**。

但是，如果连平移这样的基本移动都无法表示的话，矩阵就无法使用。所以人们使用 3×3 矩阵来表示平面上的移动。

$$\begin{bmatrix} a & b & 0 \\ c & d & 0 \\ 0 & 0 & 1 \end{bmatrix} \begin{bmatrix} x \\ y \\ 1 \end{bmatrix} = \begin{bmatrix} ax+by \\ cx+dy \\ 1 \end{bmatrix} \qquad \begin{bmatrix} 1 & 0 & p \\ 0 & 1 & q \\ 0 & 0 & 1 \end{bmatrix} \begin{bmatrix} x \\ y \\ 1 \end{bmatrix} = \begin{bmatrix} x+p \\ y+q \\ 1 \end{bmatrix}$$

使用 3×3 矩阵作为替身　　　　　　　平移 (p, q) 如上所示

像上面那样考虑将 3×3 矩阵作为替身。只有第 3 行的第 3 列分量是 1，第 3 行和第 3 列的其他分量都是 0。这样的话，如果只取出计算结果的第 1 行和第 2 行的分量，就和 2×2 矩阵的计算结果一样了。

表示平移时，在第 3 列的第 1 行、第 2 行分量中放入平移的量（这里 x 方向为 p、y 方向为 q）。于是，x, y 就分别变为 $x + p$、$y + q$，这样就可以表示平移。

因此，在实际使用线性变换的矩阵时，通常使用大一阶的矩阵，如果是平面就用 3×3 矩阵，如果是空间就用 4×4 矩阵。

12.5 特征值和特征向量

　　说到矩阵，特征值、特征向量等概念就会经常出现。至少要明白它们的含义。

要点

👆 **特征向量是方向不会因线性变换而改变的向量。**

特征值与特征向量的定义

对于矩阵 $A = \begin{bmatrix} a & b \\ c & d \end{bmatrix}$，存在非零向量 $X = \begin{bmatrix} x_0 \\ y_0 \end{bmatrix}$ 和某个实数 λ，在使得 $AX = \lambda X$ 成立时，也就是 $\begin{bmatrix} a & b \\ c & d \end{bmatrix} \begin{bmatrix} x_0 \\ y_0 \end{bmatrix} = \lambda \begin{bmatrix} x_0 \\ y_0 \end{bmatrix}$ 时，λ 被称为 A 的特征值，将 X 称为 A 的特征向量。

矩阵 A 的特征值 λ 是下面二次方程（特征方程）的解。

$$\lambda^2 - (a + d)\lambda + (ad - bc) = 0$$

例：求 $A = \begin{bmatrix} 3 & 1 \\ 2 & 2 \end{bmatrix}$ 的特征值和特征向量。

特征值为 $\lambda^2 - (3 + 2)\lambda + (3 \times 2 - 1 \times 2) = 0$

即 $\lambda^2 - 5\lambda + 4 = 0$ 的解，因此 $\lambda = 1, \lambda = 4$。

对于 $\lambda = 1$，设特征向量为 $[x_1, y_1]$，则 $\begin{bmatrix} 3 & 1 \\ 2 & 2 \end{bmatrix} \begin{bmatrix} x_1 \\ y_1 \end{bmatrix} = \begin{bmatrix} x_1 \\ y_1 \end{bmatrix}$。

因此满足 $2x_1 + y_1 = 0$ 的所有 $[x_1, y_1]$ 就是所求特征向量，例如 $[-1, 2]$。

同样，$\lambda = 4$ 的特 x 征向量 $[x_2, y_2]$ 为满足 $x_2 - y_2 = 0$ 的所有 $[x_2, y_2]$，例如 $[1, 1]$。

📖 直观地理解特征值、特征向量

特征值、特征向量的数学公式定义如要点所示。在这里，我想在坐标平面上直观地表示一下。

特征方程是 λ 的二次方程，一般有 2 个解。这里设矩阵 A 的特征值为 n 和 m，对应的特征向量分别为 u，v。

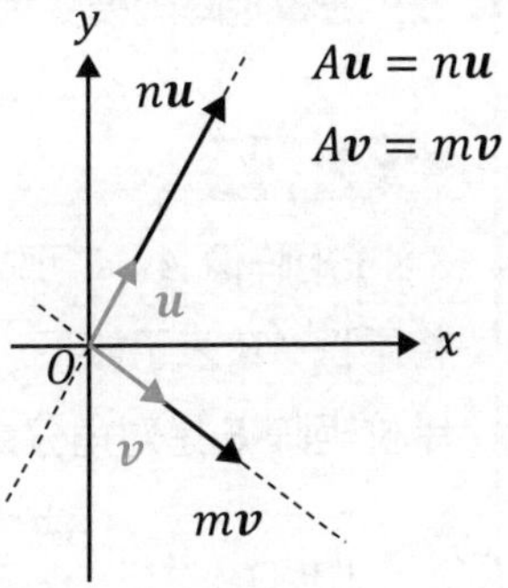

那么，如右图所示，矩阵 A 所表示的线性变换意味着，对于特征向量 u，v，在同一方向上变为 n 倍、m 倍。

例如，绕原点旋转 θ 的线性变换在 x、y 平面上不存在这样的向量，这可以直观地看出来。实际上，**旋转矩阵的特征方程没有实数解，在 xy 平面内没有特征向量**。

$$Au = nu$$
$$Av = mv$$

综上所述，特征值、特征向量不只是计算公式，还可以作为坐标上的线性变换来学习，这样就能给人留下较深的印象。

应用　矩阵的对角化

矩阵的特征值和特征向量有什么用？这个问题的答案之一是**矩阵的对角化**。使用特征值和特征向量，就可以把矩阵转换为像右边那样的对角矩阵。

对角矩阵易于计算，在把矩阵应用于物理时有很好的前景。特别是大型矩阵，效果尤为明显。因此，在实际使用矩阵时，应首先考虑是否可以将其对角化。

$$\begin{bmatrix} 3 & 0 \\ 0 & 2 \end{bmatrix} \quad \begin{bmatrix} 6 & 0 & 0 \\ 0 & 2 & 0 \\ 0 & 0 & 7 \end{bmatrix}$$

$$\begin{bmatrix} 9 & 0 & 0 & 0 \\ 0 & 4 & 0 & 0 \\ 0 & 0 & 1 & 0 \\ 0 & 0 & 0 & 3 \end{bmatrix}$$

对角矩阵
（对角以外的分量均为 0）

第 12 章

矩阵

253

12.6 3×3 矩阵

以实用为目的的人可能会处理 3×3 或更高阶的矩阵。大型矩阵有很多元素，计算起来非常麻烦。

 要点

随着矩阵规模变大，计算量也迅速增加。

3×3矩阵

3×3 矩阵像 A、B 那样由 9 个元素组成。

将乘积 AB 表示如下。

单位矩阵 E 是对角分量为 1 的矩阵。

$$A = \begin{bmatrix} a_{11} & a_{12} & a_{13} \\ a_{21} & a_{22} & a_{23} \\ a_{31} & a_{32} & a_{33} \end{bmatrix} \quad B = \begin{bmatrix} b_{11} & b_{12} & b_{13} \\ b_{21} & b_{22} & b_{23} \\ b_{31} & b_{32} & b_{33} \end{bmatrix} \quad E = \begin{bmatrix} 1 & 0 & 0 \\ 0 & 1 & 0 \\ 0 & 0 & 1 \end{bmatrix}$$

$$AB = \begin{bmatrix} a_{11}b_{11} + a_{12}b_{21} + a_{13}b_{31} & a_{11}b_{12} + a_{12}b_{22} + a_{13}b_{32} & a_{11}b_{13} + a_{12}b_{23} + a_{13}b_{33} \\ a_{21}b_{11} + a_{22}b_{21} + a_{23}b_{31} & a_{21}b_{12} + a_{22}b_{22} + a_{23}b_{32} & a_{21}b_{13} + a_{22}b_{23} + a_{23}b_{33} \\ a_{31}b_{11} + a_{32}b_{21} + a_{33}b_{31} & a_{31}b_{12} + a_{32}b_{22} + a_{33}b_{32} & a_{31}b_{13} + a_{32}b_{23} + a_{33}b_{33} \end{bmatrix}$$

矩阵 A 的行列式 $\det A$ 由下式表示。

$$\det A = a_{11}a_{22}a_{33} + a_{12}a_{23}a_{31} + a_{13}a_{21}a_{32}$$
$$- a_{13}a_{22}a_{31} - a_{11}a_{23}a_{32} - a_{12}a_{21}a_{33}$$

逆矩阵 A^{-1} 由下式表示。

$$A^{-1} = \frac{1}{\det A} \begin{bmatrix} a_{22}a_{33} - a_{23}a_{32} & -a_{12}a_{33} + a_{13}a_{32} & a_{12}a_{23} - a_{13}a_{22} \\ -a_{21}a_{33} + a_{23}a_{31} & a_{11}a_{33} - a_{13}a_{31} & -a_{11}a_{23} + a_{13}a_{21} \\ a_{21}a_{32} - a_{22}a_{31} & -a_{11}a_{32} + a_{12}a_{31} & a_{11}a_{22} - a_{12}a_{21} \end{bmatrix}$$

特征值通过求解下面方程得到。

$$\det(\lambda E - A) = 0$$

在本章的开头讲过矩阵是向量的运算。迄今为止介绍的 2×2 矩阵是二维向量的运算。如果是三维向量的运算，则需要 3×3 矩阵。

但是，正如你看到的，如果是 3 行 3 列的矩阵，元素就变成 9 个，因此**计算变得非常麻烦。如果矩阵规模进一步变大，可以看到计算将会变得多么复杂**。

手动计算是非常困难的，实际上计算还是交给计算机来完成。话虽如此，如果是程序员，就有必要理解计算公式，因此跟着公式算一遍吧。

应用 用高斯消元法求逆矩阵

在计算大型矩阵的逆矩阵时要使用计算机。此时，我们使用被称为高斯消元法的算法来计算逆矩阵。

该算法是把 A 和 E 横向排列，合并为一个矩阵，如下所示。然后对这个矩阵执行 3 种基本操作（一行乘以常数、一行与另一行交换、一行乘以常数再加到另一行上），使左半边变为单位矩阵。那么右半边的矩阵就是逆矩阵。

此方法可以应用于任何 $n \times n$ 矩阵，是一种非常方便的方法。

$$A = \begin{bmatrix} 1 & 1 & -1 \\ -2 & -1 & 1 \\ -1 & -2 & 1 \end{bmatrix} \quad E = \begin{bmatrix} 1 & 0 & 0 \\ 0 & 1 & 0 \\ 0 & 0 & 1 \end{bmatrix} \Rightarrow \left[\begin{array}{ccc|ccc} 1 & 1 & -1 & 1 & 0 & 0 \\ -2 & -1 & 1 & 0 & 1 & 0 \\ -1 & -2 & 1 & 0 & 0 & 1 \end{array}\right]$$

$$\left[\begin{array}{ccc|ccc} 1 & 1 & -1 & 1 & 0 & 0 \\ -2 & -1 & 1 & 0 & 1 & 0 \\ -1 & -2 & 1 & 0 & 0 & 1 \end{array}\right] \begin{array}{l} ① \\ ② \\ ③ \end{array} \Rightarrow \left[\begin{array}{ccc|ccc} 1 & 1 & -1 & 1 & 0 & 0 \\ 0 & 1 & -1 & 2 & 1 & 0 \\ 0 & -1 & 0 & 1 & 0 & 1 \end{array}\right] \begin{array}{l} ① \\ ②+①\times 2 \\ ③+① \end{array}$$

$$\Rightarrow \left[\begin{array}{ccc|ccc} 1 & 0 & 0 & -1 & -1 & 0 \\ 0 & 1 & 0 & -1 & 0 & -1 \\ 0 & 0 & 1 & -3 & -1 & -1 \end{array}\right] \quad A^{-1} = \begin{bmatrix} -1 & -1 & 0 \\ -1 & 0 & -1 \\ -3 & -1 & -1 \end{bmatrix}$$

应该在高中数学教矩阵吗

在本章的导言中也提到过，矩阵有时在高中数学范围内，有时在高中数学范围外。也就是说，这个领域到底是应该广为人知，还是只有少数人在大学里学习就可以，教育专家也难以给出答案。

我在高中学习了矩阵，但与大学的线性代数相比，在高中学习的矩阵是初级中的初级。所以，"干脆高中不教，放到大学课程吧"这种想法在某种程度上也是有道理的。

但是，我认为最好在高中教矩阵，至少对理科学生来说是这样的。主要有以下两个原因。

① 矩阵计算比较特殊，因此最好通过考试学习来熟悉。

逆矩阵计算等矩阵的计算很复杂。如果你在高中没有充分练习 2×2 矩阵的处理，我感觉你在大学学习线性代数时不会顺利。如果把矩阵加入高中课程，它就会出现在大学入学考试中，因此为了通过入学考试你就会充分练习。

② 交换律不适用于矩阵。

一般来说，交换律不适用于矩阵。也就是说，$AB \neq BA$。在高中只有矩阵才会出现这样的情况。让高中生知道存在交换律不成立的情况，我认为是有一定意义的。

所以我是希望高中课程恢复矩阵的人之一。但是，为了使其复活，就不得不削减某些项目，这实在是件令人烦恼的事情。

第 ⑬ 章

复数

导言

由人决定虚实

二次方程中首先引入了复数（虚数）。那时我讲过："一个方程的解为虚数，意味着无法求解该方程，因此所得的虚数解没有意义。"

读到这里可能有人会认为"虚数是假的，没有任何意义"。然而这是不对的。特别是对于那些在研究机构和企业中使用数学的人，复数是拓展世界的"工具"。

实际上，我从事的是半导体元件建模的工作。在这项工作中，经常会出现复数，没有它就不可能完成工作。一个本应是假数的数却在实践中发挥了作用，这是怎么回事呢？

这就变成了把什么应用于数字的问题。例如，如果只看"5"这个数字，谁也不知道是什么意思。我们不知道它是表示 5 个人、5L水还是 5km 的距离。在使用数字的时候，重要的是**人们赋予"5"这个数字什么样的意义**。

我把复数用于波的表示。此时，把"振幅""相位（角度）"这样明确的实体分别对应于复数的模、辐角。因此可以方便地使用复数。

"$i^2 = -1$"只不过是数学的规则。把灵魂注入其中的，是使用它的人类。

为什么要特意使用复平面

从现在开始我们将学习复平面，但实际上同样的事情用向量和矩阵也能完成。尽管如此，为什么还要使用复平面呢？我来说明一下原因。

那是因为比起向量和矩阵，复数可以更简洁地表示"旋转"。例如，复平面上的复数乘以"i"，相当于在平面上旋转 90°。这比使用旋转矩阵和向量更容易计算。因此，在 3D 动画等领域中用到复数（在这种情况下是四元数）。

对于以入门为目的来学习的人

要掌握比"$i^2 = -1$"更进一步的知识。知道用复数来处理平面。此外，欧拉公式非常有名，因此，作为入门知识我希望你能了解它。

对于在工作中使用数学的人

本书介绍的内容都是基本知识，必须扎实地掌握。此外，在计算和编程中使用复数时，请注意定义。函数的用法可能因软件和编程语言而异。

对于考生

可以把公式全部背下来，也可以分别单独处理。但是，通过与向量、平面图形等结合起来学习，可以加深相互间的理解。虽然看起来有点绕，但在学习的过程中请留意与相关领域的关系。

实用 ★★★★★ 考试 ★★★★★

13.1 复数的基础

复数的定义理解起来并不难，但要注意绝对值的定义，它并不仅仅是平方后取平方根。

 要点

复数的计算是把 i 像代数式一样来对待。

虚数单位

将满足 $i^2 = -1$ 的 i 记作 $i = \sqrt{-1}$。

此时，称 i 为虚数单位（在电气工程领域有时也用 j）。

复数

将用两个实数 a、b 表示为 $a + bi$ 形式的数称为复数。

此时将 a 称为实部，b 称为虚部。

复数是把 i 像代数式一样对待，从而可以计算（请参考 2.5 节）。

其中，要把 i^2 替换为 -1。

共轭复数和复数的绝对值

对于复数 $z = a + bi$，将改变虚部符号得到的数 $\bar{z} = a - bi$ 称为共轭复数，记作 $\bar{z}$。此外，将 $\sqrt{a^2 + b^2}$ 称为 z 的绝对值，记作 "$|z|$"。绝对值也被记作 "$\sqrt{z\bar{z}}$"。

📖 **注意复数的绝对值**

复数的计算可以被视为具有规则 $i^2 = -1$ 的代数式的计算，这很简单。但是要注意共轭复数这个术语和绝对值的定义。

如右图所示，复数可以在具有

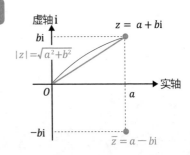

实轴和虚轴的平面（复平面）上表示出来。以这种方式来看，**绝对值就是原点到 z 的距离，共轭复数就是 z 关于实轴对称的点。**

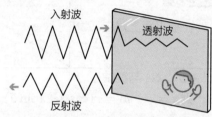应用 用复数表示反射系数

当光和交流电压等的波进入不同的物质时，会在界面处发生反射。例如，当光进入玻璃时，一部分的光被反射并沿相反方向传播，另一部分的光会直接进入玻璃。当然，入射波和反射波的振幅是不同的（由于存在透射部分，反射波振幅小于入射波）。

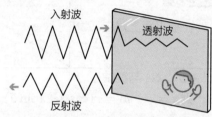

在这里，为了表示波的反射，仅有振幅的信息是不够的。还必须考虑**相位**。

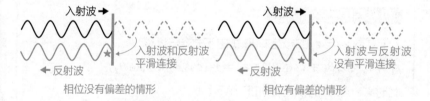

相位是表示周期性变化的波在周期变化中的位置的数字。请留意上图中★的部分。在反射时如果相位没有偏差，反射波和入射波就能连续地连接。但是，如果相位有偏差，入射波和反射波之间有空隙，不能连续连接，这就是相位差。

一般来说，波的反射存在相位差。表示反射现象的"**反射系数**"使用复数来处理振幅和相位两种信息。

13.2 复平面与极坐标形式

当以极坐标形式表示时，复平面就会得到有趣的结果。请理解复平面上复数与旋转的关系。

> **要点**
>
> **乘以 i 就是在复平面上旋转 90°。**

复平面与极坐标形式

设复数 $z = a + bi$ 在复平面上对应的点为 A。

设 $|z| = r = \sqrt{a^2 + b^2}$，$OA$ 与实轴正向的夹角为 θ，则 $z = a + bi = r(\cos\theta + i\sin\theta)$。

此时 θ 被称为辐角，将复数 z 的辐角记为 $\arg(z)$。即 $\arg(z) = \theta$。

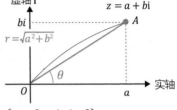

极坐标形式的乘除法

2 个复数 z_1 与 z_2 的极坐标形式由下式给出。

$$z_1 = r_1(\cos\theta_1 + i\sin\theta_1), \quad z_2 = r_2(\cos\theta_2 + i\sin\theta_2)$$

此时，z_1 与 z_2 的积与商如下所示。

$$z_1 z_2 = r_1 r_2[\cos(\theta_1 + \theta_2) + i\sin(\theta_1 + \theta_2)]$$

$$\frac{z_1}{z_2} = \frac{r_1}{r_2}[\cos(\theta_1 - \theta_2) + i\sin(\theta_1 - \theta_2)]$$

棣莫弗定理

关于 $z = (\cos\theta + i\sin\theta)$ 的幂 z^n，下式成立。

$$z^n = (\cos\theta + i\sin\theta)^n = \cos(n\theta) + i\sin(n\theta)$$

之所以使用复平面，是因为"旋转容易表示"。在本节中，我希望你能感受到复数和旋转之间的契合。

极坐标形式与在10.8节中讲解的"极坐标"的思路相同。换句话说，**它是通过到原点的距离和与实轴正向的夹角来表示复数**，而不是像 $z = a + bi$ 这样的直角坐标的思路。

此时，复数 z_1 与 z_2 的乘除法具有有趣的性质。画出来如下图所示。乘法的绝对值是将 z_1 的绝对值与 z_2 的绝对值相乘，辐角是将 z_1 的辐角与 z_2 的辐角相加。除法的绝对值是 z_1 的绝对值除以 z_2 的绝对值，辐角是 z_1 的辐角减去 z_2 的辐角。

例如，如果将绝对值为 4 且辐角为 60° 的 z_1 除以绝对值为 2 且辐角为 30° 的 z_2，则容易求得商的绝对值为 2 且辐角为 30°。

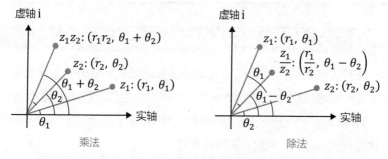

乘法　　　　　　　　　　　除法

学习了极坐标形式，就可以很好地理解**乘以 i 是 90° 旋转，乘以 −1 是 180°** 旋转。在极坐标形式的公式中，设 $r = 1$，$\theta = 90°$，则 $z = i$，设 $r = 1$，$\theta = 180°$，则 $z = -1$。此外，棣莫弗定理是说绝对值为 1 且辐角为 θ 的复数 n 次幂时辐角变为 $n\theta$，这个结果很容易从极坐标形式的乘法推导出来。

比起矩阵，使用复平面可以更清晰地表示旋转，计算也更简单。你理解了吗？

13.3 欧拉公式

欧拉公式是一个非常有名的公式，所以即使是以入门为目的的人也应该记住它，它也被称为世界上最美的等式之一。

 要点

欧拉公式用指数函数来表示三角函数。

欧拉公式

设 i 为虚数单位，e 为自然常数，则下式成立。

$$e^{ix} = \cos x + i \sin x$$

特别地，在上式中令 $x = \pi$，得到下式。

$$e^{i\pi} + 1 = 0$$

📖 连接指数函数和三角函数的公式

欧拉公式是连接三角函数和指数函数的公式。此外，这个公式中令 $x = \pi$ 得到的等式" $e^{i\pi} + 1 = 0$ "也被称为世界上最美的等式之一。

我将介绍一个证明方法，证明方法有很多，这里我将介绍使用麦克劳林展开式的方法，直观上更容易掌握。

首先，把 e^x，$\cos x$，$\sin x$ 进行麦克劳林展开。

$$e^x = \sum_{k=0}^{\infty} \frac{x^k}{k!} = 1 + x + \frac{x^2}{2!} + \frac{x^3}{3!} + \frac{x^4}{4!} - \cdots$$

$$\cos x = \sum_{k=0}^{\infty} (-1)^k \frac{x^{2k}}{(2k)!} = 1 - \frac{x^2}{2!} + \frac{x^4}{4!} - \frac{x^6}{6!} + \cdots$$

$$\sin x = \sum_{k=0}^{\infty} (-1)^k \frac{x^{2k+1}}{(2k+1)!} = x - \frac{x^3}{3!} + \frac{x^5}{5!} - \frac{x^7}{7!} + \cdots$$

这里把 e^x 的 x 替换为 ix，由于 $i^2 = -1$，

$$e^{ix} = 1 + ix - \frac{x^2}{2!} - \frac{ix^3}{3!} + \frac{x^4}{4!} + \cdots$$

$$= \left(1 - \frac{x^2}{2!} + \frac{x^4}{4!} - \cdots\right) + i\left(x - \frac{x^3}{3!} + \frac{x^5}{5!} - \cdots\right)$$

$$= \cos x + i \sin x$$

由上可知，欧拉公式的确成立。

应用　交流电路的复数表示

我讲过，欧拉公式是连接指数函数和三角函数的表达式。三角函数被用于表示波，但计算起来很烦琐。因此，我们使用欧拉公式通过指数函数来表示三角函数。

最好的例子就是交流电。交流电是指家庭插座上的电，方向会周期性地交替变化。它的电流用三角函数表示为 $I = I_0 \sin \omega t$。

以 RC 串联电路为例，下面的示例展示了直接用三角函数处理的情形和用复数的指数函数处理的情形。

在把电流 I 用 sin 的式子表示时，电压 V 用三角函数表示为含有 sin 和 cos 的形式，必须用三角函数的辅助角公式来分析。此外，阻抗 Z 必须分别计算绝对值和辐角。另外，由于 $e^{i\theta}$ 求导和积分也不会改变形式，因此复数表示处理起来比较简单。此外，用复数处理 Z，同时包含了大小和角度的信息，因此比三角函数要简单得多。

总之，欧拉公式可以让我们轻松地处理波。

RC 串联电路　　　　　三角函数表示　　　　　复数表示

$$I = I_0 \sin \omega t$$
$$V = RI_0 \sin \omega t - \frac{1}{\omega C} I_0 \cos \omega t$$
$$Z: |Z| = \sqrt{R^2 + \left(\frac{1}{\omega C}\right)^2}$$
$$\theta = \tan^{-1}\left(\frac{-1}{\omega CR}\right)$$

$$I = I_0 e^{i\theta_0}$$
$$V = \left(R + \frac{1}{i\omega C}\right) I_0 e^{i\theta_0}$$
$$Z = R + \frac{1}{i\omega C}$$

13.4 傅里叶变换

傅里叶变换出现在各个领域，因此对于以实用为目的人来说这是个重要项目。以入门为目的的人也要知道傅里叶变换是频域变换。

 要点

傅里叶级数与傅里叶变换本质相同。

傅里叶变换

对于函数 $f(t)$，通过下式求 $F(\omega)$，称为傅里叶变换。

$$F(\omega) = \int_{-\infty}^{+\infty} f(t)e^{-i\omega t}dt$$

通过下式把 $F(\omega)$ 还原为 $f(t)$，称为傅里叶逆变换。

$$f(t) = \frac{1}{2\pi} \int_{-\infty}^{+\infty} F(\omega)e^{i\omega t}d\omega$$

函数的内积

对于函数 $f(x)$、$g(x)$，如下计算的 $f(x) \cdot g(x)$ 被称为内积。

$$f(x) \cdot g(x) \leqslant f(x),\ g(x) \geqslant \int_{-\infty}^{+\infty} f(x)g(x)\,dx$$

特别地，当 $f(x)$ 与 $g(x)$ 的内积为 0 时，称 $f(x)$ 与 $g(x)$ 正交。

例：$f(x) = \sin x$ 与 $g(x) = \sin 2x$ 正交。
一般地，$f(x) = \sin(nx)$ 与 $g(x) = \sin(mx)$（n、m 为整数，$n \neq m$）正交。

📖 13.4.1 傅里叶变换的含义

傅里叶变换的含义与 4.6 节中介绍的傅里叶级数基本相同。换句话说，它用于将声音和光等波按频率分解并进行分析。

傅里叶级数就是把函数用正弦余弦之和来表示，并分别求出系数 a_n 与 b_n。傅里叶变换是把一个函数 $f(t)$ 变换为 $F(\omega)$。这个函数 $F(\omega)$ 相当于傅里叶级数的 a_n 与 b_n。

换句话说，傅里叶级数和傅里叶变换的目的是一样的，即**把波（函数）变为频率的函数**，而把频率函数 $F(\omega)$ 还原为原函数 $f(t)$ 的公式是傅里叶逆变换。

那么为什么要使用复函数和到 ∞（无穷大）的积分，并引入看起来很困难的傅里叶变换的概念呢？有两个主要原因。

第一是**计算变得更容易**。三角函数的微积分很烦琐，但使用欧拉公式将其变成指数函数，计算就变得更容易。再者，如果直接用三角函数（傅里叶级数），需要分别求出 a_n 与 b_n 两个数，但如果是复数（傅里叶变换），就可以用一个函数 $F(\omega)$ 来表示。

第二是**可以应用于周期函数以外的函数，即不是波的函数**。傅里叶级数把"波"函数分解为三角函数，不能应用于波以外的函数。但是，在傅里叶变换中，不是波的函数可以被看作"周期为无穷大的波"，并可以将其转换到频域中。此处的无穷大对应于傅立叶变换式中的积分范围 $\pm\infty$。

📖 13.4.2 函数的正交和内积是什么

傅里叶变换式中包含了函数的正交和内积这两个重要概念。在这里我将对其进行说明。

如要点所示，函数 $f(x)$ 与 $g(x)$ 的内积通过 $f(x)$ 与 $g(x)$ 的乘积的积分来定义。于是我们可以看到，$\cos(nx)$ 与 $\cos(mx)(n \neq m)$、$\cos x$ 与 $\sin x$ 等函数的内积为 0，彼此正交。

通过这种方式，可以像向量一样来思考傅里叶变换。下式中，将向量 a 表示为相互垂直的向量 e_x, e_y, e_z 的线性组合，系数为 a 与 e_x, e_y, e_z 的内积。

另外，在函数（傅立叶变换）的情形，用相互正交的函数 $\sin x$、$\sin 2x$、$\sin 3x \cdots$ 之和来表示 $f(x)$，系数是 $f(x)$ 与 $\sin x$、$\sin 2x$、$\sin 3x \cdots$ 的内积。对于函数的情形，有无数个正交的三角函数。

$$\overset{a}{\begin{pmatrix} 2 \\ 3 \\ 4 \end{pmatrix}} = 2 \underset{\underset{a \cdot e_x}{\uparrow}}{\overset{e_x}{\begin{pmatrix} 1 \\ 0 \\ 0 \end{pmatrix}}} + 3 \underset{\underset{a \cdot e_y}{\uparrow}}{\overset{e_y}{\begin{pmatrix} 0 \\ 1 \\ 0 \end{pmatrix}}} + 4 \underset{\underset{a \cdot e_z}{\uparrow}}{\overset{e_z}{\begin{pmatrix} 0 \\ 0 \\ 1 \end{pmatrix}}}$$

$$f(x) = A\sin x + B\sin 2x + C\sin 3x + \cdots$$
$$\underset{<f(x),\ \sin x>}{\uparrow} \quad \underset{<f(x),\ \sin 2x>}{\uparrow} \quad \underset{<f(x),\ \sin 3x>}{\uparrow}$$

向量的情形　　　　　　　　　函数（傅里叶级数）的情形

无线通信技术与傅里叶变换

傅里叶变换在世界范围内被广泛使用。在这里，我们将介绍面向移动电话和无线局域网等无线通信技术的应用。

发射器和接收器如下图所示。为了发送要接收的数据，无线设备通过傅里叶逆变换将诸如"01"这样的数字数据转换成波信息。然后以无线电波的形式传输后，在接收端进行相反的操作。

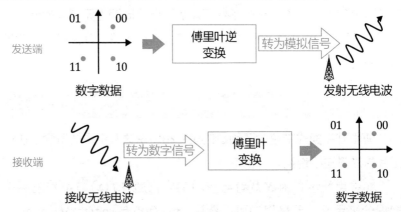

在接收到无线电波后，进行傅立叶变换，将其转换为频域信息，

这种信息包含了所发送的数字数据。

这里执行的傅里叶变换是一种被称为**快速傅里叶变换**（FFT）的方法。如果直接用本节介绍的公式进行计算，耗时太久，无法进行高速通信。不过，数学技术的发展促使了对快速傅里叶变换算法的开发。因而，现在可以用智能手机进行高速通信。

我来介绍无线通信中一种称为 OFDM（**正交频分复用**）的技术。这种通信方法的名称中带有"正交"，它使用了本节中介绍的函数正交技术。

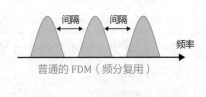

普通的 FDM（频分复用）

世界上有很多无线电波在传输。因此，要确定自己使用的频率范围来使用无线电波。这被称为 FDM(频分复用)。

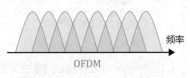

OFDM

此时，如图所示，在普通的频分复用技术中，所使用的频率之间需要有一定的间隔。否则会干扰他人的无线电波从而引起问题。

但是，OFDM 技术不会留出这个间隔。在部分频率重叠的情况下收发数据。直接这样做会产生干扰，但 OFDM 通过使用正交函数解决了干扰问题。例如，函数 $\sin x$ 和 $\sin 2x$ 是正交的，因此即使将这两个函数中包含的数据混杂在一起，也可以很好地对它们进行分离。通过利用这种 OFDM 技术，提高了无线电波频率的利用效率，增强了抗噪声能力，使得实现高速通信成为可能。

现在对于很多人来说，智能手机是必需品。其底层技术由三角函数和复函数的力量支撑。

13.5 四元数（Quaternion）

只有少部分人真正需要它，例如 CG 工程师。然而，它涉及对复数更深入的理解，所以至少要了解它的存在。

要点

复数不仅可以用二元组来定义，也可以用四元组来定义。

四元数（Quaternion）的定义

设 i、j、k 为 3 个不同的虚数单位，将四元数 q 表示为 $q = a + bi + cj + dk$。

此时，虚数单位 i、j、k 满足如下式子。

$$i^2 = j^2 = k^2 = ijk = -1$$

$$ij = -ji = k \quad , \quad jk = -kj = i \quad , \quad ki = -ik = j$$

（也就是说，四元数不满足交换律）

共轭四元数、四元数的绝对值、四元数的倒数

将 q 的共轭四元数可定义为 $\bar{q} = a - bi - cj - dk$。

将 q 的绝对值定义为 $|q| = \sqrt{a^2 + b^2 + c^2 + d^2}$。

此外，也可以记为 $|q|^2 = q\bar{q}$。

将 q 的倒数 q^{-1} 定义为 $q^{-1} = \dfrac{\bar{q}}{|q|^2}$。

此时有 $qq^{-1} = 1$。

用四元数表示三维坐标的旋转

① 把三维坐标 (x, y, z) 表示为四元数 $p = xi + yj + zk$。

② 对于旋转轴 $r(r_x, r_y, r_z)$，满足 $|r| = 1$

旋转角度 θ 的四元数 q 由下式计算。

$$q = \cos\frac{\theta}{2} + ir_x\sin\frac{\theta}{2} + jr_y\sin\frac{\theta}{2} + kr_z\sin\frac{\theta}{2}$$

③ 表示旋转后的坐标的四元数由 $p' = qp\bar{q}$ 计算。

④ 设 $p' = x'i + y'j + z'k$，则旋转后的三维坐标为 (x, y, z)。

通过四元数加深对复数的理解

四元数是相当专业的项目。我之所以斗胆介绍它，是因为我认为四元数会加深人们对普通复数的理解。

复数是像向量一样，把多个数（实部和虚部）放入一个数中。于是，正如可以将向量扩展为二维和三维，人们很自然地考虑复数是否也可以发展为包含更多数的数。答案就是这里介绍的四元数。这样一来，复数便可进一步发展为八元数、十六元数等。

与复数相比，四元数的特征是**交换律不成立**。也就是说，q_1q_2 与 q_2q_1 一般不相等。另外，绝对值、共轭复数和倒数的定义与二元复数相同。

另外，如果把普通复数看作二元数，可能有人想知道二元数和四元数之间是否存在"三元数"。从结论来说，**三元数不存在**。原因是不可能建立一个无矛盾的数学理论体系。数学也有无能为力的时候。

应用 CG 与火箭的旋转

四元数虽然知名度较低，但却在技术领域被广泛使用。原因是**它可以很容易计算旋转**。"容易"意味着"快速"，所以对 3D 图形的高速化很有帮助。世界上充斥着 3D 动画，例如游戏、VR（虚拟现实）、电影等。尤其是喜欢玩游戏的人，一定要感谢四元数。

此外，火箭和卫星的控制也用到了四元数。在发射火箭时，姿态控制很重要。为了加快控制速度，就需要用到四元数。

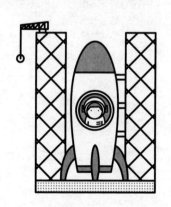

虚数时间是什么

著名的"轮椅上的物理学家"霍金博士于 2018 年去世。在罹患 ALS（肌肉萎缩性侧索硬化症）的人生中，霍金博士留下了伟大的成果，他的人生给了很多人勇气。

在霍金博士的成果中，有一个关于宇宙诞生的理论。他主张"宇宙诞生于虚数时间"。

没有人能够想象这样的事情。然而，这个理论暗示了某种物理实体的存在。

"平方等于 −1 的时间是什么？""虚数是假的，所以不存在"这种想法是错误的。那么如何解释虚数时间呢？

答案是"维度的增加"。在本章中，我们学习了使用复数来表示二维平面和三维空间。由此推测，应该将虚数时间正确解释为，时间是二维的存在，而不是一维的。

当然，我们这个世界的时间是一条从过去到未来的单行道，完全是一维的。然而，在宇宙诞生之时，时间似乎有着不同的维度。

这样的世界超乎人类的想象，但是，连这样的事情也可以用数学来描述。你是否感受到了数学的无限力量呢？

第 14 章

概率

14.0 导言

我们认为概率是数学中独特的领域。有的学生擅长数学的其他单元却唯独不擅长概率，相反，有的学生虽然不擅长其他单元，但唯独擅长概率。

我认为其中一个重要的原因在于，**语文的理解是关键**。例如，"或者""并且""……的时候（条件）"自不必说，"等可能""互斥""独立"等独特的概率术语如果处理不当，也无法解决问题。

无论怎么写数学公式，在数学上都是严谨的，语文却不是这样。在概率单元，除公式之外，还要注意对词语的解释。

另外，概率需要"数数"。换句话说，相比于能够在一定程度上机械地求解的计算问题，"数数"容易出现数错和粗心的错误。验算也有难度，因此，考生需要注意。

现实的概率与数学的概率

在学校学到的概率都是骰子、硬币、抽签等项目。但对于在商业或技术开发中使用数学的人来说，可能想把概率应用于更实际的问题，例如怎样赚钱、怎样降低残次率等。但是，这并非易事。

因为在实际问题中，数学理论的前提并不完全成立。正如本章将要介绍的，骰子和硬币等完全满足概率的前提，可以用数学方法求出概率。这被称为**古典概率**。

另外，在实际问题中，要验证"等可能"或"独立"是否成立也并非易事。应该说，在大多数情况下是不成立的。就拿经常在数学题中使用的猜拳来说，实际上，"那个人经常出石头""一直出剪刀，这次应该是布吧"之类，"等可能"是不成立的。因此，现实世界的概率只能通过数据的积累来分析。这被称为**试验概率**。

但是，仅依靠试验概率，对于今后的应用来说是不够的。要想通过分析试验概率得出有用的结论，对古典概率的理解也是必不可少的。

对于以入门为目的来学习的人

不会计算也没关系，但一定要掌握基础术语的含义。我希望你能掌握例如"排列""组合""概率""等可能""互斥""独立""条件概率"等术语。

对于在工作中使用数学的人

人们可能很少直接使用概率。但是，如果没有掌握概率的基础知识，就无法理解后面的统计。概率是统计的基础，要好好学习概率。由于条件概率是贝叶斯统计的基础，从事数据工作的人也要重点学习本章内容。

对于考生

做本单元考题时容易出现疏忽和粗心的错误，要好好练习并整理。这个单元虽然好恶程度两极分化，但一旦得心应手，它就是考试中一个可靠的得分来源。

14.1 情况数

考生、以实用为目的的人要能够正确地计算情况数。要"不重不漏"地计数，以免出错。

> **要点**
> 　**首先试着用树形图写出来。**

情况数

● 加法原理

如果两个事件 A 和事件 B 不会同时发生，并且两个事件的发生分别有 a 和 b 种方式，则事件 A 发生或 B 发生的情况数为 $a+b$ 种。

例：计算当从 52 张扑克牌中取出一张牌时，牌面为 5 或 6 的情况数。

→由于扑克牌的 5 和 6 不会同时出现，所以有 $4+4=8$ 种情况数。

● 乘法原理

如果事件 A 有 n 种发生方式，而事件 B 有 m 种发生方式，则 B 继 A 之后发生的情况数为 $n×m$ 种。

例：当掷两枚骰子时，计算点数之和为偶数的情况数。

→ 第一枚骰子的点数有 6 种。无论该点数是偶数还是奇数，为了使两枚骰子点数之和为偶数，第二枚骰子的点数都有 3 种。由此可得 $6 × 3 = 18$ 种情况数。

树形图

情况数的一种计算方法，通过把事物按顺序写出来进行计数。

例：计算把 3 张卡 A、B、C 一张一张地抽出来，可能发生的情况数。

通过右边的树形图可知情况数有 6 种。

$$
A \begin{cases} B — C \\ C — B \end{cases}
$$

$$
B \begin{cases} A — C \\ C — A \end{cases}
$$

$$
C \begin{cases} A — B \\ B — A \end{cases}
$$

📖 14.1.1 情况数就是不重不漏

我们最开始讨论的是**情况数**。稍后我会再次说明，概率是情况数之比。因此，在讨论概率之前，准确地计数很重要。计数的重点是"**不重不漏**"。为了能够准确地计数，要多练习。

树形图是一种有效的计数方法，不会遗漏也不会重复。这种方法在对情况进行分类的同时也会写出所有情况。如果遵循一个规则来写，例如字典序，就可以正确地写出来。现实中，通常由于数量太多而无法全部写出来，但是只把其中的一部分用树形图写出来，一般也能解决问题。

📖 14.1.2 加法还是乘法

在计算情况数时，加法原理和乘法原理就变成了用加法还是乘法的问题。例如，假设有由 5 名男生和 4 名女生组成的小组。我们考虑选出 2 名委员。这里考虑以下两种情况。

首先，考虑 2 名委员为同性别的情况，因此要选择男性配对或女性配对。这时，从男生中选出 2 人的组合有 10 种，从女生中选出 2 人的组合有 6 种。由于这里是"或者"，因此不可能既选男生又选女生。所以，根据加法原理可以求得 10 + 6 = 16 种情况数。

另外，考虑男女各选一人的情况。在这种情况下，男生有 5 种选择方式，女生有 4 种选择方式。这些是同时选择的组合，也就是选一个男生并且选一个女生。因此，根据乘法原理可以求得 5 × 4 = 20 种情况数。

"或者"还是"并且"？如果对于情况数的计算不知道是用加法还是乘法，请回到这两个原理上来。

14.2 排列数公式

本节内容很简单，但很容易与组合数公式和允许重复的排列数相混淆。要确保了解此公式的使用条件。

 要点

考虑顺序并且不允许重复时使用排列数公式。

排列数的定义与公式

将从 n 个不同元素中取出 r 个元素排成一列的排列总数表示为 A_n^r，定义如下。

$$A_n^r = n(n-1)(n-2)\cdots(n-r+1) = \frac{n!}{(n-r)!}$$

阶乘

对于正整数 n，从 1 到 n 的乘积用 $n!$ 表示。

也就是说，

$$n! = \prod_{k=1}^{n} k = n(n-1)(n-2) \times \cdots \times 2 \times 1$$

特别地，定义 $0! = 1$。

例：$5! = 1 \times 2 \times 3 \times 4 \times 5 = 120$

$$A_5^2 = \frac{5!}{3!} = \frac{120}{6} = 20$$

考虑顺序时使用排列数公式

排列是指将几个事物按一定顺序排成一列。例如，在有 6 名参赛者的马拉松比赛中，将第 1 名、第 2 名、第 3 名的组合总数称为排列数。

将排列数公式表示为 A_n^r，如要点所示。A 是英文 Arrangement 的首字母。例如，对于前面提到的马拉松问题的情形，容易求得答案为 $A_6^3 = 6 \times 5 \times 4 = 120$ 种。

　　排列数公式是在**考虑"顺序"且不允许"重复"时使用的公式**。例如在 6 人马拉松的例子中，如果问题变成"前 3 名选手晋级决赛，求进入决赛的选手组合的数目"，由于不考虑前 3 名选手的顺序，所以不能使用排列数公式。另外，"跑 3 场马拉松，各场第 1 名的选手的排列数"允许同一个人在多个场次中获得第 1 名，也就是允许重复，因此也不能使用该公式。

　　前者的组合的问题将在下一节讨论。在后者允许重复排列的情况下，在 6 人马拉松的例子中，每次参与比赛的 6 名选手都有可能是第 1 名，因此得到 $6 \times 6 \times 6 = 6^3 = 216$ 种排列。一般地，从 n 个元素中允许重复地取出 r 个的排列数为 n^r。

　　阶乘表示从 1 到 n 的所有自然数的乘积，将其记为 $n!$。它在概率领域中很常见，所以要掌握。

📽️ 应用　最短路径问题

　　作为排列应用的一个问题是**最短路径问题**。在右图所示的网格状路径中从 A 点到 B 点有多少条最短路径？

　　在右图的情形中，如果把向上移动表示为↑，把向右移动表示为→，可以看到最短路径是 3 个↑和 4 个→的排列。

　　这个排列数有 $A_7^7 = 7!$ 种，但由于我们不区分 3 个↑和 4 个→的内部顺序，因此除以 3! 和 4! 得到 35 种排列。

　　这是一个非常简单的问题，但最短路径问题也用于查找地铁线路等。对于实际路径的情形，网格的形状很复杂，每条边会有不同的权重。也就是说，从 A 站到 B 站用时 10min，从 B 站到 C 站用时 8min，类似这样的不同的值。

　　解决如此复杂的最短路径问题的算法之一是 Dijkstra 算法，该算法用于汽车导航系统的最短路径搜索。

14.3 组合数公式

组合数是从排列数公式中除去"顺序"的要素。由于经常出现，所以要弄清楚它的定义。

 要点

组合数不管取出元素的顺序。

组合数的定义和公式

从 n 个不同元素中取出 r 个元素的组合总数用 C_n^r 表示，定义如下。

$$C_n^r = \frac{A_n^r}{r!} = \frac{n(n-1)(n-2)\cdots(n-r+1)}{r!}$$

此外，有 $C_n^n = 1$，$C_n^0 = 1$。

例：$C_5^3 = \frac{A_5^3}{3!} = \frac{5 \times 4 \times 3}{3 \times 2 \times 1} = 10$

📖 14.3.1 不考虑顺序时使用组合数公式

组合数是**从若干元素中选出一定数量元素的情况数**。例如，如果在一场有 6 人参加的马拉松比赛中，前 3 名选手晋级决赛，则进入决赛的选手组合的数目就是组合数。

将组合数公式表示为 C_n^r，如要点所示。C 是英文 Combination 的首字母。例如，对于前面提到的马拉松问题的情形，容易求得的答案为 $C_6^3 = \frac{6 \times 5 \times 4}{3!} = 20$ 种。

组合数公式是用排列数公式除以 $r!$。我将说明这样做的原因。在前面讲排列的时候，我提到"6 人马拉松比赛中第 1 名、第 2 名、第

3 名选手的组合总数"是排列数。另一方面，组合数不区分第 1 名、第 2 名和第 3 名选手。比如 A、B、C 是前 3 名选手，由于不区分顺序，所以不区分 ABC、ACB、CBA。排列 3 个人的排列数为 $A_3^3 = 3! = 6$ 种。所以 A_6^3 除以 3! 就是组合的总数。一般来说，用排列数 A_n^r 除以取出个数 r 的阶乘 $r!$，即 $\dfrac{A_n^r}{r!}$ 就是组合的总数。

接下来，我们考虑允许重复的情形。例如，有橘子、葡萄和苹果出售，从这些水果中购买 5 个。你可以购买多个同样的水果，所以可以买 5 个橘子，也可以买 2 个橘子、1 个葡萄和 2 个苹果。

这时，如果考虑使用把 5 个○和 2 根棍子排成一行的方法，就能顺利求解。在这种情况下，棍子成为改变购买物品的隔断。

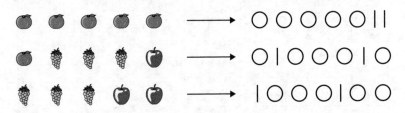

橘子、葡萄和苹果的组合　　　　　　　　　　　○和棍子的组合

如上图所示，如果买 5 个橘子，对应 5 个○和 2 根棍子。如果买 1 个橘子、3 个葡萄和 1 个苹果，则对应 1 个○、1 根棍子、3 个○、1 根棍子、1 个○。如果买 3 个葡萄和 2 个苹果，则对应 1 根棍子、3 个○、1 根棍子、2 个○。总之，购买橘子、葡萄、苹果的方式与○、棍子的组合一一对应。

而○和棍子的组合数等于从 7 个位置中选择 5 个○位置的总数。因此可以求得 $C_7^5 = \dfrac{7 \times 6 \times 5 \times 4 \times 3}{5!} = 21$ 种。

一般地，将从 n 个不同的元素中允许重复地取出 r 个元素的组合总数记为 H_n^r，我们有 $H_n^r = C_{n+r-1}^r$。

以上，针对排列和组合（考虑顺序还是不考虑顺序），我说明了在允许重复和不允许重复时情况数的计数方法。例如从 A、B、C 3 个字母中选择 2 个的情况汇总如下表所示。

在应用于实际问题时，判断问题是否考虑顺序、是否允许重复是非常重要的。虽然也有循环排列、项链排列等高级一些的内容，但基础还是这两点。请特别注意顺序和重复。

	考虑顺序	不考虑顺序
不允许重复	A < B, C　C < A, B　B < A, C　$A_3^2 = 6$ 种	A < B, C　B — C　$C_3^2 = 3$ 种
允许重复	A < A, B, C　C < A, B, C　B < A, B, C　$3^2 = 9$ 种	A < A, B, C　C — C　B < B, C　$H_3^2 = 6$ 种

应用　从杨辉三角推导出二项式定理

二项式定理是排列的一个应用实例。二项式定理是指在把 $x + y$ 这样的二项之和的式子平方、三次幂、四次幂……的时候，其展开式的系数是怎样的。

换句话说，由于 $(x + y)^2 = x^2 + 2xy + y^2$，因此在将 $x + y$ 平方时系数为"1，2，1"，由于 $(x + y)^3 = x^3 + 3x^2y + 3xy^2 + y^3$，因此在将 $x + y$ 三次幂时系数为"1，3，3，1"，由于 $(x + y)^4 = x^4 + 4x^3y + 6x^2y^2 + 4xy^3 + y^4$，因此在将 $x + y$ 四次幂时系数为"1，4，6，4，1"。

如果你留意这些系数，你可以看到它们形成的一个三角形序列，被称为"杨辉三角"，如下图所示。杨辉三角每行两端都是 1，其他数都是其上方两数之和。

而这些数是以 C_0^0 为顶点、把 C_1^x、C_2^x、C_3^x 等排列起来构成的，这是二项式定理的基础。

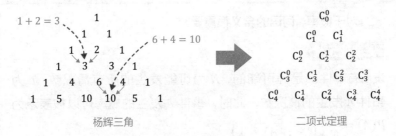

杨辉三角　　　　　　　　　　　　　　　二项式定理

由此可得，一般的二项式定理表示如下。

二项式定理

当 n 为整数时，

$$(x + y)^n = C_n^n x^n + C_n^{n-1} x^{n-1} y + \cdots + C_n^{n-r} x^{n-r} y^r + \cdots + C_n^0 y^n$$

我简单解释一下为什么用组合数来表示二项展开式系数。我们知道二项展开式如下所示。在 n 次幂的情形，这是选出合计 n 个 x 或 y 的方式数。因此，$x^{n-r} y^r$ 项的系数为 C_n^{n-r}。

$(x + y)^2 = (x + y)(x + y) = xx + xy + yx + yy$
$(x + y)^3 = (x + y)(x + y)(x + y) = xxx + xxy + xyx + xyy + yxx + yxy + yyx + yyy$

可以看到，组合数公式不仅可以用于情况数的计算，还可以用于其他用途。

14.4 概率的定义

如果你有"概率到底是什么"的疑惑，请回到这里。
要理解"等可能"的含义。

> **要点**
>
> **对于概率，词语的含义很重要。**

概率的定义

设所有事件都是等可能的，N 为可能发生的所有情况数，a 为事件 A 发生的情况数，此时，事件 A 发生的概率可以被表示为 $P(A) = \dfrac{a}{N}$（$0 \leqslant P(A) \leqslant 1$）。

例：计算掷2枚骰子，点数之和为12的概率。

掷 2 枚骰子时，所有点数的情况数为 $6^2 = 36$ 种。

其中，和为 12 的只有 6 点与 6 点这一种情况。

因此求得概率为 $P = \dfrac{1}{36}$。

对立事件的定理

对于事件 A，将事件"A 不发生"称为 A 的对立事件，表示为 $\bar{A}$。此时，设事件 A、$\bar{A}$ 发生的概率分别为 $P(A)$、$P(\bar{A})$，则 $P(A) = 1 - P(\bar{A})$ 成立。

例：计算当同时投掷 5 枚硬币时，至少有 1 枚硬币是背面的概率。

至少有 1 枚硬币是背面这个事件的对立事件是 5 枚硬币都是正面。

这个对立事件的概率是 $\dfrac{1}{2^5} = \dfrac{1}{32}$。由此可得至少有一枚硬币是背面的概率为 $1 - \dfrac{1}{32} = \dfrac{31}{32}$。

其他术语

- 试验：在相同条件下重复进行的实验和观察，结果由偶然决定。
- 事件：试验结果发生的事体。

概率是所关注的事件的情况数除以可能发生的全部情况数。因此概率是一个介于 0 和 1 之间的数。

这很简单，但有一个问题。那就是发生的事件必须"等可能"。

我举个例子。当你掷一次骰子时，点数为 1~6，共 6 种，因此掷出 1 点的概率为 $\frac{1}{6}$。这是正确的，但如果把问题稍微改变一下就会变得不一样。当你掷两次骰子时，点数之和是 2~12，共 11 种。因此得出"点数之和为 2 的概率是 $\frac{2}{11}$"的推论是错误的。这是因为对点数之和为 2 的情形，骰子的点数只能分别是 1 和 1，而对点数之和为 3 的情形，有 1 和 2、2 和 1 两种对点数组合。换句话说，点数之和为 2 与点数之和为 3 的概率不同，因此不是"等可能"。

不仅对于初学者，即使对于有一定熟练程度的人来说，在概率问题中容易犯的错误就是**把不是"等可能"的东西当成"等可能"来处理**。请充分注意"等可能性"。

古典概率与试验概率

在这里我介绍了古典概率。但将其应用于实际问题时，就会产生"这确实是等可能的吗？"这样的问题。

比如在猜拳的时候，如果是数学题，石头、剪刀、布都是"等可能"。但实际上会有"这个人很容易出石头"的特点，而不是等可能。

归根到底，在现实世界中只能通过重复实验来求概率。例如，天气预报中的降水概率是通过在相同的天气状况下，将下雨次数除以发生这种天气状况的次数来计算的。

像数学题一样通过数学公式求出的概率被称为"古典概率"，而通过重复实验求出的概率被称为"试验概率"。

14.5　概率的加法定理

要了解互斥、并事件和交事件等词语的含义。它们是讨论复杂概率的基础。

 要点

　　如果 A 与 B 互斥，则 $P(A \cap B)=0$。

概率的加法定理

如果两个事件 A 与 B 互斥，

$$P(A \cup B) = P(A) + P(B)$$

一般地，如果两个事件不互斥，则下式成立。

$$P(A \cup B) = P(A) + P(B) - P(A \cap B)$$

术语

● 互斥：如果一个事件发生，则另一个事件不发生。

● $P(A \cup B)$：A 与 B 的并事件（A 或 B）发生的概率。

● $P(A \cap B)$：A 与 B 的交事件（A 且 B）发生的概率。

例：计算当从去掉大小王的一组52张牌中抽出一张牌时，求抽出的数字是5或6的概率。

抽出的牌是 5 和抽出的牌是 6 这两者是互斥的。抽出某个数字的概率是 $\frac{4}{52} = \frac{1}{13}$，因此抽出 5 或 6 的概率是 $\frac{1}{13} + \frac{1}{13} = \frac{2}{13}$。

本节最重要的是**正确理解概率中"互斥"的含义**。互斥就是不能同时发生的事件。例如，当你从 52 张扑克牌中抽出 1 张时，数字 5 和数字 6 互斥，这两个事件不能同时发生。因此，加法定理"$P(A \cup B) = P(A) + P(B)$"成立。所以，计算"当你从 52 张扑克牌中抽出 1 张时，数字是 5 或 6 的概率"是把抽到 5 的概率 $\frac{4}{52}$ 和抽到 6 的概率 $\frac{4}{52}$ 相加，得到 $\frac{8}{52} = \frac{2}{13}$。

那么不互斥是怎样的情形呢？如果沿用前面扑克牌的例子，花色是红桃与数字是 2 并不互斥。因为"红桃 2"是花色为红桃并且数字为 2。对于这种情形，"$P(A \cup B) = P(A) + P(B)$"不成立。对于"抽到红桃或者 2 的概率"的计算，需要使用"$P(A \cup B) = P(A) + P(B) - P(A \cap B)$"这个公式。当从 52 张牌中抽出 1 张时，花色为红桃的概率是 $\frac{13}{52}$，数字为 2 的概率是 $\frac{4}{52}$，红桃 2 的概率是 $\frac{1}{52}$。因此，可以求得"抽到红桃或者 2 的概率"是 $\frac{13}{52} + \frac{4}{52} - \frac{1}{52} = \frac{16}{52} = \frac{4}{13}$。

接下来是稍微高级一点的话题，**对于 3 个以上的概率之和，加法定理也成立**。例如，在前面扑克牌的问题中，抽到 2 的事件、抽到 4 的事件、抽到 6 的事件互斥，因此可以简单地把概率加起来计算。但是，抽到花牌的事件、抽到红桃的事件、抽到偶数的事件这 3 个事件不互斥，所以不能简单地进行概率的加法。在不互斥的情形中，随着事件数量增多，概率的运算也逐渐变得复杂。

在进行概率加法的时候，请确认这些事件是否互斥。

入门 ★★★★★　　实用 ★★★★★　　考试 ★★

14.6 独立事件的概率公式

准确理解概率中"独立"的含义，这是一个重要的概念。特别要注意，它很容易与上一节中的"互斥"相混淆。

> **要点**
>
> **概率中的独立是指事件互不影响。**
>
> **独立是什么？**
>
> 当两个事件 A 与 B 互相完全没有影响时，称这两个事件是独立的。
>
> **独立事件的概率公式**
>
> 设两个事件 A 与 B 独立。此时 $A \cap B$（ A 且 B）发生的概率如下所示。
>
> $$P(A \cap B) = P(A)P(B)$$

📖 要从反面来理解独立

在本节中，我希望大家理解概率中"独立"的含义。独立试验的定义是"**两个试验互相不影响彼此的结果**"。例如，在抛两次硬币时，在第一次试验中，硬币是正面还是背面对于在第二次试验中硬币是正面还是背面没有影响，这称为独立。

如果我们知道事件是独立的，则事件 A 和事件 B 同时发生的概率 $P(A \cap B)$ 可以通过概率乘积的形式 $P(A)P(B)$ 求出。例如在上面的例子中可以求出在第一次试验中硬币是正面、在第二次试验中硬币是背面的概率为 $\frac{1}{2} \times \frac{1}{2} = \frac{1}{4}$。

我们进一步考虑从 52 张扑克牌中抽出一张牌时出现方块的概率。

第一次抽牌是方块的概率是 $\frac{13}{52}$。接着，如果把第一次抽的牌放回去再抽一张牌，则第二次抽牌是方块的概率仍然是 $\frac{13}{52}$，在这种情况下第一次试验和第二次试验是独立的。

但是，如果不放回第一次抽出的牌，在第二次抽出一张牌时，情况会发生变化。如果第一次抽牌抽到方块，那么第二次抽到方块的概率为 $\frac{12}{51}$（方块的牌少了 1 张）。如果第一次抽牌没有抽到方块，那么第二次抽到方块的概率是 $\frac{13}{51}$（方块以外的牌少了 1 张）。在这种情况下，**第一次试验和第二次试验不是独立的，因为第一次试验会影响第二次试验。**

我再举一个例子。如果随机选择某个人，这个人是男性的事件与血型是 A 型的事件可以被认为是独立的（因为据说血型没有性别差异）。另外，这个人是男性的事件与身高超过 170cm 的事件明显不是独立的，这是因为男性的平均身高高于女性。

总之，在学习概率中的独立时，不仅要学习独立的例子，也要学习不独立的例子，也就是从反面学习，这样才能加深理解。

应用 购买纸尿裤的概率和购买啤酒的概率

这里考虑的是理想的独立。但是，在将概率应用于实际问题时，我们不确定这些事件是否独立。更准确地说，查明哪些事件独立、哪些事件不独立才是更重要的。

例如，随机选择一名便利店顾客，考虑该顾客购买纸尿裤的概率 $P(A)$ 和购买啤酒的概率 $P(B)$。乍一看好像没什么关系，也就是说这两个事件似乎可以被认为是独立的，但实际调查得到的数据是 $P(A)$ 越高则 $P(B)$ 越高，也就是两者经常被一起购买。

另外，这在统计领域中属于相关性问题。如果某个事件 A 与事件 B 在概率上独立，那么事件 A 与事件 B 在统计上不相关。

14.7 独立重复试验的概率公式

本节所讲内容是在重复进行独立试验时概率的计算方法。如果理解了独立试验和组合数公式的话就会很容易，它是二项分布的基础。

> **要点**
>
> **在独立重复试验中使用组合（Combination）。**

独立重复试验是什么

将重复进行的独立试验称为独立重复试验。

独立重复试验的概率公式

设在某个试验中事件 A 发生的概率为 $P(A) = p$。在把试验重复进行 n 次的独立重复试验中 事件 A 发生 k 次 $(k \leqslant n)$ 的概率 $P = C_n^k p^k (1-p)^{n-k}$。

例：抛 6 次硬币，求出现 2 次正面的概率。

由于这是重复进行独立试验，因此是独立重复试验。

这时，$n = 6$，$k = 2$，$p = \dfrac{1}{2}$，由此可得

$$P = C_6^2 \left(\frac{1}{2}\right)^2 \left(\frac{1}{2}\right)^4 = \frac{15}{64}$$

📖 独立重复试验考虑组合

独立重复试验是**独立地重复进行同一试验**。由于是重复进行独立试验，因此特定事件组合（例如 $A \to B \to B \to A$）发生的概率是各个事件概率的乘积 $P(A)\,P(B)\,P(B)\,P(A)$。这就是公式中 $p^k(1-p)^{n-k}$ 的部分。

求 A 在 n 次试验中发生 k 次的概率时，从 n 次试验中选择 k 次的组合有 C_n^k 个。因此把概率 $p^k(1-p)^{n-k}$ 乘以 C_n^k。

我举个实际例子来说明。掷一枚骰子 6 次，试求出现 3 点的次数为 2 次的概率。

出现 3 点的概率是 $\frac{1}{6}$，出现 3 点以外点数的概率是 $\frac{5}{6}$。由于每次试验是独立的，例如在下面的例子中第 2 次试验与第 6 次试验出现 3 点的概率是 $\left(\frac{1}{6}\right)^2\left(\frac{5}{6}\right)^4$。

这里我们想求的概率是 3 点出现 2 次的概率，因此不限于第 2 次试验与第 6 次试验。第 1 次试验与第 2 次试验出现 3 点也可以，第 3 次试验与第 5 次试验出现 3 点也可以。在 6 次试验中选择 2 次的组合数为 C_6^2，因此所求概率为 $C_6^2\left(\frac{1}{6}\right)^2\left(\frac{5}{6}\right)^4$。

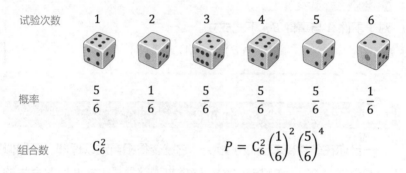

试验次数	1	2	3	4	5	6
概率	$\frac{5}{6}$	$\frac{1}{6}$	$\frac{5}{6}$	$\frac{5}{6}$	$\frac{5}{6}$	$\frac{1}{6}$
组合数	C_6^2					

$$P = C_6^2\left(\frac{1}{6}\right)^2\left(\frac{5}{6}\right)^4$$

应用　用于风险管理的泊松分布

独立重复试验的概率公式是二项分布和泊松分布的基础，它们在统计的章节中很重要。通过泊松分布可以预测概率较小的随机现象。

例如，可以将泊松分布用于自然灾害、事故、疾病等的预测，**也可以用于保险和风险管理等**。泊松分布最早在 19 世纪的德国用于分析被马踢死的士兵人数。

14.8 条件概率和概率的乘法定理

条件概率虽然有点复杂，但它对于理解贝叶斯统计是必要的，所以要牢牢掌握这个概念。

> **要点**
>
> **充分理解** $P(A \cap B)$ **与** $P_A(B)$ **的区别。**
>
> **条件概率**
>
> 在某个事件 A 发生的条件下，事件 B 发生的概率被称为条件概率，将其表示为 $P_A(B)$ 或 $P(B|A)$。
> 特别地，当事件 A 与事件 B 独立时，有 $P_A(B) = P(B)$。
>
> **概率的乘法定理**
>
> 对于事件 A 与事件 B，下式成立。
>
> $$P(A \cap B) = P(A) \times P_A(B)$$

📖 条件概率是分母发生了变化

一旦你在条件概率上栽了跟头，它就变得相当难以理解。原因似乎是难以区分 $P(A \cap B)$ 与 $P_A(B)$。通俗来说就是"A 与 B 同时发生的概率"和"在 A 发生的条件下 B 发生的概率"，这的确很复杂。

我举个例子来说明吧。某个圈子有 24 名成员，分别来自 A 地区和 B 地区。A 地区是郊区，所以该地区居民的汽车拥有率高，A 地区和 B 地区的居民的汽车拥有率如表所示。

	有车	没有车
A 地区	10 人	2 人
B 地区	5 人	7 人

从圈子中随机选一个人时，设拥有汽车的可能性为 $P($ 车 $)$。

则 $P(\text{车}) = \dfrac{10}{24} + \dfrac{5}{24} = \dfrac{15}{24} = \dfrac{5}{8}$。另外，住在 A 地区的概率 $P(A)$ 为 $P(A) = \dfrac{10}{24} + \dfrac{2}{24} = \dfrac{1}{2}$，住在 A 地区同时拥有汽车的概率为 $P(A \cap \text{车}) = \dfrac{10}{24} = \dfrac{5}{12}$。到这里都很简单。

这时，条件概率"在住在 A 地区的条件下拥有汽车的概率" $P_A(\text{车})$ 是多少呢（见下图）？在这种情况下，分母会发生变化。到目前为止，圈子成员 24 人是分母，但在这种情况下，住在 A 地区的 12 人成为分母。也就是说，$P_A(\text{车}) = \dfrac{10}{12} = \dfrac{5}{6}$。

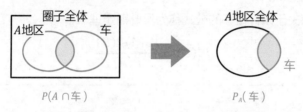

$P(A \cap \text{车})$ $P_A(\text{车})$

同样，"在拥有汽车的条件下住在 B 地区的概率" $P_{\text{车}}B$ 为 $P_{\text{车}}B = \dfrac{5}{10 + 5} = \dfrac{1}{3}$。

此外，假设 A 地区、B 地区与汽车的比例如右表所示。在这里，A 地区和 B 地区拥有汽车的人的比例相等。在这种情况

	有车	没有车
A 地区	10 人	2 人
B 地区	5 人	1 人

下有 $P_A(\text{车}) = P_B(\text{车}) = P(\text{车})$，并且是否拥有汽车与人们居住的地区无关。这种状态可以被称为"独立"。

总而言之，**条件概率是分母发生了变化，也就是说，作为概率对象的总体（数学上称为样本空间）发生了变化。**

如果掌握了这一点，在求条件概率时使用公式就可以了。对于事件 A 和事件 B，如果反过来使用乘法定理 $P(A \cap B) = P(A) \times P_A(B)$，得到 $P_A(B) = \dfrac{P(A \cap B)}{P(A)}$ 这个式子，就可以机械地求出条件概率。

14.9 贝叶斯定理

贝叶斯定理是理解机器学习所需要的贝叶斯统计的基础。本节对于那些与机器学习相关的人来说尤其重要。

> **要点**
>
> **从贝叶斯定理产生了"吸收经验"的贝叶斯理论。**
>
> **贝叶斯定理**
>
> 将下面关于条件概率的公式称为贝叶斯定理。
>
> $$P_A(B) = \frac{P_B(A)P(B)}{P(A)}$$

 如果理解了条件概率，定理的机制就很简单

贝叶斯定理是贝叶斯理论的基础，在世界范围内主要用于机器学习领域。但是，如果你能理解上一节中的条件概率和乘法定理，就很容易理解这个定理了。

将乘法定理表示为 $P(A \cap B) = P(A) \times P_A(B)$。公式右边是用事件 A 的概率 $P(A)$ 来表示的。当然它也可以用事件 B 的式子来表示，因此有 $P(A \cap B) = P(B) \times P_B(A)$。由此可得 $P(A) \times P_A(B) = P(B) \times P_B(A)$。解出 $P_A(B)$ 就得到贝叶斯定理。

应用 垃圾邮件判定

在 18 世纪时，英国数学家托马斯·贝叶斯提出了贝叶斯定理。以贝叶斯定理为起点的贝叶斯理论，随着人工智能和机器学习的发展而备受关注。其最大的特点是"**贝叶斯理论是一种吸收经验的理论**"。也就是说，它是可更新的，可以一边使用一边提高精度，所以是最适合机器学习的理论。

作为贝叶斯定理的一个应用，在这里我将介绍垃圾邮件的判定。

首先，我们如下应用贝叶斯定理。设事件 A 是邮件中包含了某个词语，事件 B 是垃圾邮件。

这个时候，我们想要的信息是含有该词语的邮件是垃圾邮件的概率 $P_{词语}($垃圾邮件$)$。如果这个概率高，我们就可以判定含有该词语的邮件是垃圾邮件。这在贝叶斯理论中被称为**后验概率**。

另一方面，右边的 $P_{垃圾邮件}($词语$)$ 是垃圾邮件中使用某个词语的概率，称为**似然**。$P($垃圾邮件$)$ 是垃圾邮件的概率，称为**先验概率**。分母 $P($词语$)$ 是指某个词语被使用的概率，但在这里意义不大，请暂且忽略。

于是，下式表明后验概率就是似然乘以先验概率。

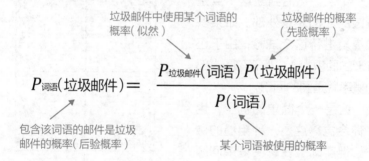

垃圾邮件中使用某个词语的概率（似然）　　垃圾邮件的概率（先验概率）

$$P_{词语}(垃圾邮件) = \frac{P_{垃圾邮件}(词语)\, P(垃圾邮件)}{P(词语)}$$

包含该词语的邮件是垃圾邮件的概率（后验概率）

某个词语被使用的概率

这里的似然是指垃圾邮件中某个词语被使用的概率，所以可以根据实际数据来计算。也就是说，这个公式表示通过数据 [似然：$P_{垃圾邮件}($词语$)$] 将垃圾邮件的先验概率 $P($垃圾邮件$)$ 更新为后验概率 $P_{词语}($垃圾邮件$)$。

垃圾邮件过滤器即使最初的判断精度很低，但随着数据的不断积累，准确度会不断提高。此外它还具有另一个优势，就是在数据量较少的早期阶段也能得出"某种"结果。

蒙特卡罗方法

骰子经常出现在有关概率的话题中。然而，许多人认为骰子只是在教科书中作为例题出现。

但是，在现实中，像掷骰子一样进行模拟的方法确实存在。那就是这里要介绍的蒙特卡罗方法。

蒙特卡罗方法是通过产生随机数（即掷骰子）并基于随机数进行模拟的方法，在世界范围内被广泛使用。

"用随机数进行模拟"的说法可能也不太好理解，所以这里举一个使用蒙特卡罗方法求圆面积的例子。

方法如下图所示，画一个边长为1的正方形的内接圆。接下来，用随机数在正方形中随机地选取一个点。然后判断这个点是在圆的内部还是外部。如果多次重复进行这个试验，由于正方形的面积为1，点落在圆内部的概率就是圆的面积。

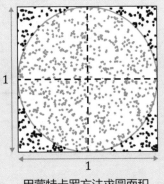

用蒙特卡罗方法求圆面积

这是一个简单的例子，也许你会觉得这是一种粗糙的做法。但实际上在解决复杂问题时，蒙特卡罗方法通常是有效的。

综上所述，随机数（骰子）确实对这个世界有用。

第 15 章

统计学基础

15.0 导言

对于初学统计的人来说，重要的是均值（期望值）和离散程度。其中，如果深入学习均值的话会很深奥，但它是我们熟悉的量，所以不会令人感到别扭。这样一来，我们首先应该学习的是"离散程度"。

将表示"离散程度"的统计量称为标准差。首先，重要的是理解这个标准差。为什么要平方然后相加？标准差很大意味着什么？请抓住这种感觉。

对于统计学的学习，理论固然重要，但也需要进行一定程度的熟练操作。进行统计的计算使用计算机，而不是手动计算。因此，我认为如果使用 Excel 或谷歌表格等软件来分析数据，就会加深人们对统计学的理解。

正态分布是统计学上最大的发现

在掌握了离散程度（标准差）之后，我们来学习正态分布。正态分布的参数（变量）有均值和标准差（离散程度）两个。虽然啰唆，但如果不理解标准差就无法理解正态分布。只有这个地方需要按照顺序学习。

正态分布又被称为**高斯分布**，是一种左右对称的概率分布。在各种类型的概率分布中，正态分布可以说处于中心的地位。这是因为随机性引起的误差等的分布都遵循正态分布。后面出现的很多统计理论都是基于正态分布的。

虽然用来表示正态分布的公式比较复杂，但其含义并不难理解。请你能够通过图像想象总的积分为 1，以及均值和标准差是如何进入正态分布的。

统计学成立的前提

统计学是一个强大的工具，但如果使用不当，也会得出错误的结论。统计学成立的前提是"**随机性**"和"**试验次数足够多**"。

例如，股票价格看起来是随机波动的，但在大萧条发生时人们就会变得恐慌，人们会一致行动，而不是随机行动。因此，在概率论中不可能出现的价格变动会频繁发生。

另外，保险的期望值一般低于投资额。但是，因为个人的时间很少，所以偶尔发生的灾害和事故在统计学上是不成立的（试验次数不多）。所以，保险并非不合理的。

对于以入门为目的来学习的人

扎实理解"均值"和"标准差"的含义很重要。如果对这些概念的理解含糊不清，那么进行进一步学习是没有意义的。试着动手计算一次是个不错的主意。在此基础上，请学习正态分布。如果有余力，还可以学习一下"相关系数"。

对于在工作中使用数学的人

首先，如果对"均值""标准差""相关系数"感到担心的话，请认真学习，加深理解。使用 Excel 等软件对在工作中使用的数据进行分析，加深理解。正态分布是更高级的统计的基础，所以要理解在本书中所介绍的内容。

对于考生

统计很少作为考试题出现。但很明显，这是进入大学或社会后必不可少的知识，所以还是要稍微学习一下吧。这也有助于我们对概率进行深入的理解。

15.1 均值

人们可能会认为这是小学生水平。然而，均值是统计学的基础，它比人们想象的要更深奥。一定要好好复习一下。

> **要点**
>
> **能够恰当地使用通常的均值和中位数。**
>
> **均值的种类**
>
> ● 算术平均值（通常的均值）
>
> $X = (x_1 + x_2 + x_3 + \cdots + x_{n-1} + x_n) \div n$
>
> ● 中位数（Median）
>
> 位于中间的元素的值（有 $2n + 1$ 个元素时，位于第 $n + 1$ 的元素的值）。
>
> ● 几何平均值
>
> $X = \sqrt[n]{x_1 x_2 x_3 \cdots x_{n-1} x_n}$
>
> 例：求下面 A、B 的均值。
>
> | | 算术平均值 | 中位数 | 几何平均值 |
> |---|---|---|---|
> | A | 3 | 3 | 2.6 |
> | B | 22 222 | 1000 | 1000 |
>
> A：1，2，3，4，5
>
> B：10，100，1000，10 000，100 000

📖 为什么要求均值

在复习均值的时候，我希望大家思考一下"为什么要求均值？"。实际上，均值并不仅仅是小学学过的算术平均值（把元素加起来，除以元素数目）。取均值的方法有好几种，不同的用法取决于不同的目的。

在大多数情况下，求均值的原因是想知道"一般值"。此时的算术平均值，像要点的例 A 那样，1~5 的均值为 3，这个结果作为 A 的代表值是合适的。

　　但是，像 B 那样数的位数不同的情况就会出现奇怪的结果。这个时候的算术平均值 22 222 是第 4 个数 10 000（第二大）的 2 倍以上。在这种情况下，中位数 1000 更适合作为代表值。**在看数据的时候，请恰当地使用算术平均值和中位数。**

　　几何平均值虽然不怎么常见，但是在计算比例的时候会用到。例如，假设每个月的销售额分别增长 2%、5%、3%，算术平均值就是 3.333%。但是，如果持续增长 3 个月，每月分别增长 2%、5%、3% 时，3 个月的销售额增长不一致。如果使用几何平均值，就会得到 3.326%，三个月的增长是一致的。

应用　收入分布的分析

　　下图是日本政府制作的日本家庭收入的数据。全体取算术平均是 560 万日元（约 29 万元人民币）左右，但这与大多数人的感觉是相差甚远的。那是因为高收入人群的收入非常高，所以大大拉高了均值。

　　此时，与算术平均值相比，中位数 442 万日元更接近一般人的感觉。另外，在这种情况下，也可以用众数（数据分布最多的地方）"300 万 ~400 万日元"作为代表值。

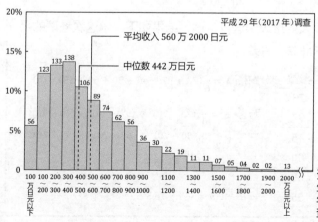

资料来源：日本厚生劳动省《平成 29 年国民生活基础调查概况》（2017）

第 15 章　统计学基础

301

15.2 方差与标准差

　　方差和标准差是表示数据离散程度的指标。如果不理解这一点，就无法继续学习统计知识，因此它们是很重要的概念。

 要点

标准差是（数据 − 均值）的平方和的平方根。

方差

如果有 n 个数据 x_1, x_2, x_3, $\cdots$, x_{n-1}, x_n，方差 S^2 的定义如下式所示。其中，$\bar{x}$ 为这些 x 数据的均值。

$$S^2 = [(x_1 - \bar{x})^2 + (x_2 - \bar{x})^2 + (x_3 - \bar{x})^2 + \cdots + (x_{n-1} - \bar{x})^2 + (x_n - \bar{x})^2] \div n = \frac{1}{n}\sum_{k=1}^{n}(x_k - \bar{x})^2$$

标准差

方差 V 的正平方根被称为标准差。换句话说，标准差 σ 由下式表示。

$$\sigma = \sqrt{\frac{1}{n}\sum_{k=1}^{n}(x_k - \bar{x})^2}$$

例：在某 6 个人的班级中进行考试，结果如下。求这次考试的平均分、标准差、方差。

考生编号	分数
1	73
2	97
3	46
4	80
5	69
6	55

均值 $X = \dfrac{1}{6}(73 + 97 + 46 + 80 + 69 + 55) = 70$

方差 $S^2 = \dfrac{1}{6}[(73 - 70)^2 + (97 - 70)^2 + (46 - 70)^2 + (80 - 70)^2 + (69 - 70)^2 + (55 - 70)^2]$

$= \dfrac{1640}{6} \approx 273.3$

标准差 $\sigma = \sqrt{S^2} \approx 16.5$

标准差是**表示数据离散程度的指标**。首先，我想说明为什么数据的离散程度这一概念很重要。

举个例子，假设在某个班级内进行数学和语文考试。该班级数学和语文的平均分都是 60 分。分数分布如下图所示。假设某学生 A 的数学和语文成绩都是 75 分，都比平均分高 15 分。这时，数学 75 分和语文 75 分的价值是一样的吗？

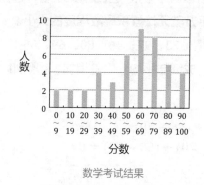

数学考试结果　　　　　语文考试结果

从分布图中可以看出，虽然数学和语文的平均分都是 60 分，但数学和语文的成绩分布差异很大。A同学的数学和语文成绩都是 75 分，但在班里的排名却不一样。数学是第 12 名，语文是第 5 名。由此看来，语文 75 分的价值更高。

这里我们可以使用标准差。数学和语文考试的标准差分别为 24 分和 12 分。这意味着，数学考试的平均分 +24 分，也就是 84 分，语文考试的平均分 +12 分，也就是 72 分是相同的名次。从 A 同学的情况来看，即使分数相同，依然是语文成绩比数学成绩更好。

"**偏差值**"[1] 就是根据这种思路计算出来的。取平均分为 50，如果得分比平均分高一个标准差的分数，偏差值就增加 10。也就是说，偏差值 60 对应于（平均分 + 标准差）的分数，偏差值 70 对应于（平

1　在日本，偏差值是指相对于平均分的偏差数值，反映每个人在所有考生中的水准排名。——译者注

均分 +2× 标准差）的分数。反之，在低于平均分的情形中，偏差值为 30 意味着（平均分 −2× 标准差）的分数。每次考试的难度会发生变化，平均分和标准差也会变化。即便如此，**通过比较偏差值，可以用相同的指标来判断优劣**。

📖 15.2.2 为什么要平方

在求标准差的时候，很多人会有疑问："为什么要把误差平方呢？"换言之，为什么要进行"求方差，取其平方根"这么麻烦的操作呢？

其中一个原因是，**误差如果不平方就无法累积离散程度的大小**。在要点的考试例子中，6 个人的成绩（73，97，46，80，69，55）的平均分是 70 分。简单地把各人的成绩与平均分之差相加，得到如下式子。

$$(73 - 70) + (97 - 70) + (46 - 70)$$
$$+ (80 - 70) + (69 - 70) + (55 - 70) = 0$$

从平均分的定义可以看出，它们加起来等于 0。这样是没用的，所以我们把误差平方之后再相加。

另一个原因更本质。**对于离散程度，平方的值是有意义的**。例如，假设有一场考试的平均分是 60 分，另一场考试的平均分是 70 分。两场考试总分的平均分是 130 分。这只是简单地相加。

另一方面，对于离散程度的情形，相加的是方差。假设平均分 60 分的考试的方差为 100（标准差为 10 分），平均分 70 分的考试的方差为 225（标准差为 15 分）。此时，如果两场考试的分数不相关，总分的方差就是 $100 + 225 = 325$（标准差为 $\sqrt{10^2 + 15^2} \approx 18.0$ 分）。

从数学上讲，离散程度的本质是误差的平方。但是，即使给出了平方的数，也很难把握其含义。所以，我们用取平方根后的标准差来讨论。

15.2.3 用计算机计算方差和标准差时的注意事项

标准差的计算很麻烦，所以在实际中我们用计算机来计算。这时有一些需要注意的地方。在很多软件中求标准差和方差的函数有两种。例如，在微软的 Excel 中，有"STDEV.P""STDEV.S"两种函数被用来计算标准差。我来说明一下如何正确使用这两种函数。

查看函数手册可知，"STDEV.P"表示求"总体的标准差"，"STDEV.S"表示求"样本的标准差"。前者用于例如"在求 50 人参加的考试的标准差时，**基于所有人的数据**进行计算"；而后者用于例如"为了获得日本整体的数据，**抽取 500 人的样本**并计算标准差"等。

如果说有什么不一样的话，"STDEV.S"不是把误差的平方和除以 n，而是除以 $n-1$。实际上，n 越大，两者的差异就越小。但是，这在统计学中有着深刻的意义，所以我们要正确地使用它。

应用 过程能力指数

例如，假设工厂正在生产某种长度的螺丝。在这种情况下，好的工厂切出来的螺丝长度波动较小，差的工厂切出来的螺丝长度则波动较大。

将关于波动的指标称为过程能力指数，它是表示制造过程能力的指标。设规格范围为 M，标准差为 σ，过程能力指数 $Cp = \dfrac{M}{6\sigma}$。也就是说，设规格为 9.0~11.0mm(2.0mm 范围)，标准差为 0.2mm，则

$$Cp = \frac{2.0}{6 \times 0.2} \approx 1.67。$$

将过程能力指数用作制造过程的基准，例如"这个过程需要 Cp 在 1.33 以上"。

第 15 章 统计学基础

15.3 相关系数

相关系数虽然不像均值或期望值那样广为人知，但也非常重要。要了解如何在数学上处理相关性。

 要点

相关系数是"线性"相关关系强度的指标。

相关系数

当有 N 组数对（x，y）时，表示相关程度的指标"相关系数"的定义如下。其中$\bar{x}$、$\bar{y}$分别是 x 与 y 的均值，σ_x、σ_y分别是 x 与 y 的标准差。

$$r = \frac{1}{\sigma_x \sigma_y} \cdot \frac{1}{N} \sum_{k=1}^{N} (x_k - \bar{x})(y_k - \bar{y})$$

$$= \frac{(x_1 - \bar{x})(y_1 - \bar{y}) + (x_2 - \bar{x})(y_2 - \bar{y}) + \cdots + (x_n - \bar{x})(y_n - \bar{y})}{\sqrt{(x_1 - \bar{x})^2 + \cdots + (x_n - \bar{x})^2} \cdot \sqrt{(y_1 - \bar{y})^2 + \cdots + (y_n - \bar{y})^2}}$$

相关系数与相关关系有以下关系。

$r > 0$：正相关　　　$r < 0$：负相关　　　$r = 0$：不相关

$|r|$ 越接近 1，相关性越强。

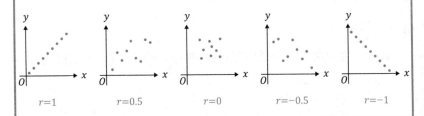

相关系数表示两组数据之间相关性的强度

到目前为止，我已经说明了如何计算一种类型的数据的统计量，例如身高数据只关心身高，体重数据只关心体重。本节介绍的"相关系数"是**表示两组数据之间关系的数**，比如身高和体重。

例如，婴儿的身高越高，体重往往会越重。在这种情况下，身高和体重呈现类似于要点中的 $r = 0.5$ 的关系，将其称为**正相关**。如果气温下降，取暖用的燃料的销售额也会增加吧。在这种情况下，气温和燃料销售额呈现类似于要点中的 $r = -0.5$ 的关系，将其称为**负相关**。

此外，如果你掷骰子得到的钱是点数的 100 倍，那么骰子点数和你得到的钱是完全相关关系，类似于要点中的 $r = 1$ 的关系。另一方面，当你掷两次骰子时，第一次和第二次的点数完全无关（事件是独立的），所以是类似于要点中的 $r = 0$ 的关系（不相关）。

一般来说，相关系数的绝对值在 0.7 以上代表两者是比较强相关的，相关系数的绝对值为 0.4 ~ 0.7 则代表两者是轻微相关的。

但是，相关系数只能处理线性相关关系。也就是说，即使两个变量存在像抛物线那样的曲线关系，也无法检测出来。因此，我们不能仅依赖相关系数。首先我们要绘制两个变量的散点图，通过图表确认关系，然后计算相关系数。

应用 投资组合

投资机构在进行股票或债券投资时，为了分散风险，通常会将多个金融资产按一定比例组合在一起（组成投资组合）。

这时，最好选择能够尽可能抵消风险的组合。也就是说，如果日元升值，进口企业的股票会上涨，而出口企业的股票会下跌。如果原油价格上涨，运输和制造业等企业的股票会下跌，但是能源企业的股票会上涨。

15.4 概率分布与期望值

概率分布可能有点难理解，但是在接触具体概率分布的过程中就会逐渐熟悉。期望值是一个非常重要的概念。

 要点

掌握概率分布的期望值和方差的计算方法。

概率分布

概率分布是总体（全体分析对象）的数学表示。它显示了随机变量 X 的取值与实现该值的概率 p 之间的关系。如下所示，将表示概率分布的表称为概率分布表。

随机变量 X	X_1	X_2	$\cdots$	X_n	合计
概率 p	p_1	p_2	$\cdots$	p_n	1

$p_1 \geqslant 0,\ p_2 \geqslant 0,\ \cdots,\ p_n \geqslant 0 \qquad p_1 + p_2 + \cdots + p_n = 1$

概率分布的期望值、方差

当随机变量 X 服从上表的分布时，它的期望值 $E(X)$、方差 $V(X)$ 和标准差 $\sigma(X)$ 的定义如下。

● 期望值：$E(X) = X_1 p_1 + X_2 p_2 + \cdots + X_n p_n$

$$= \sum_{k=1}^{n} X_k p_k$$

● 方差：$V(X) = \left(X_1 - E(X)\right)^2 p_1 + \left(X_2 - E(X)\right)^2 p_2 + \cdots$

$$+ \left(X_n - E(X)\right)^2 p_n = \sum_{k=1}^{n} \left(X_k - E(X)\right)^2 p_k$$

$$= E(X^2) - [E(X)]^2 \text{，即（} X^2 \text{ 的期望值）} -$$
（X 的期望值）^{2}

● 标准差：$\sigma(X) = \sqrt{V(X)}$

📖 概率分布是熟能生巧

教科书中概率分布的定义很难理解，很少有初学者能够轻松地理解它。不过请放心，通过具体的例子，你就能掌握概率分布是什么样子的。

在这里，我将介绍一个根据掷骰子的点数计算期望值和标准差的例子。

骰子点数的概率分布如下面的概率分布表所示。这张表显示了所有的点数和概率。重要的是"**所有**"，这种情况下概率的总和是 1。如果不是 1，就无法计算期望值、方差和标准差。

到目前为止，均值、方差和标准差都是从测量数据中计算出来的。概率分布的思路是根据数学上的概率来计算这些数据的。

期望值 $E(X) = \dfrac{7}{2}$，方差 $V(X) = \dfrac{35}{12}$

标准差 $\sigma(X) = \sqrt{\dfrac{35}{12}} \approx 1.71$

X	1	2	3	4	5	6
p	$\dfrac{1}{6}$	$\dfrac{1}{6}$	$\dfrac{1}{6}$	$\dfrac{1}{6}$	$\dfrac{1}{6}$	$\dfrac{1}{6}$

 应用 **投资的期望值**

期望值用于计算投资等的预期收益。

在商业投资中也使用期望值的思维方式。投资机构通过分析，制作出自己的概率分布。如果从分布中得到的期望值高于某个水平，就可以决定进行投资。

15.5 二项分布、泊松分布

二项分布和泊松分布表示的是只有正面/反面两种结果的试验的概率分布。

要点

☞ **了解什么样的现象会成为二项分布和泊松分布。**

将只有成功、失败两种结果的试验称为伯努利试验。

二项分布 （期望值：np　方差：$np(1-p)$）

进行 n 次伯努利试验，设成功概率为 p，那么成功次数为 k 的概率由下式表示。

$$P(k) = C_n^k \, p^k (1-p)^{n-k}$$

泊松分布 （期望值：λ　方差：λ）

在二项分布中，当 n 很大（试验次数多）、p 很小（发生概率低）时采用泊松分布。设 λ 为成功的期望值（np），则 k 次成功的概率由下式表示。

$$P(k) = e^{-\lambda} \frac{\lambda^k}{k!}$$

例：下图显示了二项分布、泊松分布的例子。

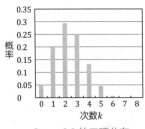

$n=8$，$p=0.3$ 的二项分布

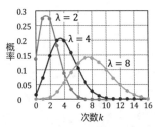

泊松分布

📖 二项分布和泊松分布的关系

将二项分布和泊松分布用作伯努利试验的概率分布。伯努利试验是**只有两种结果的试验**，如（发生 / 不发生）、（正面 / 反面）和（成功 / 失败）等。例如，骰子的点数有 6 种，即可能出现 6 个结果，所以不适用。然而，对于"出现 3 以上的点数"，它的结果就变成（出现 / 不出现），因此是一个伯努利试验。

可以用二项分布正确地表示伯努利试验的概率分布。当 n 较小时，这样没有问题。然而，随着 n 变大，计算就变得非常麻烦。例如，如果设 $n = 2000$，则 $P(k) = C^k{}_{2000}\, p^k (1 - p)^{2000 - k}$，即使用计算机进行计算，这也是相当复杂的计算。因此，人们考虑用其他的分布来近似。

当 n 较大时，如果二项分布的方差"$np(1-p)$"大于 25，就可以用后面讲到的正态分布来近似。但有时即使 n 很大，如果 p 很小，"$np(1-p)$"也不会变大。而且，现实中这样的情况很多。这时，**可以用泊松分布来近似二项分布**。这就是二项分布和泊松分布的关系。

此外，泊松分布还可以解释为"单位时间内平均发生 λ 次的现象在单位时间内发生 k 次的概率分布"。

🖥 应用 安打次数、不合格品个数

上页要点中显示了 $n = 8$、$p = 0.3$ 的二项分布的图形。这是打击率为 3 成的打者（棒球击球员）在 8 次打席中打出安打[1]的次数的概率分布。从这张图中可以看出，连续出现 8 次打席无安打的情况，即 $k = 0$，这一情况发生的概率也有 5% 左右，因此并不稀奇。

接下来，我们考虑一个工厂每天生产 10 000 件产品。假设不合格品的概率为 0.02%、0.04%、0.08%。此时，每天产生的不合格品的数量对应 $\lambda = 2$，4，8 的泊松分布。除此之外，在进行理论计算时，例如单位时间内呼叫中心接到的电话数等，也会用到泊松分布。

1　安打、打击率、打者、打席等都是棒球运动术语。——译者注

15.6　正态分布

　　正态分布被称为统计学历史上最重要的发现。掌握函数图像的形状和期望值、方差之间的关系。

 要点

正态分布是随着标准差的增大而幅度变大的分布。

正态分布

将由下式给出的概率密度函数所表示的概率分布称为正态分布。

$$f(x) = \frac{1}{\sqrt{2\pi\sigma^2}} \exp\left(-\frac{(x-\mu)^2}{2\sigma^2}\right)$$

期望值 μ

方差 σ^2（标准差 σ）

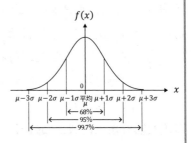

标准正态分布

把期望值 μ、方差 σ^2 的随机变量 x 标准化为 $z = \dfrac{x - \mu}{\sigma}$，则 z 的期望值为 0，方差为 1。z 的概率分布被称为标准正态分布，由下式表示。

$$f(z) = \frac{1}{\sqrt{2\pi}} \exp\left(-\frac{z^2}{2}\right)$$

📖 为什么正态分布如此重要

　　正态分布是统计学中最重要的概率分布。原因是"世界上有很多概率分布遵循正态分布"且"由于它在数学上比较容易处理，很多统计理论都以正态分布为前提"。

312

正态分布中最重要的是它的形状（左右对称、钟型）和参数（均值 μ 和标准差 σ）。式子虽然复杂，但你不必记住它。请务必掌握图像的形状。

正态分布的横轴是数据值，纵轴是概率。但是，正态分布是用连续函数（概率密度函数）来表示的，所以**概率是其面积（积分值）**。

例如，如下图所示，在用正态分布的公式表示考试分数时，50 分到 60 分之间的面积对应 50~60 分的概率。而且因为是概率，所以整个区域（从 $-\infty$ 到 $+\infty$）的面积（积分值）为 1。

决定正态曲线形状的参数有两个，分别是 σ（标准差）和 μ（均值）。如下图所示，改变这些参数，分布就会发生变化。标准差越大，离散程度越大，因此正态分布的幅度就越大。如上一页的图所示，68% 的数据在 $\mu \pm \sigma$ 的区域内，95% 的数据在 $\mu \pm 2\sigma$ 的区域内，而 99.7% 的数据在 $\mu \pm 3\sigma$ 的区域内，绝大多数数据都包含其中。

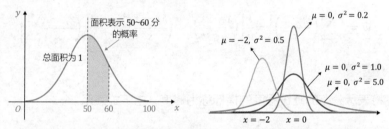

标准正态分布是将随机变量转换为 z，变成（标准化）标准差为 1、均值为 0 的分布。直接对函数进行积分来求概率是很麻烦的。但是，如果进行标准化，就可以用积分值的表（标准正态分布表）轻松求出概率。

应用 ┃ **正态分布的局限**

虽然我说过"世界上有很多概率分布遵循正态分布"，但实际数据的分布不同于正态分布的情况也很多。特别是试图用统计来处理股票等有价证券时，发生大的价格波动的概率比正态分布的预期概率要高。这就是"××年一遇的暴跌"频繁发生的原因……

需要注意的是，大多数统计理论是以正态分布为前提的，可以将正态分布与实际数据之间的差异看作统计预测值的误差。

15.7 偏度、峰度、正态概率图

　　偏度和峰度是偏离正态分布的指标。此外，在统计学文献中会出现正态概率图，因此要了解其用法。

> **要点**
>
> **正态概率图越接近直线，数据越符合正态分布。**
>
> 偏度和峰度是判断某个数据集的分布是否符合正态分布的指标。
>
> **偏度**
>
> 分布是左右对称还是偏左或偏右，将表示分布的不对称程度的指标称为偏度，由下式表示（S 表示样本标准差）。
>
> $$Sw = \frac{1}{n}\sum_{i=1}^{n}\left(\frac{x_i - \bar{x}}{s}\right)^3 = \frac{1}{n}\left[\left(\frac{x_1 - \bar{x}}{s}\right)^3 + \left(\frac{x_2 - \bar{x}}{s}\right)^3 + \cdots + \left(\frac{x_n - \bar{x}}{s}\right)^3\right]$$
>
> **峰度**
>
> 将表示分布的陡缓程度的指标称为峰度，由下式表示。
>
> $$Sk = \frac{1}{n}\sum_{i=1}^{n}\left(\frac{x_i - \bar{x}}{s}\right)^4 - 3 = \frac{1}{n}\left[\left(\frac{x_1 - \bar{x}}{s}\right)^4 + \left(\frac{x_2 - \bar{x}}{s}\right)^4 + \cdots + \left(\frac{x_n - \bar{x}}{s}\right)^4\right] - 3$$
>
> **正态概率图**
>
> 纵轴为数据值、横轴为预期正态分布的散点图。
>
> 正态分布是由直线表示的，因此可以从视觉上把握数据的分布与正态分布的一致性。它也被称为（正态）Q-Q 图。

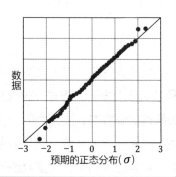

虽然我提到过"世界上很多概率分布遵循正态分布"，但实际数据往往会偏离正态分布。这时，**偏度和峰度就是定量地表示偏离正态分布的指标。**

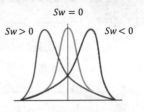

偏度（*Sw*）与概率分布的关系
Sw = 0 为正态分布

正态分布是完美的左右对称的钟型分布，但实际分布有时会向左偏或向右偏。这个判定的指标就是偏度。正态分布的偏度为 0，在向左偏时偏度为正值，在向右偏时偏度为负值。

峰度是陡缓程度的指标。如果峰部比正态分布（峰度为 0）更尖锐，则峰度为正值，如果峰部变圆，则峰度为负值。

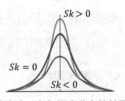

峰度（*Sk*）与概率分布的关系
Sk = 0 为正态分布

应用　正态概率图的用法

如果你阅读统计数据的文献，就会发现有一种被称为正态概率图的图表。这个图的结构有点难，但我希望你能掌握下面这个关键点。如下图所示，**如果数据的分布呈正态分布，那么数据就会整齐地落在直线上，但如果数据偏离正态分布，就不会落在直线上。**

这个图有时被称为（正态）Q-Q 图，有时纵轴和横轴是反过来的。尽管如此，同样可以通过数据是否落在直线上来判断数据分布是否符合正态分布。

数据分布
横轴 数据
纵轴 概率（密度）

正态概率图
横轴 正态分布分位数
纵轴 数据分位数

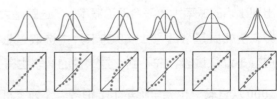

15.8 大数定律与中心极限定理

这些定理是使用统计和概率的前提。要了解统计中的"很多"指的是什么。

> **要点**
>
> **统计中的"很多"随着概率的降低而增加。**

大数定律

- 如果多次重复进行试验，经验概率就会接近理论概率。
- 随着试验次数（样本量）的增加，样本均值会逐渐接近总体均值。

中心极限定理

从总体中抽取 n 个样本，设样本均值为 X。此时，如果样本量 n 足够大（基准为大约 30 以上），则无论总体分布如何，X 都近似服从正态分布。

15.8.1 多少才算"很多"

大数定律在直观上也很明显。换句话说，"如果进行多次试验，实际的试验结果也会接近数学的理论结果"。

例如，我们考虑掷骰子的点数。掷出 6 点的概率是 $\frac{1}{6}$。掷骰子 10 次都不出现 1 点的概率大约是 16%。但是，如果掷骰子 100 次，则不出现 1 点的概率微乎其微，可以忽略不计。而如果掷骰子 1000 次，出现 1 点的概率大致符合理论概率 $\frac{1}{6}$。这就是大数定律。

但如果是从编号 1~60 的卡片中选取一张，情况就不一样了。进行 100 次试验，抽不到 1 号卡片的概率也有 19% 左右，即使进行 1000 次试验，也完全称不上"很多"。为了符合理论概率 $\frac{1}{60}$，需要进行 1 万次以上的试验。**"很多"会随着概率的大小变化而发生变化。**

有些行业通过大数定律来盈利。保险就是这样的行业。如果计算保险的期望值，就会得到一个负数。很明显，保险公司在用募集来的资金支付了保险金之后，获得了利润。

例如，考虑为每 10 000h 发生一次的事故销售保险。假设保险期限为一天。那么，每份合同的事故概率是 0.0024。这对于一个人来说是个足够小的数值。但是，当保险公司签订了 5000 份合同时，平均会发生 12 起事故，这是一个在统计上可以管理的数。

有些顾客想要规避发生概率低但损失大的风险。可以说，保险公司的商业模式就是把这些顾客集中起来，做成统计上可以管理的数，从而实现盈利。

📖 15.8.2 中心极限定理中呈现正态分布的是"样本均值"

简单来说，中心极限定理就是"无论原始分布是什么，只要样本数量大，样本均值的分布就近似正态分布"。

呈现正态分布的是"**样本均值**"，这一点我希望大家不要误解。

例如，掷骰子的点数如下图所示，是概率为 $\frac{1}{6}$ 的均匀分布。但是，"掷 30 次骰子时点数的均值"，也就是如果多次重复这个 30 次的试验，其均值就会呈现正态分布。需要注意的是，不是均匀分布变成了正态分布，而是产生了"多次试验的均值"这样一个中间产物。

而这个"均值的分布"的离散程度被称为**标准误**，是用原始分布的标准差除以试验次数的平方根得到的。

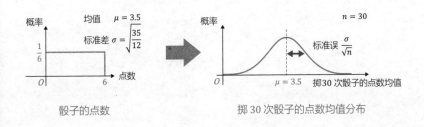

骰子的点数   掷 30 次骰子的点数均值分布

数据是统计的灵魂

近年来，统计学备受关注。因此，本书也写了很多有关统计学的条目。但是，为什么时至今日统计学才受到关注呢？对此有一个明确答案。那就是我们现在能够获得很好的数据。

例如，在信息技术不发达的年代，超市的库存和订单管理都需要手工操作。人们使用纸笔进行库存管理。在这种情况下，制造商无法准确地知道市面上的库存量。因此，有时误以为商品畅销而进行生产，有时无法补充实际畅销商品的库存，效率非常低。

但是，随着库存管理的信息化，我们可以掌握市面上的库存量，低效率的问题得到了解决。

而且，现在随着网络购物的普及和电子货币的发展，我们不仅能了解购买信息，还能了解消费者的属性（如性别、年龄、购买记录等）。利用这些数据，就可以制造出能够精准触及特定目标人群的商品，吸引顾客购买，进行有效的营销。而为了分析这些数据，统计学就备受关注。

也就是说，重要的是数据，统计学只是处理数据的工具。虽然本书不会涉及，但"如何获取优质的数据"是当今时代最重要的事情。亚马逊、谷歌、脸书等 IT 企业成功地做到了这一点，成为了业界的霸主。想要在商业中运用统计学的人，首先应该集中精力获取优质的数据。

第 16 章

高等统计学

16.0 导言

在本章中，我将讲解在高中统计课程中没有学过的**统计推断**（置信区间估计、假设检验等）和**多元分析**（回归分析、主成分分析等）。

这些分析的计算非常烦琐，所以不太可能进行手工计算。我们使用计算机软件进行计算。因此，只要输入数据并按下按钮就能得到结果。特别是软件也在不断更新和升级，在软件内部可以解决相当多的一部分计算并可进行分析。因此，即使是没有数学基础知识的人，也能取得一定的成果。

但这样一来，当出现意料之外的结果时，就无法查明原因。尤其是对于工程师而言，出现问题之后的处理才是决胜的关键。因此，可以说本章的知识是人们必须掌握的。

统计推断是根据样本对总体作出推断

在数据分析的现场，很少有数据充足的情形。检查和调查需要花费金钱和时间，所以通常都是进行抽样调查。因此，必须在有限的数据中推导出结论。

这时就要用到统计推断了。根据从总体中抽样所获得的信息，对总体进行推断，得出定量结论，例如"90% 的置信区间 ××（某个推断结论）成立"等。

然而，这只是看待事物的一种方式。例如，如果你想获得非偶然的结果，也许可以通过多次重新抽样来获得你想要的数据。此外，即使 95% 的置信区间是正确的，也还有 5% 是错误的，是否真正收集了合适的数据，这个本质的问题依然存在。

统计推断只是**量化判断的工具**。不要过分沉迷于数字（例如 P 值）。

回归分析使预测未来成为可能

多元分析是为了掌握多种变量之间的关系而进行的分析。

例如，决定某商品销量的因素有商品价格、顾客数量、时间段、天气、气温、宣传等很多因素。这时，将销量（一个变量）用其他变量的公式表示，使预测未来成为可能的分析就是"**回归分析**"。另外，将多个变量分组，例如"天气 + 气温 = 气候"，对现象进行简化的分析就是"**主成分分析**"或"**因子分析**"。

事实上，多元分析使用了相当高级的数学。本书介绍的向量、矩阵、微积分等都会用到，难度很大。因此，除简单回归分析外，本章不涉及数学背景。

我认为大多数人不需要学习多元分析的计算方法。要优先把握各个分析的框架。

对于以入门为目的来学习的人

首先，要准确理解术语的含义。如果你能理解置信区间、假设检验、零假设、P 值、回归分析、判定系数、主成分分析、因子分析等内容，那么即使进行稍微专业的讨论也不会感到困惑。

对于在工作中使用数学的人

对术语的理解自不必说，对数学模型也要有一定程度的理解。特别是多元分析，即使不进行实际计算，也能想象计算机内部在进行什么工作。

对于考生

这些条目在上了大学或工作之后再去学习就足够了。现在进行更基础的学习吧。

16.1 总体均值的区间估计

　　总体均值的区间估计是根据样本均值推断总体均值的方法。请掌握计算置信区间的逻辑。

> **要点**
>
> **利用样本均值服从正态分布的事实来推断置信区间。**
>
> 从总体抽取充分大的 n（大约 30 以上）个样本（x_1, x_2, $\cdots$, x_{n-1}, x_n）。这时，总体均值 μ 的置信度 95% 的置信区间（真值所在的范围）如下所示。
>
> $$\bar{x} - 1.96 \times \sqrt{\frac{s^2}{n}} \leqslant \mu \leqslant \bar{x} + 1.96 \times \sqrt{\frac{s^2}{n}}$$
>
> 上式是置信度为 95% 的情形，如果将系数 1.96 设置为 1.64 则置信度变为 90%，将系数 1.96 设置为 2.58 则置信度变为 99%。
> 其中，$\bar{x}$ 是样本均值，s^2 是由下式表示的无偏样本方差。
>
> $$\bar{x} = \frac{1}{n}\sum_{i=1}^{n} x_i \qquad s^2 = \frac{1}{n-1}\sum_{i=1}^{n}(x_i - \bar{x})^2$$

📖 从样本的统计值推断总体均值

　　这里介绍一种从总体中随机选取样本，估计总体均值的方法。例如，"根据随机选出的 100 名成年男性的身高，推断全体成年男性的身高"的问题就相当于这种情况。

　　在考虑这个问题时，首先必须要注意的是**无偏估计量**。如 15.8 节的中心极限定理所示，总体均值和样本均值是一致的。但是，对于方差，如果按照通常的计算方法，样本方差会小于总体方差。为了修正，

样本方差不是除以 n，而是除以 $n-1$，使其接近总体方差。这被称为无偏样本方差。

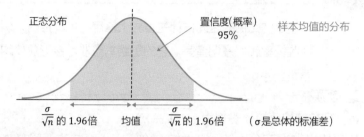

同样如 15.8 节所示，如果总体均值为 μ，总体标准差为 σ，则样本均值服从均值为 μ、标准差为 $\dfrac{\sigma}{\sqrt{n}}$ 的正态分布。而在正态分布中，$\mu \pm 1.96 \times \dfrac{\sigma}{\sqrt{n}}$ 相当于 95% 的置信区间。因此，使用样本均值 x，可以说总体均值 μ 以 95% 的概率落在 $x \pm 1.96 \times \dfrac{\sigma}{\sqrt{n}}$ 的置信区间中。

不知大家是否注意到，要点中的公式和这个公式有不同之处。这个公式总体标准差 σ，而要点中的公式是样本的无偏样本方差 s。这本来是应该是 σ 的，但是如果 n 很大（30 以上），可以认为 $\sigma \approx s$，因此用 s 替换。在 n 很小的情形，使用要点的公式会把置信区间估计得很窄，所以必须使用被称为 t 分布的分布。本书不涉及 t 分布，必要时请参考统计专业书籍。

应用 日本成年男性的平均身高

假设随机抽取 100 名日本男性，样本男性的平均身高为 171cm，无偏方差为 49。试估算此时全体日本男性身高的均值。

这时，由于 $\sqrt{\dfrac{s^2}{n}} = 0.7$，95% 的置信区间为 169.6~172.4cm。换句话说，我们可以推断全体日本男性的身高平均值以 95% 的概率落在这个范围内。

16.2 总体比例的区间估计

总体比例的区间估计是世界上常用的统计推断，例如电视收视率和民意调查等。它的思路本身非常接近总体均值的思路。

> **📌 要点**
>
> **把总体均值的 σ 替换为 $\sqrt{p(1-p)}$。**
>
> 从总体中抽取充分大的 n（大约 100 以上）个样本，设样本比例为 p，我们可以推断总体比例 P 的置信度 95% 的置信区间如下所示。
>
> $$p - 1.96\sqrt{\frac{p(1-p)}{n}} \leqslant P \leqslant p + 1.96\sqrt{\frac{p(1-p)}{n}}$$
>
> 上式是置信度 95% 的情形。但如果把系数 1.96 设置为 1.64，则置信度为 90%，如果把系数 1.96 设置为 2.58，则置信度为 99%。

📖 从样本的统计值推断总体均值

例如，日本内阁的支持率是根据一定样本量的调查结果计算得出的。此时为了获得可靠结果，样本量的计算就是以本节介绍的**总体比例的区间估计**为背景。

这种现象可以建模为正面出现的概率为 p 的伯努利分布（在抛一次硬币时观测到正面还是背面的概率分布）。由于伯努利分布的标准差为 $\sqrt{p(1-p)}$，如果在上一节估计总体均值的公式中设 $\sigma = \sqrt{p(1-p)}$，就会得到要点的公式。

样本比例的分布如下页图所示。此处置信区间使用总体比例 P 来描述。本来为了求置信区间，P 是必须的，但是如果 n 足够大（大约

100 以上），样本比例 p 接近总体比例 P，用样本比例近似总体比例，就得到了要点的公式。

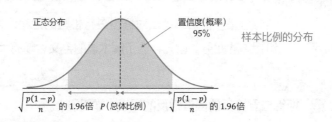

正态分布　　　　　　　置信度（概率）
　　　　　　　　　　　　95%

样本比例的分布

$\sqrt{\dfrac{p(1-p)}{n}}$ 的 1.96 倍　P（总体比例）　$\sqrt{\dfrac{p(1-p)}{n}}$ 的 1.96 倍

应用　电视收视率

　　在计算电视收视率时，使用样本家庭的收视率。例如在日本关东地区，样本家庭大约有 900 户。关东地区有超过 1500 万户的家庭，通过对不到万分之一的家庭数进行调查，计算出收视率。

　　感觉上样本量很少吧。因此，我们来估算一下对于 1500 万户家庭的总体，用 900 户家庭的数据来推断收视率的误差。

　　分别设 $p = 0.2$（收视率 20%）、$p = 0.1$（收视率 10%）、$p = 0.01$（收视率 1%），当 $n = 900$ 时求得置信度 95% 的置信区间如下所示。

$p = 0.2$（收视率 20%）：$20 \pm 2.61\%$
$p = 0.1$（收视率 10%）：$10 \pm 1.96\%$
$p = 0.01$（收视率 1%）：$1 \pm 0.65\%$

　　由此可知，当收视率为 10% 时，存在 $\pm 2\%$ 左右的误差，随着收视率下降，误差相对地变大。例如，虽然收视率 20% 与收视率 16% 可能有显著差异，但我们可以说收视率 1% 与收视率 1.4% 是在波动范围内。

　　另外，如果要进一步提高精度，比如要将波动范围减半，则 n 必须变为 4 倍。也就是说，调查数量必须达到 3600 户，调查费用大幅增加。调查户数是由调查精度和费用之间的平衡决定的。

16.3 假设检验

这是一种在统计上对假设进行检验的方法。通常用于质量相关的业务。首先，请了解术语的含义，掌握大致的流程。

> **要点**
>
> **拒绝与要接受的假设相反的假设（零假设）。**

统计学中的假设检验

统计学中的假设检验是使用概率统计来检验根据调查和实验结果推断的假设是对于总体成立或者只是偶然发生。

零假设与对立假设

在假设检验中，对要接受的假设（例如，B 大于 A）进行相反的假设（A 和 B 之间没有差异）。将这个相反的假设称为零假设。另外，将要接受的假设称为对立假设。

假设检验的步骤

① 建立要拒绝的零假设和要接受的对立假设。

② 确定检验的概率分布和显著性水平。

③ 基于零假设计算统计量，求出测量结果发生的概率。

④ 如果这个概率低于显著性水平，则拒绝零假设，并认为对立假设成立。如果这个概率高于显著性水平，则断定零假设正确，并且测量结果在波动范围内。

术语的说明

● 显著性水平：作为拒绝原假设的概率标准。一般使用 5%、1% 等值。例如，当显著性水平为 5% 时，表示发生概率为 5% 以下的事件被判定为非偶然（显著）。

● P 值：假定在零假设正确时偶然获得测量结果的概率。可以认为 P 值越小，拒绝零假设的可能性就越大。

下面通过问题，介绍假设检验的步骤。

（问题）A 工厂和 B 工厂生产同样的产品。某日 A 工厂生产的 200 个产品的平均重量为 530g，标准差为 6g。另外，B 工厂生产的 180 个产品的平均重量为 528g，标准差为 5g。可以认为 A 工厂和 B 工厂生产的产品重量有差异吗？

我们想知道 A 工厂和 B 工厂生产的产品的平均重量是否存在差异，因此建立零假设和对立假设如下。

● 零假设：A 工厂和 B 工厂生产的产品重量没有差异。

● 对立假设：A 工厂和 B 工厂生产的产品重量存在差异。

我们把统计量总结起来，如右表所示。由于这里的样本数量很大，所以假设样本的方差等于总体方差。

	A 工厂	B 工厂
总体方差	$\sigma_A^2 = 6^2$	$\sigma_B^2 = 5^2$
样本数	$n_A = 200$	$n_B = 180$
样本均值	$\bar{x}_A = 530$	$\bar{x}_B = 528$

假定概率分布为标准正态分布（Z 分布），显著性水平 $\alpha = 0.05$（5%）。如果零假设正确，A 工厂和 B 工厂生产的产品重量没有差异，则 A 工厂的样本均值 x_A 与 B 工厂的样本均值 x_B 之差 $x_A - x_B$ 服从均值为 0、标准差为 $\sqrt{\dfrac{\sigma_A^2}{n_A} + \dfrac{\sigma_B^2}{n_B}} = 0.5647$ 的正态分布。

由此求出检验统计量 Z_0 为

$$Z_0 = \frac{\bar{x}_A - \bar{x}_B}{\sqrt{\dfrac{\sigma_A^2}{n_A} + \dfrac{\sigma_B^2}{n_B}}} = 3.5417\cdots \approx 3.542$$

由于它比显著性水平 $\alpha = 0.05$ 的 Z 分布的值 1.960 大，因此拒绝零假设，可以认为 A 工厂和 B 工厂生产的产品重量存在显著差异。此时的 P 值很小，为 0.000 2（0.02%）。

16.4 简单回归分析

回归分析是一种用电子表格等软件就可以很容易进行的分析。虽然方法很简单，但对结果的解释必须小心。

要点

确定回归方程，使误差的平方和最小。

设有 n 组数据 $(x_1, y_1), (x_2, y_2), \cdots, (x_n, y_n)$。此时，回归分析就是把因变量 y 用自变量 x 的式子来表示。也就是说，求回归方程 $f(x)$ 使得 $y \approx f(x)$。特别地，将只有一个自变量的回归分析称为简单回归分析。

最小二乘法

最小二乘法就是求回归方程 $f(x)$，使得误差的平方和

$$\sum_{i=1}^{n} [y_i - f(x_i)]^2 \text{最小。}$$

判定系数

对于回归方程 $f(x)$，判定系数的定义如下。其中，μ_Y 是 $y_1, y_2, \cdots, y_n$ 的均值。

$$R^2 = 1 - \frac{\sum_{i=1}^{n} \left(y_i - f(x_i)\right)^2}{\sum_{i=1}^{n} (y_i - \mu_Y)^2}$$

特别地，当回归方程 $f(x)$ 是线性方程，即 $y = ax + b$ 时，a、b 用最小二乘法表示如下。a、b 被称为回归系数。

$$a = \frac{n \sum_{i=1}^{n} x_i y_i - \sum_{i=1}^{n} x_i \sum_{i=1}^{n} y_i}{n \sum_{i=1}^{n} x_i^2 - \left(\sum_{i=1}^{n} x_i\right)^2} \qquad b = \frac{\sum_{i=1}^{n} x_i^2 \sum_{i=1}^{n} y_i - \sum_{i=1}^{n} x_i y_i \sum_{i=1}^{n} x_i}{n \sum_{i=1}^{n} x_i^2 - \left(\sum_{i=1}^{n} x_i\right)^2}$$

此时（在回归方程为线性方程时），判定系数 R^2 与相关系数的平方一致。

回归分析在 2.7 节中出现过一次。我介绍过用一条近似直线来拟合多个点，如右图所示。

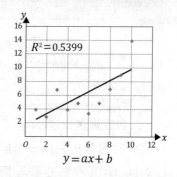

$$y = ax + b$$

画这条直线的数学方法就是这里介绍的**回归分析**。将这条直线称为回归直线。确定回归方程使得每个点的误差平方最小，将这种方法称为**最小二乘法**。

实际上，这些计算是用计算机执行的，而不是手工计算的。但最重要的是，即使不清楚细节也应该了解它是如何工作的。

然后请记住**判定系数R^2**。这个系数在 0 到 1 之间取值，其值越接近 1，表示回归直线的精度越高。如果理解了以上内容，你就可以使用简单回归分析了。

🖥️应用 广告效果

如果你是做生意的人，一定会强烈感受到广告的重要性吧。但是，即使理解了广告的重要之处，广告的具体效果也很难表现出来。

下面介绍一个在这种场景中使用回归分析的例子。下图是在大促销时对发给顾客的传单数量和实际客流量的数据进行回归分析得出的结果。

在这种情况下，回归直线的斜率为 0.1，因此可以看到，如果发出大约 100 张传单，客流量就增加 10 人。这个结果在讨论广告的成本效益时很有用。

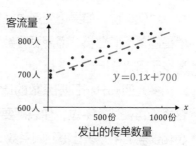

客流量

$$y = 0.1x + 700$$

发出的传单数量

16.5 多元回归分析

多元回归分析就是具有多个自变量的回归分析。在分析实际数据时经常会用到，它一般有多个自变量。

> **要点**
>
> ☞ **自变量越少越好。**
>
> 简单回归分析是用一个自变量把因变量表示为 $y = ax + b$。相对地，用多个自变量 x_n 把因变量表示为 $y = a_1x_1 + a_2x_2 + \cdots + a_nx_n + b$，将这种回归方法称为多元回归分析。
>
>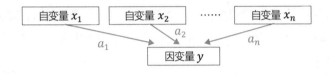

多元回归是具有多个自变量的回归分析

简单回归分析是对因变量"y"用一个自变量"x"来表示的回归分析。另一方面，这里介绍的**多元回归分析**是用多个自变量来表示因变量。回归系数和判定系数的概念与简单回归分析相同，只是有多个自变量。

也就是说，如果因变量是销售额，那么仅用顾客数来说明销售额就是简单回归分析，而用顾客数和气温等多个自变量来表示销售额就是多元回归分析。

多元回归分析回归系数的计算比较复杂，总之不是手工计算的，这里不再赘述。不过，你只需要记住，与简单回归分析一样，通过最小化误差的平方来计算回归系数。

在实际使用回归分析时，会有很多候选的自变量。但是，你必须小心**多重共线性**。当自变量之间存在很强的相关性时，就会出现多重共线性。例如，假设有 3 个自变量：顾客数、男性顾客数和女性顾客数。这时候就有了"男性顾客数 + 女性顾客数 = 顾客数"的关系。在这种情况下，自变量之间存在很强的相关性，降低了多元回归分析的精度。所以要注意这样的自变量。

只要注意多重共线性，随着自变量的增加，回归方程的精度就会提高。也就是说，判定系数接近 1。但是，在实际使用该公式进行分析时，自变量越少越容易进行分析。不要为了眼前的精度而增加过多的自变量。

📹 应用 ‖ **天气条件与产量的关系**

如下表所示，我们试着通过多元回归分析来分析天气条件（月平均温度、日照时间、降水量）和某种作物的产量。

月平均温度(℃)	日照时间(h)	降水量(mm)	产量(kg)
19.2	127	170	454.3
21.1	126	153	498.1
21.8	104	183	554.3
22.2	100	149	489.7

用电子表格分析工具对这些数据进行多元回归分析，得到了如下结果。根据系数，求得多元回归方程如下所示。但是，从下面的分析结果来看，截距的准确度很低，所以在这种情况下将截距设为 0 比较好。

大概 ±2×(标准误)　　　　　　越大越好　　　　　越小越好
可以认为是 95% 的区间　　　　目标 2 以上　　　目标 0.05 以下

	系数	标准误	t	P值
截距	−27.5	97.6	−0.28	0.7805
平均温度(℃)	11.6	3.82	3.04	0.0054
日照时间(h)	1.10	0.332	3.30	0.0028
降水量(mm)	0.98	0.131	7.45	0.0000

回归方程：(产量)=1.16×(月平均温度)+1.10×(日照时间)+0.98×(降水量)−27.5

16.6 主成分分析

主成分分析是一种将多个变量反映的信息用较少的新变量来表示，从而使分析变得容易的方法。这也是与机器学习相关的思考方式。

> **要点**
>
> **为了压缩信息，把变量组合起来，提取主成分。**
>
> 主成分分析就是在多个变量中寻找公共部分，提取被称为主成分的组合变量。目的是"压缩信息"。例如，对于下图的变量x_1和x_2，求主成分系数a、b使得离散程度（方差）最大。
>
>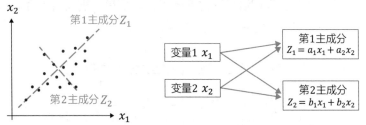
>
> ● 按主成分的方差（离散程度）从大到小依次被称为第1、第2……主成分。
>
> ● 各主成分之间互相正交。
>
> ● 通常对主成分系数附加限制条件$a_1^2 + a_2^2 = 1$。
>
> ● 虽然求得的主成分数目等于变量数目，但考虑到分析目的（压缩信息），在误差容许范围内越少越好。

📖 主成分分析的目标

主成分分析是利用具有多个变量的数据创建新变量，使分析变容易的方法。新变量是通过重新组合原变量来创建的。此时有 3 个要点：**压缩、方差最大、正交**。

第 1 个要点是压缩，指的是通过汇总数据，使判断变得容易。例如有语文、数学、英语 3 个科目的考试结果，制定出总分这个指标就可以达到目的。虽然 3 个科目的数据是三维的，但通过总分这个一维的数据，判断合格或不合格就变得容易了。这就是压缩的好处。

第 2 个要点是方差最大。让我们反过来考虑方差较小的情况。假设进行一次数学考试，但由于问题非常简单，有 20 人得了 100 分，10 人由于计算失误得了 95 分。这样的考试无法正确判断学生的数学水平。这就是方差较小的状态。为了恰当地进行判断，方差越大越好。

第 3 个要点是正交。这个可以用向量的线性无关来说明。如果用向量来表示统计数据，主成分分析就相当于坐标变换（参考 11.3 节）。在这种情况下，如 11.3 节所述，如果让变换后的坐标轴正交，就可以把数据不确定性的影响降到最低。所以主成分分析也要让各个主成分正交。

应用 品牌形象调查

你有没有看到过如下图所示的同行业企业品牌形象的总结？

这张图是通过对关于企业形象的数十个项目进行问卷调查，并对调查结果进行主成分分析而制成的。

通过主成分分析，求出能够很好地说明问卷调查结果的 2 个主成分，并将其映射到正交坐标轴上。

但是，主成分分析得到的结果只是数学公式。至于公式表示什么（在右边的情况下，第 1 是价格，第 2 是先进性），需要由人来解释。

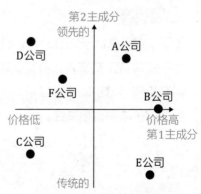

16.7 因子分析

因子分析是提取多个变量背后的共同关系（公共因子）的方法。因子分析也经常用于机器学习。

要点

与主成分分析相似，但两者关注的重点不同。

因子分析是指提取变量背后存在的要因（公共因子），表现变量之间关系的方法。

如下图所示，使用变量的公共因子，求出各变量的关系式。此时，a 和 b 被称为因子载荷，e 被称为特殊因子。

在因子分析中，预先假设公共因子和变量的影响关系并进行分析的方法被称为结构方程模型（SEM，Structural Equation Models）。

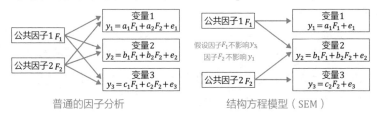

普通的因子分析　　　　　　结构方程模型（SEM）

因子旋转

为了明确公共因子的意义，有时要旋转坐标轴。

因子旋转有正交旋转和斜交旋转。正交旋转是保持正交的旋转。斜交旋转是分别旋转坐标轴，不保持正交。斜交旋转意味着旋转后的因子之间有相关性。

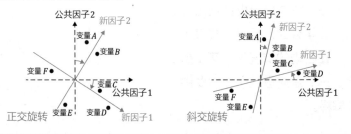

📖 因子分析聚焦于意义

因子分析容易与主成分分析混淆。但是，两者在思想上有明显的差异。主成分分析以压缩变量为目的，是由变量计算主成分的方法。而因子分析关注公共因子，是由公共因子来计算变量的方法。也就是说变量的箭头方向不同，"**变量→主成分**"或"**公共因子→变量**"。

因子分析法注重公共因子的解释，也就是"**公共因子意味着什么**"。因此，从一开始就限制公共因子和变量的关系（结构方程模型），或者为了明确公共因子的意义而进行坐标轴旋转。

可以说，因子分析是一种意图强烈的分析，目的在于提取影响变量的本质原因。

📺应用 顾客调查问卷分析

例如，假设对某餐厅的顾客进行了如下表所示的问卷调查。这里对调查问卷的结果进行因子分析，对于询问项目得到了 3 个因子。通过解释这些因子，我们可以了解到存在"想享受美食""想吃多少就吃多少""想和孩子一起吃"的顾客需求。

综上所述，因子分析这种分析方法适用于从调查问卷结果中把握需求的市场营销、从生活习惯中寻找致病原因的调查、人类性格分析等。

询问项目	因 子		
	想享受美食	想吃多少就吃多少	想和孩子一起吃
有罕见的菜单	0.86	0.25	0.02
有时令菜肴	0.82	0.42	0.05
能看到厨房	0.60	0.11	0.31
容易下单	0.01	0.78	0.35
随便吃，不用在意结账	0.40	0.68	0.41
可以选择份量	0.12	0.64	0.46
有儿童菜单	0.02	0.00	0.94
适度热闹的气氛	0.00	0.00	0.71
内部装饰有趣	0.00	0.01	0.62

实用数学的最大敌人

如果被问到"考试数学和实用数学的最大区别是什么",你会怎么回答呢?如果是我,就会回答:"区别在于是否有错误。"

也就是说,当对方说:"请对这些数据进行统计分析"时,这些数据是否是自己真正想要的数据。

不能轻易相信实际的数字。例如,测量设备坏了、提取条件不同、简单的 Excel 表格搞错了等,到处都潜伏着陷阱。基本立场是必须对数据持怀疑态度。

如果是考试数学,题目都经过谨慎验证,错误极其罕见。即使有错误,出题者也会道歉并采取一定的措施,例如判定所有人都答对。

数据的错误,如果是简单的错误,我们可以马上注意到,但还有很多难以辨别的错误。这是真正依靠直觉和经验的世界。

因发现中微子而获得诺贝尔物理学奖的小柴昌俊先生,据说他在接到检测到中微子的报告时,暂时禁止对外公开这一事实,经过一个星期左右的谨慎验证后才对外公布。对数据的处理正需要这样谨慎注意的态度。

说到错误,论文中的数学公式有相当大的概率是错误的。因此,在实际使用的时候需要对公式进行验证。当然,如果是著名的定律或定理,那就没问题。但如果是专业理论,由于能够验证的人很少,即使是经过同行评审的论文也有可能会出错。如果只是互联网上的信息,可信度就更低了。

因此,即使是实际应用数学的人,只会从某个地方拉出公式并输入数字是不行的,必须具备能够推导公式的能力。学问没有捷径,踏实地继续学习吧!

结束语

本书的内容是为成人而写的数学，比起计算方法，我把重点放在数学概念上。如果你通读一遍，我想你至少应该理解"什么是微积分？""什么是向量？""什么是统计？"等基础内容。

当然，要想真正用好数学，必须要在实际中运用数学，也就是行动起来。现在你应该已获得作为初级阶段的最低限度的必要知识。

相反，即使再怎么看书学习，也只会让你头大。现在请暂且离开你的书。现实世界的问题才能让你更上一层楼。

这一次，我以一种不同于以往数学书的形式来写这本书，更注重实用性，而不是"有趣的数学"或"美丽的数学"这类主题。但我相信，如果你能真正运用数学，就会明白其中的乐趣和美妙。

就拿菜刀来说，如果厨师的能力较弱，他可能分不出顶级菜刀和廉价菜刀的区别。不过，通过磨炼，随着厨师技能的提高，好的工具也会发挥出其应有的作用。而厨师也会从顶级的工具中发现美感。

数学也是一种工具，所以我认为也是一样的道理。如果你能通过这本书掌握实用的数学，然后意识到数学本身的乐趣和美妙，那将带给我莫大的喜悦。

但遗憾的是，在此后的世界，我的能力已无法为你护航。请你自己去寻找文献和老师，然后继续前进吧。

非常感谢你阅读到这里。我祈祷你的人生因数学而绚烂多彩。

藏本贵文